普通高等教育"十三五"系列教材

生态水工学概论

董哲仁　张晶　张明　编著

中国水利水电出版社
www.waterpub.com.cn
·北京·

内 容 提 要

生态水工学是一门新兴交叉学科，是研究水利工程在满足人类社会需求的同时，兼顾淡水生态系统健康与可持续性需求的原理与技术方法的工程学。

本书阐述了生态水工学的定义、内涵和基本原则，河流生态系统结构与过程、生态服务功能和河湖生态模型，河湖生态调查与健康评价方法，生态要素分析计算方法，河流廊道自然化工程，湖泊、水库及湿地生态修复工程，河湖水系三维连通工程的规划设计方法和关键技术等内容。

本书编写大纲经教育部高等学校水利类专业教学指导委员会审定，符合高等学校水利学科专业规范核心课程教材认证要求，可作为高等学校水利水电工程、水文水资源、环境科学、环境工程等学科的专业教材，也可供生态环境保护领域的技术人员参考。

图书在版编目（ＣＩＰ）数据

生态水工学概论 / 董哲仁，张晶，张明编著. -- 北京：中国水利水电出版社，2020.3(2024.8重印).
普通高等教育"十三五"系列教材
ISBN 978-7-5170-8477-8

Ⅰ. ①生… Ⅱ. ①董… ②张… ③张… Ⅲ. ①水利工程－生态学－高等学校－教材 Ⅳ. ①TV

中国版本图书馆CIP数据核字(2020)第048350号

书 名	普通高等教育"十三五"系列教材 **生态水工学概论** SHENGTAI SHUIGONGXUE GAILUN
作 者	董哲仁 张晶 张明 编著
出版发行	中国水利水电出版社 （北京市海淀区玉渊潭南路 1 号 D 座 100038） 网址：www. waterpub. com. cn E - mail：sales@mwr.gov.cn 电话：(010) 68545888（营销中心）
经 售	北京科水图书销售有限公司 电话：(010) 68545874、63202643 全国各地新华书店和相关出版物销售网点
排 版	中国水利水电出版社微机排版中心
印 刷	天津嘉恒印务有限公司
规 格	184mm×260mm 16 开本 13.5 印张 329 千字
版 次	2020 年 3 月第 1 版 2024 年 8 月第 3 次印刷
印 数	5001—7000 册
定 价	**41.00 元**

前言

河流是地球生态系统的动脉，水资源是人类社会经济的生命线。

生态系统服务功能不仅支撑维系了地球的生命支持系统，而且与人类福祉息息相关，是人类生存与现代文明的基础。水生态系统不仅为人类提供淡水、食品、药品等资源，还具有维系水文循环、涵养水分、调节气候、调蓄洪水、水体自净等功能，同时还为人类提供休憩、旅游、教育的空间。河流的美学价值更是全人类共同的文化遗产。

随着我国经济的快速发展，工业化、城市化进程对生态环境造成了巨大压力，特别是对水生态系统形成了重大干扰。工业废水、城市生活污水和规模化畜禽养殖废水经城市污水处理厂或经管渠输送到排放口向水体排放造成点源污染；农业灌溉退水和城市径流造成面源污染；过度的水资源开发利用，形成人类社会与生态系统用水竞争态势，生态流量难以保障；森林无度砍伐、河湖围垦、过度捕鱼等生产活动，引起水土流失、植被破坏、河湖萎缩及物种多样性下降；大规模的基础设施建设，诸如公路、铁路建设造成水土流失；矿业生产造成土地塌陷、水体污染；水利工程在防洪减灾、保障供水、农业灌溉、水力发电等方面发挥了巨大作用，为社会经济发展做出了重大贡献，但同时也大幅度改变了水文情势和河流地貌景观，对水生态系统造成了不同程度的负面影响。以上这些大规模经济建设和生产活动对于水生态系统造成的干扰和影响往往是巨大而深远的。水生态系统退化以及生物多样性降低，不但危及当代人的福祉，而且危及子孙后代的可持续发展。

随着科学进步特别是生态学理论的发展，人类社会的生态保护意识普遍提高。改造自然、战胜自然的陈旧观念已经被摒弃；尊重自然、顺应自然、保护自然的理念已经深入人心。人们认识到：河流不仅是人类生存发展的命脉，也是数以百万计物种的栖息地；河流不仅具备经济功能，更具有重要的生态功能；人类对于水生态系统的损害，本质上是对人类当前和长远利益的损害。人们对水资源的管理，从单纯开发利用，发展到兼顾水生态系统保护与修复；从对水资源的掠夺式占有，发展到追求人与河流和谐相处。这说明人类对河流的认识有了质的飞跃，水资源管理理念有了新的突破。在这样的大背景下，水利工程的传统功能必然有所拓展。现代水利工程除了要满足人类社会防洪、供水、灌溉、发电等需求，还应满足生态保护的需求。

生态水利工程学简称生态水工学，是水利工程学的一个新的分支。它是研究水利工程在满足人类社会需求的同时，兼顾淡水生态系统健康与可持续性需求的原理与技术方法的工程学。生态水工学是一门新兴的交叉学科，它吸收生态学的理论及方法，促进水利工程学与生态学交叉融合，改进和完善水利工程规划设计理论和技术方法，构建与生态友好的水利工程技术体系。

为适应国家生态保护发展形势对水利专业人才培养的需要，有必要设置"生态水工学概论"课程。《生态水工学概论》编写大纲经教育部高等学校水利类专业教学指导委员会审定，符合高等学校水利学科专业规范核心课程教材认证要求。

本书介绍了生态水工学的发展沿革和基本原则，概述了河湖生态系统的基础知识，包括生态系统结构和功能、水生态系统服务、水生态系统完整性、河流与湖泊生态模型；阐述了河湖调查评估与生态要素分析方法，包括河湖调查与分析、健康评估方法、河湖生态系统监测以及生态要素分析计算方法；简要介绍了生态水利工程中几种主要工程的设计要点，涵盖了河流廊道自然化工程、湖泊与湿地生态修复工程、河湖水系水系连通工程。

生态水工学内容丰富，涉及诸多学科领域。因受篇幅限制，本书仅简要介绍基本概念、基本理论和相关工程技术要点。至于实际工程应用，还需参考相关专著和技术规范，本书已择要列入参考文献目录。

本书由中国水利水电科学研究院董哲仁、张晶和清华大学张明编写。其中，张晶参与编写第 1 章、第 2 章、第 3 章、第 5 章、第 6 章，张明参与编写第 4 章，全书由董哲仁统稿。

在本书付梓之际，诚挚感谢清华大学金峰教授为促进本书出版给予的关心和支持。诚挚感谢中国水利水电出版社编辑的出色工作，是他们保证了本书的出版质量。

由于生态水工学是一门跨学科的新兴学科，加之编者理论水平和经验有限，本书的谬误和不足在所难免，请社会各界读者批评指正。

编者

2019 年 11 月

目　录

第1章 绪 论

生态水利工程学简称生态水工学，是水利工程学的一个新的分支，它是研究水利工程在满足人类社会需求的同时，兼顾淡水生态系统健康与可持续性需求的原理与技术方法的工程学。生态水工学是一门新兴的交叉学科，它吸收生态学的理论及方法，促进水利工程学与生态学交叉融合，用以改进和完善水利工程规划、设计与管理的理论和技术方法。

1.1 生态水工学的发展沿革

水利工程学是一门重要的传统工程学科，其内容是通过兴建水利工程开发和控制河流，达到防洪、供水、灌溉、发电、航运等目的，满足经济社会发展的多种需求。

随着社会进步和生态学理论的发展，人们对于河湖水系开发治理有了新的认识，认为水利工程除了要满足人类社会的需求，还需满足维护生态系统可持续性及生物多样性的需求。基于这种认识，发展了生态工程技术和理论。德国 Seifert 于 1938 年首先提出了"亲河川整治"概念，指出工程设施首先要具备河流传统治理的各种功能，比如防洪、供水、水土保持等，同时还应该达到接近自然状况的目标。20 世纪 50 年代"近自然河道治理工程学"正式在德国创立，提出河道的整治要符合植物化和生命化的原理。1962 年著名生态学家 Odum 提出将生态系统自组织行为（self-organizing activities）运用到工程之中。他首次提出"生态工程"（ecological engineering）一词，旨在促进生态学与工程学相结合。1971 年 Schlueter 提出近自然治理（near nature control）目标，认为首先要满足人类对河流利用的要求，同时要维护或创造河溪的生态多样性。1983 年 Bidner 提出河道整治首先要考虑河道的水力学特性、地貌学特点与河流的自然状况，以权衡河道整治与对生态系统胁迫之间的尺度。1985 年 Hohmann 把河岸植被视为具有多种小生态环境的多层结构，强调生态多样性在生态治理上的重要性，注重工程治理与自然景观的和谐性。1989 年 Pabst 则强调溪流的自然特性要依靠自然力去恢复。1992 年 Hohmann 从维护河溪生态系统平衡的观点出发，认为近自然河流治理要减轻人为活动对河流的压力，维持河流环境多样性、物种多样性及河流生态系统平衡，并逐渐恢复自然状况。1993 年美国科学院主办的生态工程研讨会根据著名生态学家 Mitsch 的建议，提出了"生态工程学"（ecological engineering）概念并且定义为："将人类社会与其自然环境相结合，以达到双方受益的可持续生态系统的设计方法"。河流的生态工程在德国称为"河川生态自然工程"，日本称为"多自然型建设工法"，美国称为"自然河道设计技术"。

在工程实践方面，20 世纪 80 年代阿尔卑斯山区相关国家——德国、瑞士、奥地利等，在山区溪流生态治理方面积累了丰富的经验。欧洲莱茵河"鲑鱼—2000"计划实施成功，提供了单一物种目标的大型河流生态修复的经验。90 年代美国基西米河及密苏里河生态修复规划的实施，标志着大型河流的全流域综合生态修复工程进入实践阶段。在保护生态改善水库调度方案方面，美国科罗拉多河格伦峡大坝的适应性管理计划以及澳大利亚墨累-达令河的环境流管理都是一些典型案例。在洄游鱼类保护方面，建成于 2002 年的巴西依泰普水电站鱼道是全世界最长、爬高最高的鱼道，每年可以帮助 40 余种鱼洄游产卵。欧洲多瑙河流域国家于 2012 年提出了《鲟鱼 2020——保护和恢复多瑙河鲟鱼规划》，其目标是到 2020 年确保鲟鱼和其他本地鱼类种群的生存。

一些国家和国际组织已经颁布了一系列淡水生态系统保护的法规和技术标准，最具代表性的是欧洲议会和欧盟理事会 2000 年颁布的法律《欧盟水框架指令》（EU Water Framework Directive）。

我国的水生态保护与修复工作起步较晚，需要借鉴发达国家的理论和经验。但是，借鉴国外经验要结合我国的水情和河流特征。其一，我国是一个水资源相对匮乏、洪涝灾害频发的国家，建设大坝水库防洪兴利是我国治水的成功经验。其二，我国具有几千年的水利史，大部分河流都经过人工改造，有些河流如黄河和海河，已经演变成高度人工控制的河流。在这样的河流上实施生态修复，需要有新理论和新模式。其三，我国幅员辽阔，自然条件差异性很大，河流水系复杂多样，保护和修复水生态系统需要因地制宜开发多种技术。其四，与西方国家不同，我国目前正处于水利水电建设期。如何在新建工程中采取预防措施，防止和减轻工程对淡水生态系统的负面影响，需要有理论创新和技术研发。在这样的大背景下，构建和发展与生态友好的水利工程规划设计理论方法体系，就成了我国水利建设的一项具有战略意义的任务。

基于以上认识，董哲仁于 2003 年提出了"生态水利工程学"的概念和理论框架，倡导生态水利工程学研究，奠定了新学科的理论基础。在多项国家科技支撑项目和水利部公益性行业专项的支持下，董哲仁及其科研团队经过 15 年的研究与工程实践，基本形成了较为完整、系统的生态水利工程学学科体系。

1.2　生态水工学的定义与内涵

1.2.1　生态水工学的定义

生态水工学是生态水利工程学（Eco - Hydraulic Engineering）的简称，作为水利工程学的一个新的分支，是研究水利工程在满足人类社会需求的同时，兼顾淡水生态系统健康与可持续性需求的原理与技术方法的工程学（董哲仁，2003）。

这个定义具有以下几层含义：①水利工程不但要满足社会经济需求，也要符合生态保护的要求，生态水工学是对传统水利工程学的补充和完善；②生态水工学的目标是构建与生态友好的水利工程技术体系；③生态水工学是融合水利工程学与生态学的交叉学科；④淡水生态系统保护的目标是保护和恢复淡水生态系统的健康与可持续性。

1.2.2　生态水工学的研究对象和学科基础

传统意义上的水利工程学重点研究河流湖泊的水文和水资源特征，以达到开发利用水资源的目的；而生态水工学研究的对象不仅是具有水文特征的河流湖泊，而且是具备生命特性的河湖水生态系统。传统水利工程设计方法注重工程的防洪兴利等多种经济社会功能；生态水工学在保障水资源为人类服务的前提下，注重缓解工程设施对水生态系统的压力，并且为河湖生态修复创造条件。

生态水工学在传统水利工程学基础上，吸收生态学的理论及方法，促进水利工程学与生态学的交叉融合，用以改进和完善水利工程的规划、设计和管理的理论和技术方法。正在蓬勃发展的生态水文学、生态水力学和景观生态学是生态水工学的重要学科支撑。

1.2.3   生态水工学的内容

生态水工学的内容包括 4 部分：①建立模拟水生态系统结构、功能和过程的统一生态模型；②水生态系统调查评价和生态要素计算方法；③生态修复工程（包括河流自然化工程、湖泊湿地生态修复工程、河湖水系连通工程）规划设计方法；④水生态系统监测与评估。

1.3   生态水工学的基本原则

生态水工学应体现尊重自然、顺应自然、保护自然的科学理念，遵循生态系统自设计、自修复原则，水生态系统完整性原则，自然化原则，景观尺度原则，负反馈调节设计原则，工程安全性和经济性原则。

1.3.1   生态系统自设计、自修复原则

生态系统的自组织（self-organization）是指生态系统通过反馈作用，依照耗能最小原理使内部结构和生态过程建立、发展和进化的行为。自组织是生态系统的一种基本功能，它是对本质上不稳定和不均衡环境的自我重新组织。生态系统自组织功能表现为生态系统的自修复能力和系统的可持续性。

自组织的机理是物种的自然选择，也就是说某些与生态系统友好的物种，能够经受自然选择的考验，寻找到相应的能源与合适的环境条件。在这种情况下，生境就可以支持一个具有足够数量并能进行繁殖的种群。自组织的驱动力来源于生态系统内部而不是外部。

生态系统的自组织功能对于生态工程具有重要意义。国际著名生态学家 H. T. Odum 认为生态工程的本质是对自组织功能实施管理（1989）。Mitsch 认为所谓自组织也就是自设计（2004）。自组织、自设计理论的适用性还取决于具体条件，包括气候、水文、水质、土壤、地貌等生态因子，也取决于生物的种类、密度、生物生产力和群落稳定性等多种因素。

生态工程设计是一种"指导性"设计。生态工程与传统水利工程具有本质区别。像设计大坝这样的水工建筑物是一种确定性设计，大坝结构的几何特征、材料强度和应力、位移都在控制之中，建成的水工建筑物最终可以具备人们所预期的功能。与此不同，生态工程设计是一种指导性辅助设计。在河流生态修复项目的规划设计阶段，很难预测未来河流的生物群落和物种状况。只有依靠生态系统自设计、自组织功能，由自然界选择合适的物种，形成合理的结构，从而最终完成和实现设计。成功的生态工程经验表明，人工与自然力的贡献各占一半。人工的适度良性干扰，可为生态系统自设计、自组织创造必要条件。像增强栖息地多样性这样的工程，仅仅是为生物群落多样性创造了必要条件（董哲仁，2003）。在工程实际中，修复退化的湖泊、湿地，提高

了栖息地质量，进而吸引了大量水禽鸟类，丰富了生物群落多样性。这说明"筑巢引凤"战略明显优于直接引进动植物的方法。又如河流护坡护岸工程采用格宾石笼、块石挡土墙和石笼垫结构，无须人工种树种草，经过一两年时间，自然长出土著物种植被，既符合自然规律，又可降低工程造价。

生态修复战略中有一种"无作为选择"（do nothing option），主要依靠生态系统自调节（self-adjust）和自组织功能，即人们尽可能不去干预，让系统按照其自身规律运行和恢复。遵循这种战略，管理者只施行最小限度的干预或者索性"无为而治"，也无须规划设计改善栖息地的特征和功能，这种方法经济成本低，却可以收到事半功倍的效果。作为成功范例，我国从 20 世纪 90 年代开始推行的封山育林、退耕还林、退耕还湖、退耕还草等举措已经取得了明显成效。资料表明，一些退耕和休牧的退化土地，在封育后经过3~5年，灌草植被已经恢复到 60% 以上。

对于两类被干扰的河湖生态系统，一类是未超过本身生态承载力的生态系统，基本上是可逆的，当去除外界干扰后，有可能靠自然演替实现部分修复目标；另一类是被严重干扰的生态系统，它是不可逆的，在去除干扰后，还需要辅助以人工措施创造生境条件，再靠发挥自然修复功能，有可能使生态系统实现某种程度的修复。这就意味着，运用生态系统自设计、自恢复原则，并不排除工程师和科学家采用工程措施、生物措施和管理措施的主观能动性。

1.3.2 水生态系统完整性原则

水生态系统完整性（aquatic ecosystem integrity）是指水生态系统结构与功能的完整性。河湖生态修复应是各种生态要素全方位修复，而不是单一要素的修复。水生态要素包括水文情势、河湖地貌形态、水体物理化学特征和生物组成等。各生态要素交互作用，形成了完整的结构并具备一定的生态功能。这些生态要素各具特征，对整个水生态系统产生重要影响。生态要素的特征概括起来共有 5 项，即水文情势时空变异性、河湖地貌形态空间异质性、河湖水系三维连通性、适宜生物生存的水体物理化学特性和生物多样性（董哲仁，2015）。基于生态完整性概念，如果各生态要素特征发生重大改变，就会对整个生态系统产生重大影响。生态完整性是生态管理和生态工程的重要概念。通过对生态系统整体状况和各生态要素状况评估，可以分析各生态要素对整个水生态系统的影响程度，进而制定合理的生态保护和修复策略。

1. 水文情势时空变异性

水文情势时空变异性是淡水生物多样性的基础要素。时间上，水文循环的年内变化规律，形成了洪水期与枯水期有序轮替，造就了有规律变化的径流条件。水文情势随时间变化，引起流量变化、水位涨落、支流与干流之间汇流或顶托、主槽行洪与洪水侧溢、河流与湖泊之间动水与静水转换等一系列水文及水力学条件变化，这些变化形成了生物栖息地动态多样性，满足大量水生生物的生命周期不同阶段的需求，成为生物多样性的基础。空间上，在流域或大区域内降雨的明显差异，形成了流域上中下游或大区域内不同地区水文条件的显著差异，造就了流域内或大区域内生境差异，从而形成了不同的生物区（biota）。总之，水文情势的时空变异性导致流域或大区域的群落组成、结构、功能以及生态过程都呈现出多样性特征。

2. 河湖地貌形态空间异质性

空间异质性（spatial heterogeneity）是指某种生态学变量在空间分布上的不均匀性及其复杂程度。河湖地貌形态空间异质性是指河湖地貌形态（morphology）的差异性和复杂程度。河湖地貌形态空间异质性决定了生物栖息地的多样性、有效性和总量。空间异质性表现为河型多样性和形态蜿蜒性、河流横断面的地貌单元多样性、河流纵坡比降变化规律。对湖泊来说，湖盆地貌形态是重要的生境要素。湖盆地貌形态特征包括形状、面积、水下地貌形态和水深，这些因素均对湖泊生态系统结构与功能产生重要影响。

3. 河湖水系三维连通性

河流三维连通性是指河流纵向、垂向、侧向连通性以及河流-湖泊连通性。河流三维连通性包括物理连通性与水文连通性。物理连通性是地貌物理基础，水文过程是河流生态过程的驱动力，两种因素相结合共同维系栖息地的多样性和种群多样性。河流连通性是一个动态过程，而不是静态的地貌状态。在长时间尺度内，由于全球气候变化、水文情势变化和地貌演变，河流连通性也处于变化之中。所以，要考虑长时间尺度河流连通性的易变性问题（variability）。连通性的相反概念是生境破碎化（habitat fragmentation）。

4. 适宜生物生存的水体物理化学特性

河流湖泊水体物理化学特性需要维持在正常范围内，以满足水生生物的生长与繁殖的需要。水体的物理化学特性也是决定淡水生物群落构成的关键因素。主要物理化学特性包括水温、溶解氧、营养物质、pH 值、重金属等。

5. 生物多样性

生物多样性（biodiversity）是指各种生命形式的资源，是生物与环境形成的生态复合体以及与此相关的各种生态过程的总和。它包括数以百万计的动物、植物、微生物和它们所拥有的基因及其生存环境形成的复杂的生态系统，也包括它们的生态过程。生物多样性包含遗传多样性、物种多样性和生态系统多样性 3 个层次。淡水生物多样性是全球生物多样性的重要组成部分。据估计，全球有超过 45000 种已知物种依赖淡水环境生存。如果加上那些未知的物种，这个数字可能超过 100 万（SSC/IUCN 1998 年淡水生物多样性评估计划）。

1.3.3 自然化原则

一般认为，人类大规模开发活动前的河流状况接近自然状态，可称为"自然河流"。当然，这不是严格意义上"原始"状态的自然河流，只是为便于获取规划设计所需数据的一种界定概念。自然河流保留了原始河流大量的天然因素，成为特定条件下大量生物群落的适宜栖息地，从而构造成较为健康的水生态系统。

我国近几十年来快速的工业化、城市化进程，使水生态系统陷入前所未有的困境。特别是河流治理工程，由于缺乏生态保护意识，大量自然河流被人工化。河流人工化的具体表现是渠道化以及城市河段园林化和商业化。

（1）渠道化。蜿蜒曲折的天然河流被裁弯取直，改造成直线或折线型的人工河道；把自然河流的复杂形状断面改造成为梯形、弧形等几何规则断面；采用混凝土或浆砌块石等不透水材料做护坡护岸，使岸坡植物丧失生长环境。

（2）园林化。一些城市河段被园林化改造，表征是引进花草树木，堆砌山石，建设驳岸，把城市河段设计成人工园林；或沿河建造密集的亭台楼阁、水榭船坞。一些地方改变原有的河流地貌格局，建造所谓水城、仿古码头，沿河修建牌楼、雕塑、寺庙、祠堂等"仿古"建筑物，这些密集建筑物把原本的自然河流变成了一条假古董河流。

（3）商业化。其表征是沿河建设繁华的商业区。建造茶楼酒肆、娱乐场所、码头驳岸，有仿古游船穿梭其间，引起餐饮污染、垃圾污染、空气和噪声污染。更有严重者，侵占河漫滩，开发房地产、修建道路、发展农家乐、增添游乐设施，不仅破坏了河漫滩栖息地，侵占了公共休闲空间，更因阻塞防洪通道，违反了《中华人民共和国防洪法》。

河流人工化不仅使河流生态系统结构、功能和过程受到严重损坏，而且使河流的美学价值大幅降低。众所周知，文化功能是水生态服务的四大功能之一，其中，河流的美学价值更是宝贵的自然遗产。河流美学价值的实质是河流的自然之美，其核心是河流的生态之美。生态之美主要体现在生态景观多样性和生物群落多样性这两个基本要素上。千百年来，人们对于自然河流湖泊充满了热爱和依恋，无论是高山飞瀑、峡谷激流，还是苍茫大江、潺潺小溪，其形态、流动、韵律、色彩、气息、声音，无不引起人们的欢愉之情。江河湖泊更是文学艺术创作的源泉。我国古代诗人赞美江河湖泊的诗句，诸如"飞流直下三千尺，疑是银河落九天。"（李白）；"无边落木萧萧下，不尽长江滚滚来。"（杜甫）；"日出江花红胜火，春来江水绿如蓝。"（白居易）；"万壑树参天，千山响杜鹃。山中一夜雨，树杪百重泉。"（王维）；"西塞山前白鹭飞，桃花流水鳜鱼肥。"（张志和），都是对江河湖泊美学价值的凝练和升华，脍炙人口，千古流传。

为恢复河湖的自然属性，人们开展了水生态修复行动。水生态修复（aquatic ecological restoration）是指在充分发挥生态系统自修复功能的基础上，采取工程和非工程措施，促使水生态系统恢复到较为自然的状态，改善其生态完整性和可持续性的一种生态保护行动（董哲仁，2007）。可以认为，水生态修复的一项重要任务，是针对河流人工化问题，实行河湖自然化。同时，去渠道化、去园林化、去商业化，恢复河流的自然属性和美学价值。

1.3.4 景观尺度原则

这里讨论的"景观"（landscape）是指景观生态学中的景观。"尺度"（scale）是指在研究某一生态现象时所采用的空间单位，同时又可以指某一生态现象或生态过程在空间上所涉及的范围和发生频率。景观尺度包括空间尺度和时间尺度。在调查生态格局与生态过程时，应选择适宜的时空尺度。同时，不同类型的生态水利工程项目应在适宜的景观尺度内进行规划设计。

1. 河流生态系统的空间尺度

本书按照以下 5 种尺度研究河流生态系统的特征：流域、河流廊道、河段、地貌单元和微栖息地（图 1.1）。

（1）流域（watershed）。在水文学中定义流域为地面分水线所包围的、汇集降落在其上的雨水并流至出口的区域。不同流域的几何尺度大小相差甚远。特大型流域，如长江、黄河、珠江流域，包含若干支流流域。特大型流域景观格局是土地覆盖的陆地格局，这种覆盖包括自然覆盖（森林、草地、灌丛、沼泽、荒漠等）和人工覆盖（农田、城市、道路、村镇等）。在特大型流域内可以反映水生态系统地质构造运动与气候变迁，也可以反

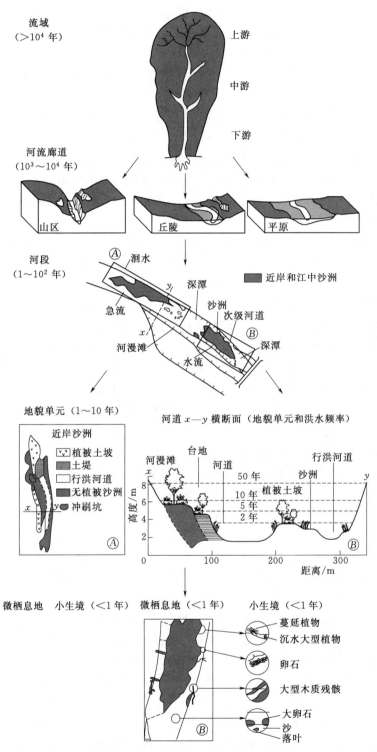

图 1.1 河流嵌套层级结构（断面图横竖坐标不按比例）

（据 Brierley G，2006，改绘）

映同类物种的分布格局和生物地理学过程（biogeography），这种过程决定了适应区域生境的种群物种库（population species pool）。特大型流域范围内的气候、水文、地质、地貌和生物群落具有十分复杂的差异性特征。

流域的地理特征值包括流域面积、形状、海拔高度、纵坡坡度和倾斜方向等。流域的自然地理、气候、地质和土地利用等要素决定了河流的径流、河道类型、基质类型、水沙特性等物理及水化学特征，这些特征对河流生态系统都会产生重要影响。在流域内进行着水文循环的完整过程，包括积雪融化、降雨降雪、植被截留、地表产流、河道汇流、地表水与地下水交换、蒸散发等。流域生态过程包括坡面侵蚀和泥沙冲淤，钙、磷物质风化与输移以及木质残骸等有机物生产和输移，土地覆盖格局，生物群落格局等。水文过程与生态过程的范围与流域大体重合，换言之，水文过程与生态过程在流域这种空间单元内实现了很大程度的耦合。

（2）河流廊道（river corridor）。河流廊道是陆地生态系统最重要的廊道，具有重要的生态学意义。河流廊道结构由 3 部分组成：河道、河漫滩和高地边缘过渡带。河道多为常年过水，也有季节性通水河道。河漫滩位于河道两侧或一侧，随洪水过程淹没、消落变化，属于时空高度变动区域。河漫滩包括河漫滩植被、小型湖泊、季节性湿地和洼地。高地边缘过渡带位于河漫滩的两侧或一侧，是高地的边缘部分，也是河漫滩与外部景观的过渡带。高地边缘过渡带包括高地森林和丘陵草地。河流廊道是流域内连接某一尺度的生态系统与外部生境的纽带，又是陆生生物与水生生物间的过渡带。河流廊道的基本生态功能有 4 种：一是水生和部分陆生生物的基本生境；二是鱼类洄游与其他生物迁徙、种子扩散的通道；三是具有过滤和阻隔功能；四是物质与能量的源与汇。

（3）河段（reach）。河段是范围在数十米到几千米的河段和周边地貌结构。河流始终处于演变之中，水、沙和植被的交互作用决定了河段景观格局，也提供了生物所适宜的各种类型的栖息地。河段包含了现实和历史遗留的丰富多样的地貌元素，包括河道、河漫滩、小型湖泊、沼泽以及牛轭湖（故道）等地貌元素。不同的河流形态又形成多样的地貌元素组合。在山区溪流形成小型瀑布和跌水-深潭序列，而平原蜿蜒型河流形成深潭-浅滩序列。另外，年度水文过程丰枯变化，造成河段范围内河漫滩干枯与淹没交替变化，从而在水陆交错带形成了动态多变的生境条件。地表水与地下水的交换关系以及含水层的动态性也形成河段尺度栖息地的动态特征。由于物种多样性与河流栖息地的多样性具有正相关关系，因而河段范围内呈现丰富的物种多样性。

（4）地貌单元（geomorphic element）。地貌单元是河段的组成部分，在这个尺度内能够反映河流生态系统的结构、功能和过程。地貌单元包括深潭、浅滩、跌水、沙洲、河岸高地、自然堤、裁弯取直形成的故道、牛轭湖等。这些单元看起来是独立的，实际上相互连通形成动态系统。不同的地貌单元及其组合为生物提供了适宜的栖息地。对鱼类而言，地貌单元提供的急流条件可供觅食；静水条件可供休息；卵石沙洲可供产卵。由多种地貌单元集合形成的河段决定了鱼类种群的组成。无论是河漫滩湿地还是河流故道，都提供了大量适于繁殖、觅食和避难的栖息地，这对水鸟、两栖动物、爬行动物和部分哺乳动物都是至关重要的生存条件。沿河分布的多种地貌单元是河流水体边缘与河岸岸坡交汇的水陆交错带，这种干湿交错条件创造了既适合水域生物也适合陆域生物生存的栖息地。水陆交错带的地下水位较高，地表水与地下水交换频繁。生态过程的动态性以及景观梯度变化，使得河滨地貌单元成为具有高度异质性的生境。水陆交错带的功能包括侵蚀控制、缓解洪水、过滤来自附近农田的营养物质和杀虫剂，起水体净化作用。

（5）微栖息地（micro-habitat）。微栖息地是几米甚至更小的栖息地单元。它是在溪流中被岩石、土壤、枯木和杂草包围的结构。主要依据基质类型、特点和位置划分其边界。微栖息地的水力学条件和水沙关系特征为特定生物集群（assemblage）提供了生存条件。水力学要素（诸如流速、水深、水温）以及河床基质等为不同的水生生物提供生境。具有相对静水条件的深潭和河流故道提供了生物避难所；水沙交互作用产生的侵蚀与淤积比率关系，确定了无脊椎动物的多样性和多度；较大的河床基质（如卵石）为昆虫提供容身的坚实表面，能抵御水流冲击。

2. 空间嵌套层级结构

不同空间尺度的生态系统之间形成嵌套层级结构（nested hierarchy structure）（图1.1）。某一级尺度的生态系统被更大尺度的生态系统所环绕，比如河流廊道被流域所环绕，后者成为前者的外部环境，而流域又被更大的区域尺度系统所环绕。在不同尺度的生态系统之间存在着输入或输出关系。比如流域内发生的坡面侵蚀引起泥沙输移，泥沙对河流廊道是一种物质输入。泥沙输移和淤积过程在河流廊道尺度内成为地貌变化的驱动力。河流廊道作为河段尺度的外部环境，其地貌过程决定了河段尺度内河道的结构（诸如深潭、浅滩、沙洲）和河道规模，提供了多样的栖息地结构，这又为物种多样性提供了物理基础。

不同尺度的生态系统对应不同层级的生物组合。在地貌单元范围内，对应生物体（organism）水平，其结构反映了生物个体尺寸、形状、组分和生物特征；在河段范围内对应种群（population）水平，其特征用多度（abundance）、种群动态（dynamics）、基因适宜性（genetic fitness）和多样性表示；河流廊道尺度对应生物群落（community）水平。生物群落是指同时同地出现的通过营养和空间相互作用的各种生物种群的集合。生物群落的结构特点是占据一定的生境空间，具有相对独立结构和功能。在流域尺度内，对应的是水生态系统结构水平。生态系统结构（ecosystem structure）是指组成生态系统的生物、群落和生物多样性及其生境。在流域范围内，更强调生物结构与生境结构的相互作用和影响，注重诸如水文情势、地貌、化学特征以及干扰等生境要素对于生物区（biota）的相互作用和影响，生物区要素包括遗传结构、种群动态、食物网结构等。在区域这样大空间尺度和数万年大时间尺度内，形成了生物集群（biotic assemblage），生物集群是生物长期适应区域气候和地理变化的结果。

在不同尺度上可以观察到不同的生物现象。在河流廊道尺度内可以观察到河道、河漫滩和高地边缘过渡带的构造以及植被状况；在河段尺度内可以观察到多样的河流形态以及河滨植被和水生生物；在地貌单元可以观察微型栖息地内卵石河床基质、木质残骸和遮蔽物对鱼类和无脊椎动物栖息地选择、捕食以及种群动态的影响。

3. 时间尺度与空间尺度的关系

基于河流生态系统的动态特征，在调查生态格局与生态过程时选择适宜的时间尺度十分重要。时间尺度与空间尺度是平行的层次，同时也是互相关联的。

在特大型流域尺度上发生的自然过程涉及气候变迁、地质构造运动以及罕见的外界重大胁迫（如大洪水、火山喷发）等，导致河道与湖泊形成与变迁，其时间尺度往往在数千年至几百万年。在流域尺度发生的生物过程，包括迁徙、建群、灭绝和进化，也需要超过数万年的时间，才能形成与流域地理、气候相适应的生物集群。在河流廊道尺度内，泥沙冲淤变化，导致河流形态与河势变化。河势演变在数十年至上千年的时间尺度内发生。泥沙在河道及河漫滩淤积的时间尺度是不同的。在河道内泥沙的冲淤变化频繁，几乎每年都会发生；沙洲的泥沙冲淤会在几年中发生；而河漫滩的泥沙冲淤变化会在数年至数十年内发生。在河段尺度内，水文动态性的时间尺度以天或月计。水域栖息地的空间范围、位置和类型与河流流量密切相关。在洪水期间洪水外溢使河滨栖息地空间扩展；而在枯水季河滨栖息地空间缩小。水文条件变化直接影响地貌单元的特征，关系到生物的生存与繁殖。因此地貌单元的时间尺度是 1～10 年。在微栖息地尺度内，重要的影响因素是包括流速、水深因子在内的水力学条件以及与水沙条件相关的基质性质，这些因素对于生物生活史至关重要。因此，微栖息地的时间尺度小于 1 年。不同空间层级、生物层级所对应的时空尺度见表 1.1。

表 1.1　　　　　　　　　　不同层级对应的时空尺度

空间层级	生物层级	空间尺度	时间尺度
流域	生物集群	1000～100000km²	＞1000 年
河流廊道	群落	100～1000km²	100～1000 年
河段	种群	1～10km²	1～100 年
地貌单元	种群	1～1000m²	1～10 年
微栖息地	生物个体	1～100m²	＜1 年

如上所述，大尺度景观格局可以定义为土地覆盖的陆地格局。土地覆盖包括自然覆盖和人工覆盖。人类活动反映在景观格局上就是土地利用方式变化。土地利用方式变化造成的生态影响所涉及的时间尺度有很大变化幅度。比如，农业种植结构调整影响的时间范围，应按农业季节的 1 年考虑。城市化造成的生态影响应在数十年内考察，而森林破坏的影响甚至影响数百年。

河流生态修复是人类对于河流生态系统的良性干预，促进河流生态系统返回到较为自然的状态。其规划应在流域尺度内开展，计划实施区一般落实到河段尺度。实施与监测时间尺度为几年到数十年。

1.3.5　负反馈调节设计原则

自然系统和社会系统都是动态的，在时间与空间上常具有不确定性。除了自然系统的演替以外，社会系统的变化及干扰也导致生态系统的调整。这种不确定性使生态水利工程设计有别于传统工程的确定性设计方法，而是一种负反馈调节的设计方法（董哲仁，2007）。

1. 河流生态修复中的不确定性

河流生态修复中的不确定性存在于多个环节之中，并以不同方式表现出来。这些环节包括立项分析阶段、规划设计阶段（包括水文水力学分析、生态系统特性分析等）、施工阶段、监测和维护阶段。

河流生态修复项目开始运行后，就开始了一个生态演替的过程，这个过程在时间与空间坐标中都具有不确定性，或者说存在多种可能性。河流生态系统演进过程及生态修复项目的多种可能性如图 1.2 所示。图中，横坐标 t 表示时间，纵坐标 F 表示河流生态系统状态。在坐标原点处生态系统基本处于原始状态，对应的 F 值为 b_{Top}，代表一种理想状态。在时刻 a_0 由于外界胁迫作用，生态系统开始退化，在时刻 a_1 启动了生态修复项目，即开始了一个生态演替过程。这个过程并不一定按照设计预期的目标发展，将出现多种可能性。以 (a_1, b_1) 为拐点，可能出现 3 条曲线，即 f_1，f_2 和 f_3，其中曲线 f_1 以 b_{Top} 值为极限，生态演进的趋势是理想的，其状态是现有科技水平可能达到的最优值；曲线 f_2 代表生态状况恶化的趋势得到遏制，自时刻 a_1 后状态基本持平；曲线 f_3 代表人们的修复努力并没有产生正面效果，生态系统继续恶化，生态修复项目归于失败。曲线 f_1 与曲线 f_3 之间形成一个包络图，生态修复工程开始时刻 a_1 以后的河流生态系统的各种可能状况都应落在包络图内。

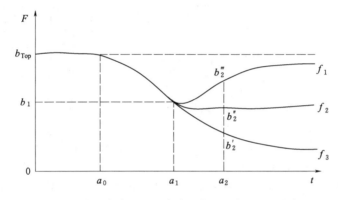

图 1.2 河流生态系统演进过程多种可能性示意图（董哲仁，2007）

河流生态修复中的不确定性来源于以下两个方面：①河流生态系统本身的可变性，包括气候可变性、水文地貌特征的可变性、生态系统的可变性等；②人们知识和认知能力的局限性，包括分析方法和工具的局限性，基础理论不完善、现象解释和预测能力不足，研究过程操作偏差，科研人员和决策者之间缺乏有效沟通，科研人员的主观性等。

2. 河流生态修复负反馈调节规划设计方法

"负反馈调节"是大系统控制论的一个重要概念。首先需要定义"目标差"概念，目标差是指一个大系统的现状与预定目标的偏离程度。负反馈调节的本质是设计一个使目标差不断减小的过程，通过系统不断将控制后果与目标差进行比较，使得目标差在一次次调整中逐渐减小，最后达到控制的目的。在河流生态修复这一大系统中，规划设计与管理系统是控制系统，河流生态系统是被控制系统。河流生态修复是控制系统与被控制系统相互作用的过程。河流生态修复规划设计，按照"设计—执行（包括管理）—监测—评估—调整"这样一种流程，以反复循环的方式进行，直到获得最终较为合理方案为止（图 1.3）。

河流生态修复负反馈规划设计总体思路为：基于负反馈调节原理，以调查和监测数据为基础，基于以多尺度栖息地定量评价方法为主要评估手段的状态评估系统，对河流生态修复立项分析、项目规划、项目区施工、项目区后评估等阶段进行论证和检验，并基于信

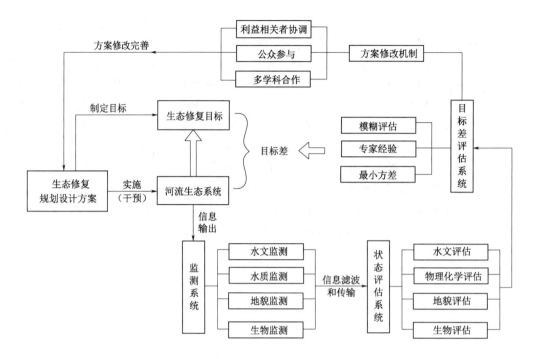

图 1.3 负反馈调节设计原理（董哲仁，2009）

息反馈和新的认识，结合最新技术进展，对各阶段的目标、任务进行修改、完善。

1.3.6 工程安全性和经济性原则

生态水利工程设施必须满足水利工程相关设计规范要求，以确保工程的安全性和耐久性。工程设施必须满足相关设计标准规定，能够承受水压、地震、侵蚀、风暴、冰冻等自然力荷载。河流纵、横断面设计应充分考虑河道侵蚀、冲刷、淤积等动态过程，确保边坡稳定性和河势稳定性。

以最低的投入获得最大的生态效益，是生态水利工程经济合理性的理想目标。论证生态水利工程项目的经济合理性，需要进行效益-成本分析。单位成本效益的计算公式如下：

$$B_u = \frac{b}{c} \tag{1.1}$$

式中：B_u 为单位成本效益；b 为效益；c 为总成本。

生态水利工程的效益-成本分析比传统水利工程要复杂。究其原因，一是生态效益评估有相当难度；二是生态工程成本的构成复杂。式（1.1）中总成本 c 包括财务执行成本和机会成本两部分。其中财务执行成本是指设计费、固定资产购置费、建设费、运行维护费以及监测费等。机会成本是指为了保护生态环境，把某种资源用于生态保护而放弃了其他用途所造成的损失。在无市场价格的情况下，可以按所放弃的资源用途最大收入计算机会成本。例如为恢复洄游鱼类通道拆除水电站，鱼类保护项目的机会成本就是水电站的发电效益。又如在改善水库调度方案项目中，要求在鱼类产卵期加大下泄流量，这种调度造成水电站弃水，机会成本可以按照水电站发电量损失计算。

效益 b 主要是指生态系统服务效益。生态系统服务价值定量化方法，包括预防成本法、享受定价法、机会成本法、旅行费用法、置换成本法和要素收益法等，可以用这些方法对生态系统服务效益进行评估。

在进行工程项目多种方案比选时，需要对效益-成本关系进行综合分析。生态水利工程项目，除了效益-成本关系之外，还受制于投资规模、决策者行政意愿和施工条件等多种约束。往往需要在综合分析、全面权衡的基础上，选择相对经济合理的方案。

思 考 题

1. 生态水工学的定义是什么？其内容是什么？
2. 生态水工学的基本原则是什么？
3. 为什么说生态工程设计是一种"指导性"设计？
4. 水生态要素包括哪些方面？其特征分别是什么？
5. 什么是景观尺度？本书采用哪几种河流景观尺度？
6. 简述空间嵌套层级结构的生态学意义。

第 2 章 水 生 态 系 统

生态系统（ecosystem）是由植物、动物和微生物及其群落与无机环境相互作用而构成的一个动态、复杂功能单元（*Millennium Ecosystem Assessment*，2005）。

水生态系统（aquatic ecosystem）是由植物、动物和微生物及其群落与河流、湖泊和近岸环境相互作用而构成的开放、动态的复杂功能单元。水生态系统类型多样，可以分为以下 2 种主要类型：河流生态系统、湖泊生态系统。

2.1 河流生态系统结构与过程

2.1.1 河流生态系统结构

1. 河流三维地貌形态特征

河流地貌形态是河道水流在边界条件约束下，靠来水、来沙交互作用塑造河床的结果。河流形态不但与流域来水、来沙条件和河道边界条件有关，而且与河道的水力学特性、泥沙输移方式以及能量耗散密切相关。河流地貌形态的多样性决定了沿河生物栖息地的有效性和总量。河流地貌修复是河流生态修复的重要内容之一。

（1）河道的平面形态。河道的平面形态可以分为 5 种类型：蜿蜒型（sinuosity/meandering）、顺直微弯型（straight-low sinuosity）、辫状型（braided）、网状型（anastomosing/anabranching）和游荡型（wandering）。前 2 种类型可以归为单股河道，后 3 种类型可以归为分汊型河道（multichannels）。

自然界常见的单股河道，其深泓线平面形状近似波浪线，即使是顺直微弯型河道也是如此。可以用一系列方向依次相反的圆弧和圆弧之间的直线段来模拟这种平面形状。如图 2.1 所示，河段的弯曲程度可用弯曲率 B 表示。弯曲率 B 等于一个波峰的起始点和一个相邻波谷的终止点之间的曲线长度与这两点间直线距离的比值。为形象理解弯曲率 B 的物理意义，假设图 2.1 的曲线中没有直线段，仅由两个相对半圆构成，则

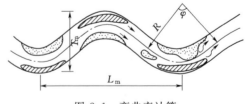

图 2.1 弯曲率计算

$$B = \frac{2\pi R}{4R} = \frac{\pi}{2} \approx 1.57 \qquad (2.1)$$

当弯曲率 B 为 1.0～1.3 时，称为顺直微弯型河道；当弯曲率 B 为 1.3～3.0 时，称为蜿蜒型河道。蜿蜒型河道是世界上分布最广的河道形态。蜿蜒型河道最突出的特征是深潭-浅滩交错分布格局，这种空间形态称为深潭-浅滩序列（pool-riffle sequence）。

辫状型河道是分汊型河道（图 2.2）的一种。辫状型河道的主要特征是具有数量不多、较为稳定的江心洲。网状型河道也是一种分汊型河道。网状型河道与辫状型河道相比，其纵坡相对较缓，断面多为窄深式。游荡型河道在平面上较顺直，弯曲率一般都小于1.3，其特点是江心洲多且面积小，水流散乱，河段主槽摆动幅度和摆动速度都很大。

（a）游荡型河道　　　　　　（b）辫状型河道　　　　　　（c）网状型河道

图 2.2　分汊型河道（分汊数大于 3）

（2）河流的纵向形态。河流的纵剖面是指由河源至河口的河床最低点的连线剖面。河段的纵坡可以用反映河底高程变化的纵坡比降 i 表示：

$$i = (h_1 - h_2)/l \tag{2.2}$$

式中：i 为河段纵坡比降；h_1、h_2 分别为河段上、下游河底两点高程；l 为河段长度。

从整体看，河流的纵坡上游较陡，中下游逐渐变缓，纵坡比降 i 值呈下凹型曲线。从微观看，河床纵剖面是凹凸不平的，高起的河床地貌是浅滩和岩槛，深陷的地貌是深潭和瓯穴。有些河段局部出现剧烈的隆起和深陷地貌变化，主要受岩性、地质构造、地面升降、流量、流速和泥沙运动等影响而形成的。

尽管河流的类型各不相同，但是河流的纵向结构，从发源地直到河口都有大体相似的分区特征。大型河流的纵剖面可以划分 5 个区域，即河源、上游、中游、下游和河口段。河源以上区域大多是冰川、沼泽或泉眼等，成为河流的水源地。河流的上游段大多位于山区或高原，河床多为基岩和砾石；河道纵坡较为陡峭，纵坡常为阶梯状，多跌水和瀑布；上游段的水流湍急，下切力强，以河流的侵蚀作用为主；因多年侵蚀、冲刷形成峡谷式河床，一些山区溪流经陆面侵蚀挟带的泥沙汇入主流并向下游输移。河流中游段大多位于山区与平原交界的山前丘陵和山前平原地区，河道纵坡趋于平缓，下切力不大但侧向侵蚀明显；沿线陆续有支流汇入，流量沿程加大。河流下游多位于平原地区，河道纵坡平缓，河流通过宽阔、平坦的河谷，流速变缓，以河流的淤积作用为主。在河口地区，由于淤积作用在河口形成三角洲，三角洲不断扩大形成宽阔的冲积平原。河口地带的河道分汊，河势散乱。

（3）河流的横断面形态。河流的横断面结构由以下 3 部分组成：河道、河漫滩和高地边缘过渡带。河道多为常年过水，也有季节性过水河道。河漫滩位于河道两侧或一侧，随洪水淹没与消落变化，属于时空高度变动区域。高地边缘过渡带位于河漫滩的两侧或一侧，是河漫滩与外部景观的过渡带。河流横断面自然结构如图 2.3 所示。

2. 河流自然栖息地

自然栖息地（physical habitat）是指生物个体、种群或群落生活、繁衍的空间地段。河流自然栖息地是指河道、河滨带和河漫滩构成的生物栖息地。影响河流自然栖息地的两大要素是河流地貌和水文条件。河流地貌的复杂性以及水文条件的动态性是生物多样性的

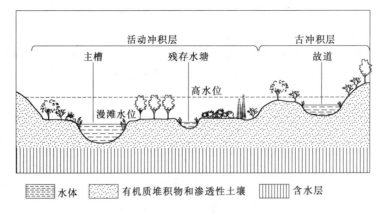

图 2.3　河流横断面示意图

基础。生物对栖息地的适应性和种群动态，则是生物对于栖息地的动态响应。本节讨论的河流自然栖息地包括：河道内栖息地、河滨带栖息地和河漫滩栖息地。

河段尺度的景观单元主要包括河道、河滨带和河漫滩。河道是指河床中流动水体覆盖的区域。河滨带是河流水体边缘与河岸岸坡交汇的水陆交错带。河漫滩是指与河道相邻的条带形平缓地面，其范围是洪水漫滩流量通过时水体覆盖的区域。

河流栖息地的空间范围、位置和类型是流量的函数。在洪水期间栖息地的空间扩展较大；而在低流量时栖息地的空间相对缩小。流量直接影响流速和水深，流量增大时，流速和水深都相应增大。流速与水深的变化是栖息地多样性的重要因素。

蜿蜒型河道形成了复杂多样的地貌、水流条件，为生物群落提供了多样的栖息地，支持生物群落多样性。当水流通过河流弯曲段时，深潭底部的水体和部分底质会翻腾到水面，这种翻腾作用可为深潭内的漂浮类和底栖类动物的生命行为提供条件。浅滩处水深较浅，流速较高，流态复杂，有利于曝气，有助提高水中溶解氧含量。河段内流速变化多样，鱼类可以在浅滩段游泳，在深潭处觅食休息。

动态性和连续变化是河流栖息地的重要特征。大量观测资料表明，每年有一批栖息地被破坏，同时另一批栖息地又被创造出来，栖息地分布格局和类型大体保持不变。

（1）河道内栖息地。河道是河床中流动水体覆盖的动态区域，是水生生物最重要的栖息地之一。

1）河道与河漫滩交互作用。河道与河漫滩相互连通，交互作用。在汛期洪水漫溢到河漫滩，水体储存在水塘、小型湖泊、故道、回水区和整个河漫滩浅水区域。一方面，河漫滩减少了主槽内的流量，具有削减洪峰的作用，所以河漫滩是河流的缓冲带。另一方面，河漫滩滞洪又创造了一种静水栖息地，为鱼类提供了产卵条件。河道与河漫滩的交互作用随气候、地理区域和水文条件不同，生物响应也有所不同。热带亚热带河流的洪水脉冲作用强烈，在汛期鱼类能够在饵料丰富的河漫滩觅食；相反，那些洪水脉冲短暂且发生时机又不明确的河流，鱼类缺少适宜的环境，往往利用河漫滩作为汛期的短期避难所。

2）营养物质输移。在流域尺度内，营养物质输移涉及地质、降雨、径流和植被在内的诸多因素和基本地形条件，凹陷、褶皱以及山脊等构造，决定了营养物输移路线。多雨地区具有较高的风化速率和较高的侵蚀模数，也具有将营养物质输送到河道的较高速率，可保证向河道输送较多营养物质。在河流廊道尺度内，河道内营养物质有 3 个来源：①从河流沿岸陆地生态系统输入的溶解或悬浮物质；②河道和河滨带本身提供的土著植物及初级生产［初级生产（primary production）是指生物在一定时期内利用光能或化学能合成有机物的过程，尤指绿色植物固定太阳能合成有机物的过程］；③洪水带来的枯枝落叶和外来物种。以上这些都影响整个河流廊道的碳和营养物总量平衡。这 3 类物质的比例在不同河流有所不同，主要取决于水文情势、景观地貌和气候条件。河流廊道有机物输入与交换关系如图 2.4 所示。图中黑箭头表示有机物输入，白箭头表示有机物交换路径，螺旋线表示营养物质的螺旋运动或向下游输移，圆形箭头表示有机物原地转化，波浪线表示河流湿地在洪水期水位波动。

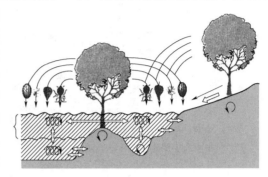

图 2.4 河流廊道有机物输入与交换
（据 Wantzen K M，2006，改绘）

3）河道内生物过程。在河道内栖息地生存着各种鱼类、甲壳类和无脊椎动物，它们与藻类和大型植物构成复杂的食物网。河道内生物过程包括生物对于栖息地选择、取食、捕食、种群动态、营养级联等。生物过程深刻影响着溪流生态系统的结构和功能。

（2）河滨带栖息地。河滨带是河流水体边缘与河岸岸坡交汇的水陆交错带。这种水域与陆域交错的空间格局，使河滨带具有高度空间异质性特征，加之水文条件季节性变化引起的动态性，使河滨带极富生物多样性。

（3）河漫滩栖息地。河漫滩是指与河道相邻的条带形平缓地面，其范围是洪水漫滩流量通过时水体覆盖的区域。从实用角度出发，比如制定生态修复规划，河漫滩的范围可以定义为某种频率洪水淹没的区域，如 20 年一遇洪水淹没区域。也有用某种频率洪水对应的河滩宽度与漫滩流量对应的河滩宽度的比值来衡量河漫滩的规模。

河漫滩包含大量小型地貌单元，诸如沙洲、自然堤、沙脊、故道和牛轭湖等。许多河漫滩还分布有稳定或半稳定的水体，包括水塘、沼泽、小型湖泊和湿地。此外，还有大量常年湿润的洼地。河漫滩由于地貌多样性和水文情势动态性，形成了宽幅的栖息地，提高了生物多样性，其生态服务功能对人类社会贡献很大。

2.1.2 河流生态过程

河流的生态廊道功能是输送水体、泥沙、植物营养盐和有机物到湖泊、湿地直至海洋，在水流向下游流动过程中形成了水体的物理化学特征。水文过程与地貌过程的交互作用表现为水沙的交互作用引起河流侵蚀与淤积，导致河流地貌形态的变化，即自然栖息地特征的变化。河流动植物的演化过程即生物过程，是对河流水文过程、地貌过程和物理化学过程的响应。生物过程与非生物过程产生交互作用，形成了完整的生态过程。

1. 水文过程

（1）水文循环。水文循环是联系地球水圈、大气圈、岩石圈和生物圈的纽带。水文循

环是生态系统物质循环的核心，是一切生命运动的基本保障。水的蒸散发—降雨降雪—水
分截留—植物吸收—土壤入渗—地表径流—汇入海洋的过程构成了完整的水文循环，如图
2.5 所示。

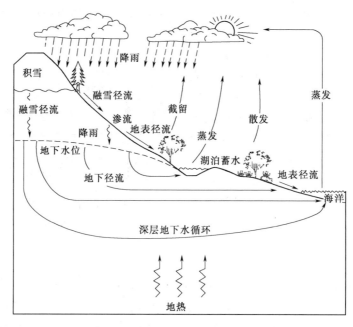

图 2.5 水文循环

（2）河川径流。径流是水文循环中的重要组成部分。径流包括坡面径流、地下潜流、
饱和坡面径流和河川径流等多种形式，这几种产流机制可以单独存在，也可以组合存在。
其中，河川径流对人类生存和生态系统影响最为巨大。河川径流的水体通过降雨、融雪、
地下水补给等多种形式补充，其中降雨是径流的主要来源。降雨的范围、时机、强度和历
时对于径流的水量、水质和过程都会产生重要的影响。在水文学中采用"流量"这个概念
描述河流径流量。流量的定义是单位时间通过河流某特定横断面的水体体积。流量与流速
的关系如下：

$$Q = VA \tag{2.3}$$

式中：Q 为流量，m^3/s；V 为断面平均流速，m/s；A 为断面面积，m^2。

在水文测验中，通过测量河流横断面的多点流速计算横断面平均流速，再测量横断面
面积，进而用式（2.3）计算该断面的流量。径流随时间变化的过程，常采用时间-流量过
程线表示。

（3）水量平衡。水量平衡（water budgets）概念为实施水资源管理提供了一种有效
工具。水量平衡是针对特定的体积单元而言的，所谓"体积单元"既可以是整个地球，也
可以是流域，甚至是溪流集水区。

水量平衡概念认为，水体总是处于流动状态，对于特定的体积单元，在 1 年或多年的
时间间隔内，降雨量、地表与地下径流输入水量之和等于蒸散发量、地表与地下径流输出

水量和人类取水量之和，可表示为：

$$P = E + \Delta R_{S_u} + \Delta R_{G_w} + D_H \tag{2.4}$$

式中：P 为降雨量；E 为蒸散发量；R 为径流量；S_u 为地表水；G_w 为地下水；D_H 为人类取水量；ΔR_{S_u} 为地表径流输出与输入水量的差值；ΔR_{G_w} 为地下径流输出与输入水量的差值。

式（2.4）中各要素诸如降雨、地表和地下径流、蒸散发等数据，应依据相关技术标准监测获得。

（4）物质循环和营养物质输移。生态系统物质循环过程与水文循环过程密切相关。作为水文循环的重要组成部分，土壤水被植物根部吸收进入叶片，然后以散发的形式进入大气。存在于绿色植物中的水分作为主要原料，参与了光合作用。绿色植物是食物网中的"生产者"（producer），它通过光合作用把无机物制造为碳水化合物，碳水化合物可以进一步合成为脂肪和蛋白质，这些都可以成为食物网中"消费者"（consumer）的食物来源。"分解者"（decomposer）包括细菌、土壤原生动物和部分小型无脊椎动物。它们的作用是把落叶、枯草、动物残肢、死亡的藻类等连续地进行分解，把复杂的有机物变成简单的无机物，再回归到大自然中，从而完成物质循环的全过程。

河流的一项重要功能是通过水文过程输送泥沙、植物营养盐和有机物进入湖泊、湿地直至海洋。进入河流的氮和磷这两种元素是限制藻类群落生产速率和生物量的关键营养元素。陆地产生的有机碳通过土壤流失进入河流水体。

（5）水文过程的生态功能。基于水文过程的生态影响，可以把河流年内水文过程线划分为 3 种水流组分，即低流量过程、高流量过程和洪水脉冲过程。低流量指枯水期的基流；高流量指发生在暴雨期大于低流量且小于平滩流量的流量过程；洪水脉冲指大于平滩流量的流量过程。3 种水流组分在流量过程线上的位置如图 2.6 所示。每一种水流组分可用流量、频率、持续时间、出现时机和变化率等 5 种水文要素来描述。流量是单位时间通过河流特定横断面的水体体积。频率是指超过某一特定流量值的水文事件的发生概率。持续时间是指一种特定水文事件发生

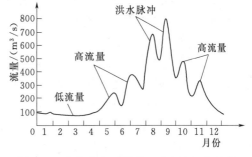

图 2.6 自然水文过程的 3 种水流组分示意

所对应的时间段。出现时机是指水文事件发生的规律性，比如每年洪峰发生时间等。变化率是指流量从一个量值变到另一个量值的速率，反映时间-流量过程线的斜率。

3 种水流组分均具有不同的生态功能。低流量过程是河流的主要水流条件，它决定了一年中大部分时间内生物可以利用的栖息地数量，对河流的生物量和多样性有着巨大影响。高流量过程不仅奠定了河流的基本地貌形态——河流的宽度、深度和栖息地的复杂性，而且也确定了河流中物种生存所需要的基本条件。洪水脉冲过程是河流生态系统中一种重要的流量过程，它影响着河流生物的丰度和多样性。洪水脉冲具有为鱼类洄游和产卵提供信号、控制河漫滩植物分布及数量、输送岸边植物种子向下游传播。促使营养物质在河漫滩沉积以及补充地下水等诸多功能。

下面以长江中下游为例，说明水文情势的生态影响。图 2.7 绘出了 2000 年长江宜昌水文站的流量过程线，区分出 3 种流量过程，即低流量过程、高流量过程和洪水脉冲过程，对应这 3 种流量过程，其生态响应概述如下：

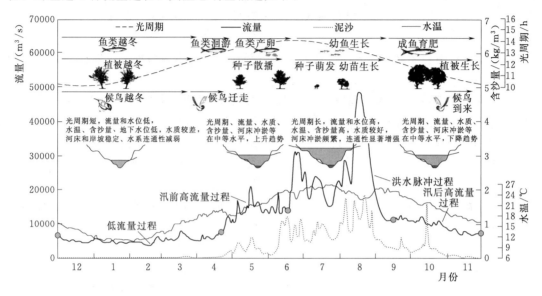

图 2.7 宜昌水文站 2000 年长江流量过程与生物过程关系
（王俊娜和董哲仁，2011）

1）低流量过程。流量普遍降至 6000m³/s 以下，水流在主河槽流动，水位较低，流速较小，流态平稳，有利于鱼类越冬；长江干流流量减少，水位降低，洞庭湖和鄱阳湖的水流向长江，两湖维持在合适水位，为越冬候鸟提供越冬场；低流量期一定大小的流量还起到维持河流的温度、溶解氧、pH 值、河口的盐度在合适范围内的作用。

2）高流量过程。5—6 月的高流量过程，正好是长江中游大部分鱼类繁殖的高峰期。以青鱼、草鱼、鲢鱼、鳙鱼四大家鱼为例，高流量的涨水过程是刺激家鱼产卵的必要条件。河道流量的增加，会对水体的温度、溶解氧、营养盐等环境指标有一定的影响；随水位升高，河宽、水深、水量增加，水生生物栖息地的面积和多样性随之增多；适合的水文、生境条件是大部分鱼类选择夏季高流量期产卵的重要原因。另外，10—11 月的高流量过程，是秋季产卵鱼类的繁殖期。由于秋季的高流量过程发生在洪水之后，此时的河床底质普遍洁净，水质较好，流速大小适宜，长江重要濒危鱼类中华鲟的产卵正好发生在这一时期。

3）洪水脉冲过程。7—9 月的洪水脉冲过程，长江中游水流普遍溢出主河道，流向河漫滩区，促进了主河道与河漫滩区的营养物质交换，形成了浅滩、沙洲等新栖息地，为一些鱼类的繁殖、仔鱼或幼鱼生长提供了良好的繁育场所。洪水过程也是塑造长江中游河床形态的主要驱动力。长江中游复杂的河湖复合型生态系统，需要洪水期的大流量促进长江干流与通江湖泊洞庭湖、鄱阳湖以及长江故道之间的物质交换和物种交流。

2. 地貌过程

河流地貌过程是泥沙在河流动力作用下被侵蚀、输移和淤积并且塑造河道及河漫滩的过程。多样的河流地貌特征决定了栖息地多样性特征，为生态过程提供了物理基础。

（1）河流泥沙运动。河流地貌形态的形成是一个长期的动态过程。水流在流域范围内的土壤侵蚀、对河床的冲刷以及泥沙输移和淤积作用是河流地貌形态演变的主要成因。

流域侵蚀是产生河流泥沙的根源。基岩在机械分离和化学分解作用下风化成粗细不同的颗粒，并在水流作用下汇集到河流中，一部分被输送到河口进入海洋，一部分在河谷内沿程落淤形成冲积层，河流就在其形成的冲积层上流动并且不断塑造河床。

泥沙的物理化学性质包括泥沙粒径大小、形状、单位体积重、矿物成分以及泥沙混合物的性质，其中泥沙粒径指标最为重要。根据粒径大小可以将泥沙分为若干类型，如漂石、砾石、卵石、沙、粉沙、黏粒等。泥沙混合物的颗粒组成常用粒径分布曲线表示。

水流是泥沙运动和河道演变的主要动力。河道水流内部运动特征和运动要素直接影响泥沙运动和河道地貌变化。天然河流的流态都是紊流。紊流对于泥沙颗粒起动、悬浮和输移具有重要意义。对于一定的水沙条件，当水流强度较低时，泥沙颗粒在床面上以滑动、滚动、跳跃和成层移动等方式运动，称为推移质。当水流强度增大后，一部分泥沙颗粒脱离床面进入主流区，在紊动涡体挟带下随水流向下游运动，称为悬移质。随着水流强度不断增大，转化为悬移质的泥沙颗粒也不断增加。含沙量达到一定程度的水流称为高含沙水流，其水流特征及输沙特性与一般挟沙水流不同。另外，当清水与浑水相遇时，由于水体密度差异，在一定条件下会产生异重流，其水流特征与输沙特点也有别于一般挟沙水流。

（2）河床演变。河床演变是指河床受自然因素或水工建筑物的影响而发生的冲淤变化。河床演变是水流与河床交互作用的结果，二者互相依存，互相制约，表现为泥沙的冲刷、输移和淤积过程。河床演变现象非常复杂，其表现形式包括河道纵剖面和横剖面的冲淤变化，以及河道平面形态变化。河床演变是诸多因素综合作用的结果，与流域地质、地貌、气候、土壤和植被密切相关，而主要影响因素包括：①水流及其变化过程；②流域来沙量及其级配；③河流纵比降；④河床地质。

（3）河流的自调整。河流系统总是趋向于在水流运动、泥沙输移和河床形态变化之间达到平衡。河流能够通过自身调整纵比降以及河床平面形态，以适应流域来水、来沙条件变化。河流的自调整功能是通过水流作用下泥沙冲刷、输移和淤积过程实现的。当流域来沙量与特定河段水流的挟沙能力相匹配时，河床处于相对平衡状态；当来沙量大于挟沙能力时，多余的泥沙就会淤积下来，使河床升高；当来沙量小于挟沙能力时，水流会冲刷河床上的泥沙，使河床刷深。河床的冲淤变化改变河宽、水深、比降、糙率以及床沙组成等水力学、泥沙因子，从而使特定河段的挟沙能力与上游来沙条件相适应，具体表现为：当河床发生冲刷时，水深加大，流速相应减慢，随之冲刷能力逐渐减弱，直到停止冲刷；而当河床发生淤积时，水深减小，流速相应加快，导致淤积速度逐渐降低，直到淤积停止，达到新的平衡。

（4）河流系统稳定性。河道稳定性包括河道平面形态的侧向稳定性、纵坡稳定性和河道岸坡局部稳定性。保证河流系统稳定性，既是满足防洪的需要，也是维持生物栖息地可持续性的需要。河道平面形态侧向稳定性主要取决于河道纵比降、泥沙特性和岸坡的抗冲性。一条河流从河源到河口大体的规律是：纵坡降由陡变缓，水动力由强变弱，泥沙颗粒由粗变细，相应的河型依次是辫状型河道、蜿蜒型河道、网状型河道和顺直微弯型河道，它们的侧向稳定性依次增高。

3. 物理化学过程

河流中水体流动、泥沙运动以及水温变化为水生生物提供了重要的生境条件。河流水体中的溶解氧是生物呼吸的必要条件。包括氨氮在内的营养物质和金属被水生生物所吸收，经历了复杂的迁移转化，完成物质循环的全过程。

（1）物理过程。

1）水流运动。水流运动是河流最重要的物理过程之一。通过水流运动，河流向下游输送营养物质和溶解物质。同时，水动力挟带泥沙运动是塑造河道及河漫滩的驱动力。描述水流运动的水力要素包括水深、流速和流量。研究具有自由水面的水流运动规律及计算方法的学科称为明槽水力学。河道和渠道都属于明槽水流。水力要素（如流量、水深等）不随时间变化而变化的明槽水流，称为明槽恒定流，人工渠道和明流隧洞中的水流都属于明槽恒定流。水力要素（如流速、流量、过水断面等）随时间变化而变化的明槽水流，称为明槽非恒定流。求解非恒定渐变流基本方程组，当前主要采用差分法或有限元法等数值解法，有不少商用软件可以利用，计算输出结果为流速场数值和等值线图等。

2）水温变化。河流水体温度变化对于所有水生生物的初级生产力、分解、呼吸、营养循环、生长率、新陈代谢等生态过程都具有重要影响。

水温变化对河流生态系统产生重要影响。其直接影响包括：①所有淡水生物都有其独特的生存水温承受范围，因此，水温在决定生物群落结构方面起到关键作用；②温度升高将提高整个食物链的代谢和繁殖率；③对无脊椎动物、鱼类来说，水温变化是其生命史中的外部环境信号，例如长江四大家鱼，5—8 月水温升高到 18℃ 以上时，如逢洪水便集中在重庆至江西彭泽的 38 处产卵场进行繁殖。

水温变化的间接影响包括：①温度升高会使溶解氧（DO）浓度降低，溶解氧是水生生物生存的基本条件之一，如果鱼类和其他水生生物长期暴露在 DO 浓度为 2mg/L 或更低的条件下时则会死亡，低溶解氧浓度水体利于厌氧细菌生存，这类细菌会产生有害气体或释放出污染水体常有的恶臭气味；②耗氧污染物对水体的胁迫作用随着温度升高而增加；③温度升高会导致有毒化合物增加。这些间接影响都会对水生生物的生存环境形成威胁。

（2）化学过程。河流水体中的溶解氧、营养物质和金属，被水生生物利用或吸收，经历复杂的迁移转化，完成物质循环的全过程。除了河流水体自身的化学过程外，由于人类向水体中排放各类污染物以及有机化学品，造成水体污染，导致严重的生态后果。

1）pH 值，碱度，酸度。水的酸性或碱性一般通过 pH 值来量化。pH 值为 7 代表中性条件，pH 值小于 5 代表中等酸性条件，pH 值大于 9 代表中等碱性条件。许多生物过程（如繁殖过程）不能在酸性或碱性水中进行。

2）溶解氧。溶解氧（DO）反映水生生态系统中新陈代谢状况。溶解氧是鱼类等水生生物生存的必要条件。一般清洁水中的溶解氧浓度大于 7.5mg/L。DO>5mg/L 适合大多数鱼类生存，若 DO<2mg/L 会导致鱼类等水生动物死亡。

人为向河湖排入大量需氧有机污染物，会产生生物化学分解作用，大量消耗水中的溶解氧。水中耗氧有机污染物被微生物分解所需的溶解氧量称为生化需氧量（BOD）。

3）营养物质。除了二氧化碳和水以外，水生植物（包括藻类和高等植物）还需要营养物质支持其组织生长和新陈代谢，氮和磷通常是水生植物和微生物需要量最大的元素。

在水环境中，氮的存在形式包括溶解的气态氮（N_2）、氨氮（NH_3 和 NH_4^+）、亚硝酸盐氮（NO_2^-）、硝酸盐氮（NO_3^-）以及有机氮。磷在淡水系统中以颗粒相或溶解相存在。大气中的 N_2 经蓝藻的固氮作用后，通过水生植物的同化作用在植物体内合成有机氮（蛋白质），并进一步被其他植食动物吸收利用。动植物死亡、分解、排泄的颗粒有机质可以被亚硝酸盐细菌和硝酸盐细菌通过硝化作用氧化成 NO_2^- 和 NO_3^-。同时，在溶解氧浓度较低条件下，反硝化细菌可以进行反硝化作用，将 NO_2^-、NO_3^- 转变成大气中的 N_2，从而完成氮元素在河流水体中的物质循环过程。

水体中的磷主要来自流域。在林地覆盖率较高的流域，由于植物根系对氮磷的截留以及吸收作用，进入河流的水体氮磷浓度较低。人类活动加剧了氮和磷向地表水的迁移。在许多经济发达区域，水体的主要营养来源是污水处理厂直接排放的废水。另外一些河流营养物质的主要来源是流域内的非点源，包括农田和城郊草坪施肥、牲畜及家禽饲养场粪便废物。当天然水体接纳含有氮磷元素的农田排水、地表径流和水体自生的有机物腐败分解释放的营养物质的水中的营养物质不断得到补充，导致藻类异常增殖而发生富营养化。

4）重金属。在环境污染方面所说的重金属主要是指汞、镉、铅、锌等生物毒性显著的元素。重金属元素如果未经处理被排入河流、湖泊和水库，就会使水体受到污染。酸性矿山废水是重金属的主要来源，高酸度增加了许多金属的溶解度。废弃煤矿是许多河流的有毒金属负荷来源。

重金属污染物有如下特征：①重金属在水中主要以颗粒态存在、迁移、转化，其过程包括物理、化学和生物学过程；②多种重金属元素具有多种价态和较高活性，能参与各种化学反应，随环境变化，其形态和毒性也发生变化；③重金属易被生物摄食吸收、浓缩和富集，还可以通过食物链逐级扩大，达到危害顶级生物的水平；④重金属在迁移转化过程中，在某些条件下，形态转化或物相转移具有一定可逆性，但是，重金属是非降解有毒物质，不会因化合物结构破坏而丧失毒性。

重金属积累会对水生生物造成严重后果。重金属可被水生生物摄取，在体内形成毒性更大的重金属有机化合物。重金属进入生物体后，常与酶蛋白结合，破坏酶的活性，影响生物正常的生理活动，使神经系统、呼吸系统、消化系统和排泄系统等功能异常，导致生物慢性中毒甚至死亡。如果人类进食累积有重金属的鱼类、贝类，重金属就会进入人体，产生重金属中毒，重者可能导致死亡。

5）有毒有机化学品。有毒有机化学品（toxic organic chemicals，TOC）是指含碳的合成化合物，如多氯联苯（PCB）、大多数杀虫剂和除草剂。由于自然生态系统无法直接将其分解，这些合成化合物大都在环境中长期存在和不断累积。尽管一些剧毒的合成有机物（如 DDT 和 PCBs）已在一些国家被禁用长达几十年，但仍可导致许多河流水生生态系统出现问题。TOC 可通过点源或面源污染形式进入水体。未达标排放的点源会向水体输入大量 TOC。TOC 面源污染包括农药、除草剂和城市地表径流。与土壤颗粒吸附作用较强的有机物一般随土壤侵蚀作用输入河流，而溶解性较强的有机物则主要随暴雨径流冲刷作用进入水体。有机污染物在水环境中的迁移转化过程包括溶解、沉淀、吸附、挥发、降解以及生物富集作用。

4.生物过程

（1）淡水生物多样性。生物多样性（biodiversity）是指各种生命形式的资源，是生物与环境形成的生态复合体以及与此相关的各种生态过程的总和。

1）淡水生物多样性分布格局。淡水生态系统生物多样性的分布格局与陆地或海洋生态系统有着根本的区别。相比陆地或海洋系统，淡水生境是相对孤立的。淡水物种的空间分布一般与当前或历史上的河流流域或湖泊相一致。淡水物种的生境范围、物种群落和生态系统类型都具有很强的区域性，如果发生生态条件剧烈变化和灾难性气候，淡水物种也无法轻易迁出其栖息的流域。

不少淡水物种有具体的生境要求。比如某些物种必须寻找或避开特定形式的水流漩涡、流速范围、水温、庇护所和基质等，而且在生命周期的不同阶段，物种有不同的生境条件要求。就鱼类而言，栖息地包括其完成全部生活史过程所需的水域范围，如产卵场、索饵场、越冬场以及连接不同生活史阶段水域的洄游通道等。

我国幅员辽阔，水系众多，水生维管植物形成一个非常庞大的类群。我国水生维管植物共计有 61 科 145 属 317 种（《中国水生维管束植物图谱》1983）。吴振斌等（2011）统计了除低等藻类和苔藓类植物以外的 42 科水生维管植物类群在我国的分布状况，发现有 17 科水生维管植物类群，分布在 6 个以上大区，其中眼子菜科、禾本科、金鱼藻科、小二仙草科、蓼科、莎草科、泽泻科、浮萍科分布最为广泛。

2）淡水生物多样性的适应性。淡水生物在长期的进化过程中，适应了淡水生境条件，形成了许多独特的适应能力。比如淡水鱼类长出鳃，以便从水中吸取氧气。生活在水下的淡水物种的身体经过进化，符合水动力原理，可以省力地游泳。生活在河流基质上的物种，通过进化形成了特殊的肢体，可以附着在河底，避免被水冲走。另外，许多鱼类和淡水植物还能利用水流传输鱼卵、幼苗和种子。沉水植物的根系发达，能够扎根固定，防止被水冲走。在水陆交错带生长的两栖动物，可在水中产卵，在陆地生活。相反，爬行动物如蛇、巨蜥、鳄鱼和淡水龟，在陆地产卵，在水中生活。需要特别指出，由于栖息地条件恶化及渔业捕杀，在我国有一批珍稀、特有淡水物种受到严重威胁，世界级保护动物白鳍豚面临灭绝危险，国家一级保护水生野生动物中华鲟、白鲟、扬子鳄等都处于濒危状态。

（2）河流食物网。食物链（food chain）是指生态系统中自养生物、食植动物、食肉动物等不同营养层级的生物，依次以前者为食物而构成的单向链状关系。食物链物质或能量以线性方式向上流动。食物网（food web）是指食物链各环节彼此交错连接，将生态系统中各种生物直接或间接连接在一起形成的网状结构。

水生态系统食物网结构是一种"二链并一网"结构，即水生态系统实际存在两条食物链，这两条食物链联合起来又形成一个完整的食物网（图 2.8）。一般食物网的基础都是初级生产。通

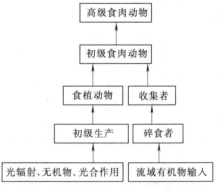

图 2.8　水生态系统食物网结构

过光合作用由氮、磷、碳、氧、氢等物质生产有机物的初级生产，也称为"自生生产"。初级生产者是藻类、苔藓和大型植物，这种自生生产构成了一条食物链的基础。这条食物链加入河流食物网，形成的营养金字塔是：光合作用—初级生产—食植动物—初级食肉动物—高级食肉动物。另外一条食物链的构成是由陆地环境进入河流的外来物质（如落叶、残枝、枯草）加上岩屑形成粗颗粒有机物（coarse particulate organic matter，CPOM），其直径大于 1mm。CPOM 被数量巨大的碎食者、收集者和各种真菌或细菌破碎、冲击后转化成为细颗粒有机物（fine particulate organic matter，FPOM），其粒径小于 1mm。碎食者、收集者成为初级食肉动物的食物来源，称为"外来生产"，成为这条食物链的基础。这条食物链加入河流食物网，形成的营养金字塔是：流域有机物输入—碎食者—收集者—初级食肉动物—高级食肉动物。以上两条食物链在初级食肉动物层级汇合，形成了完整的食物网。

Ken Cummins 提出了一种基于食物网的生物分类系统，是按照食植动物—食肉动物—杂食动物—食碎屑生物为食物网构架的生物分类系统，称为"供食功能组"（functional feed groups，FFG）。在这个构架中，主要的生物类型是碎食者、食植者、收集者、滤食者和捕食者。

图 2.9 表示供食功能组 FFG 的结构框架。图中选择溪流的一个典型断面，表示溪流内和岸边陆地在能源生产中如何形成初级生产力，以及这些能源如何被溪流内不同供食功能组 FFG 所利用。图中上方，表示溪流外的能量以及物理、化学物质的输入，包括阳光、水文、温度、营养物和水流。图中右侧岸边植被有落叶、残枝和枯草进入溪流，再加上岩屑形成粗颗粒有机物 CPOM。CPOM 成为碎食者的食物。通过碎食者进食过程，CPOM 变成细颗粒有机物 FPOM。图中左侧，通过光合作用自养生物——藻类、大型植物和苔藓用无机物生产有机物，进行初级生产。在次级生产阶段，食植者以藻类和大型植物为食，产生出大量的细颗粒有机物 FPOM，同时为捕食者提供食物。图中右下侧，碎食者食用 CPOM 生产 FPOM，也为捕食者提供食物。图中下部，收集者一方面把 FPOM 进一

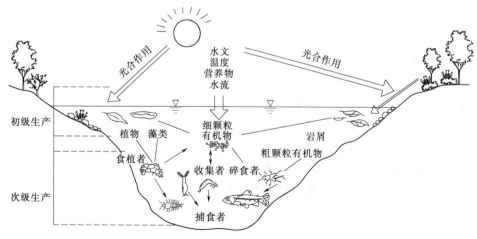

图 2.9 供食功能组 FFG 的结构框架
（单线箭头表示供食方向）

步磨细，另一方面为捕食者提供食物。捕食者以其他动物为食源，成为供食功能组的终端。

（3）河流生物群落。由于生物在空间上有竞争和补偿关系，在营养方面有依赖和控制关系，这使得生物间存在不可分割的联系。这些相互依存又相互制约的关系随着时间的推移逐步调整和完善，形成具有一定特点的生物集合体，即生物群落。生物群落（biotic community）是指在一个特定的地区由多个种群共同组成的、具有一定秩序的生物集合体。群落物种多样性是指群落中种数目的大小。物种多样性是衡量群落规模和重要性的基础，也是比较不同群落的重要参数。

2.2　湖泊生态系统结构与过程

本节首先讨论湖泊的起源和演替过程，进而讨论湖泊的地貌形态特征及其生态学意义，给出若干重要地貌参数。湖泊生态过程包括水文、物理化学和生物过程以及新陈代谢作用。讨论湖泊生态系统结构的重点是湖泊所特有的生态分区及食物网结构。

2.2.1　湖泊的起源和演替

大部分湖泊是通过渐进性或灾变性的地质活动形成的，地质活动包括构造运动、火山作用和冰川作用等。按照湖泊的成因，可以把天然湖泊分为冰川湖、构造湖、河成湖、滨海湖、火山口湖、岩溶湖六大类。

无论何种成因形成的湖泊随着时间的推移都会经历一个演替过程。湖泊的演替可以理解为湖泊从年轻阶段向老龄阶段过渡的老化过程。实际上，湖泊老化过程就是湖泊所经历的营养状态变化过程。即从营养较低的水平或贫营养状态，逐渐过渡到具有中等生产力或中等营养状态的过程，此后湖泊进入富营养化状态，最终演替为沼泽甚至演替为被树木草丛覆盖的陆地。

富营养化（eutrophication）是水体中营养盐类大量积累，引起藻类和其他浮游生物异常增殖，导致水体恶化的现象。天然水体接纳含有氮磷营养元素的农田排水、地表径流和水体自生的有机物腐败分解释放的营养物质，使水中的营养物质不断得到补充，导致藻类异常增殖而发生富营养化。除了自然富营养化以外，人为富营养化已经成为湖泊水环境问题关注的热点。

2.2.2　湖泊地貌形态

湖泊地貌形态是重要的生境要素。湖泊因岸坡和湖盆地貌变化形成各处水深不同。在不同深度有不同类型的生境，相应生活着不同类型的生物群落。湖泊是一个三维系统，结构复杂。光照和温度自上而下变化，形成了多样化的结构。一般湖泊包括 3 个宽阔的区域：湖滨带、敞水区和淤积泥沙带。每个区域都有其独特的生物群落。湖滨带是陆地和水域之间的过渡带，水深较浅，挺水植物和沉水植物在这里生长。敞水区是一片开阔水域，在敞水区透光带中生长着浮游植物（悬浮藻类），在透光带以下，光线无法透过，光合作用微弱。淤积泥沙带位于湖底，包括沉积的泥沙和死亡腐烂有机物。

湖泊地貌形态差别很大。无论何种类型的湖泊，其地貌形态特征包括形状、面积、水下形态、深度以及湖岸的不规则程度，均对湖水流动、湖泊分层、泥沙输移以及湖滨带湿地规模产生重要影响。下面概要介绍重要的湖泊地貌形态参数及其对湖泊生态过程的影响。

1. 湖泊表面积 A 和容积 V

湖泊形态可以通过地形测量获得，也可以通过航空摄影获得清晰的湖泊岸线。

等深线图是记录湖泊形态的标准方法。水深测量可使用测深索或应用船载回声探测仪，逐点测量湖泊水深 Z。测水深时，配合使用全球定位系统（GPS），可准确确定测点坐标。利用水深数据可以制作等深线图 [图 2.10（a）]。表面积的计算可使用简单的半透明方格坐标纸或使用求积仪，也可以通过计算机扫描，以上方法均可获得湖泊表面积 A 和等深线图中对应不同等深线间的表面积。

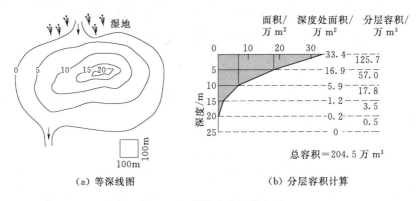

（a）等深线图   （b）分层容积计算

图 2.10　湖泊容积计算方法

设 A_{12} 为等深线 Z_1 与 Z_2 间的表面积（图 2.10），则等深线 Z_1 与等深线 Z_2 间容积为

$$V_{12} = \frac{Z_2 - Z_1}{2} A_{12} \tag{2.5}$$

湖泊的总容积 V 等于各深度容积之和，即

$$V = \sum V_{ij} \tag{2.6}$$

利用数字高程模型 DEM（digital elevation model）可以便捷地进行湖泊容积计算。水面以下部分采用水下声呐扫描技术获取水下地形数据。水面以上部分可采用激光扫描测量 LiDar 技术或无人机摄影测量技术获取水面以上地形数据。输入这些数据，即可获得湖泊容积。

2. 湖泊深度

湖泊平均水深 $\bar{z}$ 是重要的湖泊地貌指标，它不仅是湖泊形态的重要标志，而且对生物过程产生重大影响。平均水深 $\bar{z}$ 等于总容积与表面积之比，即

$$\bar{z} = \frac{V}{A} \tag{2.7}$$

深水湖与浅水湖之间存在着很大的区别，主要表现为二者在营养结构、动力学特征以及对于当地营养负荷增加的敏感度等方面，都存在明显的区别。最基本的区别是：深水湖在夏天表现出温度分层特征，沿深度分别为表水层（epilimnion）、温跃层（metalimnion）和均温层（hypolimnion）。相反，浅水湖的光照条件好，一般没有温度分层现象。

3. 湖泊岸线发育系数 D_L

湖泊的平面形状可以通过岸线长度表示。具有相同表面积的湖泊，如果岸线长度相对较长，表示岸线不规则程度较高，说明湖滨带面积较大。岸线的不规则程度通常用岸线发育系数 D_L 表示，定义 D_L 为岸线长度与相同面积的圆形周长之比，即

$$D_L = \frac{L_b'}{2\sqrt{\pi A}} \tag{2.8}$$

式中：D_L 为岸线发育系数；L_b' 为岸线长度；A 为湖泊表面积。

如果是圆形湖盆，则 $D_L = 1$；火山湖形状较规则，其 D_L 值稍大于 1；大多数湖泊的 D_L 为 1.5～2.5；一些山谷洪水形成的湖泊包含众多支流并且具有树枝状岸线，其 $D_L >$ 3.5。岸线发育系数 D_L 值较高的湖泊或水库，拥有较大的湖滨带面积，适于鱼类、水禽生长的栖息地较发育，生长大型植物的湿地面积也较大。同时，岸线的不规则程度也决定了可免于风扰动的湖湾数量和状况。

4. 水下坡度 S

水下坡度指湖泊横断面边坡比，用度数或百分数表示。水下坡度 S 的计算公式为

$$S = \frac{Z_{\max}}{\sqrt{\dfrac{A}{\pi}}} \tag{2.9}$$

式中：S 为水下坡度；$Z_{\max}$ 为最大水深；A 为湖泊表面积。

水下坡度 S 表示边坡的陡峭或平缓程度，比如平原丘陵区的大中型浅水湖泊，表面积大，水深较小，S 值较小，说明横断面边坡较平缓。S 值影响沉积物的稳定性，波浪和水流对湖底作用的角度、底栖动物在沉积物上的丰度及分布、大型植物生存发展机会以及鱼类和水禽栖息地数量。

5. 水力停留时间 T_s

自然流入湖泊的水量蓄满整个湖泊所需要的时间称为水力停留时间，用 T_s 表示，计算公式为

$$T_s = \frac{\overline{V}}{Q_2} \tag{2.10}$$

式中：T_s 为水力停留时间，a；$\overline{V}$ 为多年平均水位下湖泊容积，m^3；Q_2 为年平均出湖流量，m^3/a。

式（2.10）忽略了蒸发、与地下水互补和湖面降雨等因素。

需要指出，水力停留时间计算公式有多种，都属于估算公式。各种算法的结果相差很大，需要结合实测数据加以分析判定。水力停留时间是湖泊污染和营养动力研究的重要参数。营养物的停留时间与水力停留时间不完全一致。冬季氮和磷的滞留时间与水的滞留时间相差不多。春季部分营养物被湖内藻类吸收滞留湖里。秋冬季节部分营养物由植物分解流出湖泊，而另一些营养物则随藻类永远沉积在湖底的底泥中。

2.2.3 湖泊生态过程

1. 水体化学特征

化学物质特别是营养物质在湖泊中的分布是湖泊生态结构的要素之一。在湖泊的垂直

方向，表水层光合作用充分，营养物质被很快消耗。而均温层或无光带营养物质经常保持不变或逐渐积累。与温跃层概念相对应，湖泊中化学物质变化速率最快的水层称为化变层（chemocline）。多数湖泊的化学分层由温度分层所决定。掺混充分的湖泊和湖滨带则少有稳定的垂直化学分层现象，只存在营养物质的水平差异。在湖泊水平方向，湖滨带营养物质浓度高，其底质为底栖生物提供了良好的生境。如果湖泊岸线多湖湾（D_L 值高），大量开放水面与湖岸连接充分，接受更多的氮、磷和其他微量元素，提高了沿岸水域营养物质的浓度。湖泊化学结构的垂直分层是季节性的，依赖于湖水的温度分层。而水平方向营养物质浓度差异在全年都可能发生，主要受湖泊形态、湖岸化学输入和底质的影响。

2. 水文过程

湖泊的水文过程包括：降雨过程，流域内产汇流过程，通江湖泊与河流径流的水体交换，湖泊与地下水之间的水体交换以及湖泊蒸散发。水文过程不仅影响营养物的分布，也影响湖泊生物群落的空间分布格局。

通常用水量平衡和水位波动两个要素来描述湖泊水文状况。水量平衡指入湖水量（降雨、流域地表径流、河流汇入以及地下水补充）与出湖水量（蒸散发、通过河流出湖水量；入渗补充地下水水量）之间的水量平衡。

湖水水位波动包括短期波动、季节性波动和长期波动。短期波动指暴雨和风暴潮引起湖水水位短时间上涨，其特点是局部性和短暂性，往往几天就会恢复正常。水位短期波动对河滨带和近岸生物影响不大。季节性波动是由于湖泊水位受降雨、蒸发、流域径流以及地下水的季节性变化影响，水位随季节有规律地变化，这种变化带有周期性，即每年冬春季水位低，夏季水位高。水位长期波动不具有周期性特点，也没有固定模式，且难以预测。水位长期波动主要是气候变化所致，包括降雨、气温、蒸发等要素的长期变化，进而引起湖泊水位的长期变化。

3. 湖泊新陈代谢

湖泊的新陈代谢（metabolism）过程主要包括光合作用（photosynthesis）和需氧呼吸作用（aerobic respiration）。需氧呼吸作用是与光合作用相逆的过程。光合作用也称合成代谢（anabolism），需氧呼吸作用则称分解代谢（catabolism）。

光合作用是植物吸收、固定太阳能并且转化为可以储存的化学能的过程。自养生物靠光合作用生产有机物，由于这个过程是用无机物生产有机物，所以这种物质生产称为初级生产（图 2.11）。在湖泊系统，光合作用的明显特征是茂密生长的藻类和大型植物，只要有阳光和溶解氧，这些生物就会迅速生长。至于太阳能转化为植物化学能的转化率，湖泊系统远低于陆地系统，其值低于 1%。

太阳能以光的形式进入生物体，就再也不能以光的形式返回。自养生物被异养生物摄食，能量就再也不可能回到自养生物，这是因为能量传递是不可逆的。在转换过程中植物通过呼吸作用，将能量以热的形式散发到环境中。需氧呼吸作用是植物在有氧条件下，将有机物氧化并产生 CO_2 和水的过程。生活细胞通过呼吸作用将物质不断分解，为植物体内的各种生命活动提供所需能量和合成重要有机物原料。呼吸作用是植物体内代谢的枢纽。影响呼吸速率的环境因素主要有温度、大气成分、水分和光照等。除了需氧呼吸作用以外，还有厌氧呼吸作用。厌氧呼吸作用主要是在一些特殊约束条件下发生的现象，例如光线穿透到厌氧区，或者光线照射到水与泥沙底质交界面上，就会出现厌氧呼吸作用（表 2.1）。

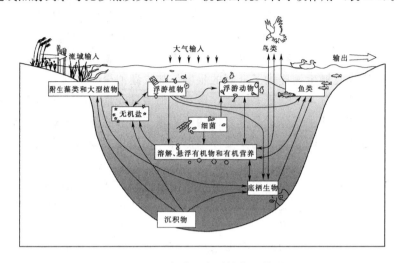

图 2.11　湖泊生态系统能量传递

（据 Hakanson，1976，改绘）

表 2.1　湖泊生态系统新陈代谢

新陈代谢过程	能　源	微　生　物			湖泊条件
		藻类/植物	藻青菌	其他细菌	
需氧光合作用	阳光	√	√		普遍、喜光、喜氧
厌氧光合作用	阳光			罕见	不普遍、喜光、厌氧
需氧化学合成	无机氧化作用			罕见	常见、喜氧/厌氧
需氧呼吸作用	有机氧化作用	√	√	√	普遍、喜氧
厌氧呼吸作用	无机/有机生产			√	常见、喜氧/厌氧、界面

注　√代表该微生物可参与的新陈代谢过程。

4. 湖泊食物网

如上述，光合作用产生的植物生物量（初级生产力）为食植动物（次级生产力）提供了食物。食肉动物（高级生产力）又以食植动物为食。能量和营养通过连续的营养级自下而上地逐级传递。营养级（trophic level）是指物种在食物网中所处的位置。生物在营养级获得的能量大部分通过呼吸作用以热的形式散失到环境中，只有小部分保留下来支持生命活动和能量传递。通常用营养金字塔来描述营养级之间的能量传递。

为建立食物网，需要对生物主要群体的数量和生物量进行测量，并且按照摄食习惯归并为同一功能组，如初级生产者、食植动物、食肉动物以及分解者等。更精确的测量包括供食试验，以确定某一种类型的消费者与一种或多种植物类食物之间的关系。也可以应用同位素追踪推断食物来源，定量评估多种食物对消费者生物量的不同贡献。通过食物网分析，就可以显示能量从一个营养级到另一个营养级传递的效率。

湖泊水体的物理化学性质在很大程度上决定了湖泊的生物特征，物理化学指标包括水温、透明度、水流波浪运动以及营养物质总量等。能量和营养物通过生物的交互作用在生态系统中流动传递。将湖泊生物群落按照能量流动的相互关系集合在一起，就构成了湖泊营养金字塔。在湖泊营养金字塔中，底部是最低级的初级生产者（如硅藻门的星杆藻）；第二级是食植动物或牧食动物（如浮游动物水蚤）；第三级是初级食肉动物（如浮游动物晶囊轮虫或幼鱼），它们以牧食较小食植动物为生；第四级及以上是更高级的食肉动物，包括成年大中型鱼类、鸟类和水生哺乳动物，构成了金字塔的顶端。一般情况下，当生物体上升到较高营养级时，其数量或生物量会减少。营养金字塔在冬季可能颠倒过来，这是由于冬季大部分低级生物体死亡，而大中型生物体如鱼类和桡足动物可以依靠营养储备幸存。图 2.12 描绘了一个典型水库型湖泊的食物网，箭头方向表示供食方向。可以看到，作为初级生产者的藻类以及来自流域的营养物，被昆虫幼虫（食植动物）摄食，食植动物又成为各营养级食肉动物的食物，构成了湖泊的食物网。通过实际测量，湖泊生物的能量从低一级营养级向高一级传递的效率为 2%～40%，平均为 10%。

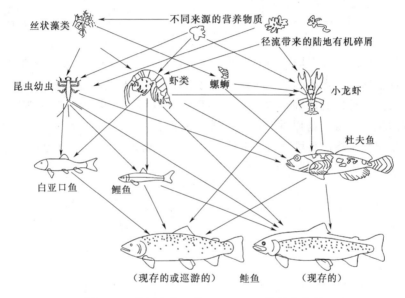

图 2.12 美国密苏里州 Taneycomo 湖的食物网
（据李小平，2013）

2.2.4 湖泊生态分区

湖泊的物理、化学和生物特征在水平和垂直方向都存在着差异和变化，这些差异和变化有些是稳定的，有些是动态的，有些则是季节性的。为描述湖泊空间结构规律，研究者提出了许多生态分区的方法，其中 4 种主要分区见表 2.2。

表 2.2 湖泊 4 种主要分区

分　区	空间变化	描　　述
水平分区	稳定	
敞水区		开阔水面（湖底辐照度小于 1%）
湖滨带		近岸水域（湖底辐照度大于 1%）
基于物质构成垂直分区	稳定	

续表

分 区	空间变化	描 述
水柱		由湖面到湖底的垂直水体
淤积泥沙层		湖泊底部水下沉积物
湖底层		水柱与沉积层间的交界面
基于季节性垂直分区	季节性	
表水层（掺混层）		上部密度层（暖）
温跃层（变温层）		中部密度层（过渡）
均温层（底水层）		湖底密度层（冷）
基于辐照度垂直分区	动态	
透光带		辐照度大于1%的部分（光合作用）
无光带		辐照度小于1%的部分（无光合作用）

1. 水平分区——敞水区和湖滨带

敞水区是湖泊的开放水域，湖滨带是敞水区以外较浅的水域。敞水区和湖滨带在生物结构方面有许多区别。敞水区唯一的自养生物组群是浮游植物，它们是许多在水体中短暂生活的小型藻类，可以脱离固体表面在水中生存，也可以在敞水区与湖滨带之间自由交换。湖滨带除生长浮游植物以外，还生长着另外两种自养生物：大型水生植物和固着生物。大型水生植物是指肉眼可见的水生植物；固着生物依附在大型植物叶片、泥土、沙、岩石和木质表面上生长（图2.13）。

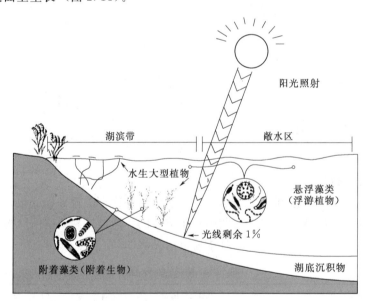

图 2.13 水平分区：敞水区和湖滨带

（据 W M Lewis，2010，改绘）

可以按照阳光照射量来划分敞水区与湖滨带的边界。把敞水区与湖滨带的边界定义为阳光照射到湖底的辐照度等于水面辐照度1%的位置。这是因为当湖底阳光辐照度小于水面辐照度1％时，光合作用很微弱甚至不能发生，限制了水生大型植物和固着生物的生长。在边界以内区域水深逐渐加大，成为典型的敞水区。在边界以外，水生大型植物和固着生物能够生长，成为典型的湖滨带。

从水域功能分析，湖滨带不但能够支持茂密的生物群落，而且能够为一些生物提供避难所；相反，敞水区则不具备这种功能。一般来说，湖滨带的生物多样性要高于敞水区，而且两种区域的关键物种也有所不同。

2. 基于物质构成垂直分区——水柱、淤积泥沙层和湖底层

湖泊的垂直分区包括3部分：水柱、淤积泥沙层和湖底层（图2.14）。水柱包括湖滨带和敞水区的垂直水体；淤积泥沙层位于湖底；湖底层是指水体与淤积泥沙层之间的交界面，厚度约几厘米。从广义上讲，整个湖底固体表面都属于湖底层。

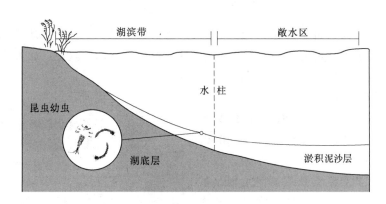

图 2.14　基于物质构成垂直分区

（据 W M Lewis，2010，改绘）

3. 基于季节性垂直分区——表水层、温跃层和均温层

水体温度分层是湖泊的一种重要现象。水温变化又影响水体密度。水温升高，水体密度降低，使水温较高的水体浮在湖面；反之，水温降低，水体密度增加，冷水沉到湖底。所以说，湖泊的热分层形成了水体的密度分层，而密度分层导致水体垂直方向运动并促进热交换，成为温度分层的成因。水在4℃时密度最高，湖底的深水层通常是均温的，所以也称为均温层。

温度分层形成了湖泊温度垂直分区（图2.15），从上往下分别为表水层、温跃层（变温层）和均温层（底水层）。水温的垂直变化直接影响湖泊的化学反应、氧气溶解和水生生物生长等一系列过程。

4. 基于辐照度垂直分区：透光带和无光带

湖泊水体中植物光合作用率取决于适宜辐射。在湖面附近，如果有营养物投入，那里的光合作用率就会很高。随水深增加，辐照度（irradiance）逐渐衰减，光合作用率也随

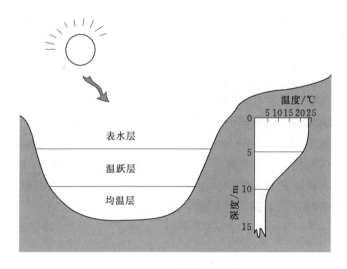

图 2.15　基于季节性垂直分层

（据 W M Lewis，2010，改绘）

之衰减。在辐照度为湖面辐照度 1% 的位置，光合作用接近 0。以此为起点，超过这个深度，植物生物量积累将很困难，浮游植物或者死亡或者处于休眠状态。如果浮游植物处于掺混层，它们有可能被水流挟带到湖泊表层生存。

依据这个标准，将垂直水体划分为透光带和无光带（图 2.16）。在湖面和湖面 1% 辐照度位置之间的水层称为透光带（euphotic zone）。一般情况下透光带处于表水层，在一些条件下也可以扩展到温跃层，但是很难扩展到湖泊的均温层。透光带的厚度取决于水体的透明度。无光带（aphotic zone）是指透光带以下到湖底的水体部分。在这个区域内光强不足以支持光合作用，但是呼吸作用在所有深度内都是可以进行的。

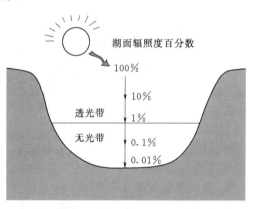

图 2.16　基于辐照度垂直分区

（据 W M Lewis，2010，改绘）

2.2.5　生物多样性

湖泊的 3 个分区（即湖滨带、敞水区和淤积泥沙层）具有不同的生物群落。湖滨带处于水陆交错带的边缘，具有多样的栖息地条件，加之水深较浅，阳光透射强，能够支持茂密的生物群落，因此湖滨带生物物种数量相对较多。通常湖滨带水温相对较高，高水温进一步刺激初级生产和物种多样性。湖滨带除了生长浮游植物以外，还生长着大型水生植物和固着生物这两种自养生物。作为初级生产者，这些生物产生了巨大的生物量。在食物网中，食植动物或牧食动物消费了大量的初级生产者。初级食肉动物（如浮游动物）以牧食较小食植动物为生。高级食肉动物包括大中型鱼类、水禽和水生哺乳动物，它们以浮游动物为食，成为食物网的顶层。实际上，湖滨带的巨大生产力还吸引了众多陆地物种和鸟类，包括蹄类动物（如麋鹿、貘）这样的食植动物以及浣熊、水獭和苍鹰这样的食肉动物，它们到湖滨带寻找丰富的食物。

敞水区生活的初级生产者包括浮游植物和悬浮藻类，它们在开阔水面吸收水中营养物和阳光的能量进行光合作用。敞水区的初级生产者数量大，实际控制了整个湖泊生态系统的营养结构，为其他生物提供食物。浮游动物是初级消费者，它们以浮游植物和藻类为食。浮游动物又成为食肉动物（如鱼类）的食物。一些捕食的鸟类（如鱼鹰和鹰）也在敞水区捕鱼。淤积泥沙层生活着大型无脊椎动物和小型无脊椎动物，如甲壳类动物、昆虫幼卵、软体动物和穴居动物。湖底生物活动会搅乱淤积层上层，使富含有机物的表层厚度达 $2\sim5cm$。淤积层的生产力主要取决于泥沙中有机物成分和物理结构。沙土基质的有机物质数量较少，沙质基质也不利于其他物种躲避鱼类捕食。因此，在各类基质中，沙质基质的生物多样性最低。岩石湖底生存着多种生物，那里的环境也成为不少物种的避难所。此外，岩质基质储藏着大量有机物，为一些无脊椎动物提供食物。淤泥基质为底栖生物提供丰富的营养物，但是这里生境条件单一，安全性较低。另外，湖泊中的死亡生物残骸都会沉到湖底，靠细菌、真菌这样的分解者将有机物分解，重新进入物质循环。

2.3 水生态系统服务

生态系统服务概念源于 20 世纪 90 年代。当时，科学家们认识到，由于人口增长以及对自然资源过度开发，自然生态系统遭到了巨大破坏并以空前的速度退化，已经处于危险状态。科学家们担心，许多生态系统特征在人们还没有深刻理解其对人类重要作用以前就已经丧失。科学家们提出的"生态系统服务"概念就是为了表达这样一种思想，即生态系统以直接和间接的方式，提供了支撑人类福祉的服务和产品。生态系统的退化和破坏，将极大损害人类自身当前和长远利益。生态系统对于人类社会的贡献有些是明显的，有些是隐含的。提出生态系统服务价值概念和价值定量化，其目的在于把生态系统隐含和显性对人类社会的价值都显露出来，用以提醒人们对生态保护的重视。

2.3.1 生态系统服务分类

生态系统服务（ecosystem service）是指生态系统与生态过程所形成及维持的人类赖以生存的自然环境条件与效用。生态系统服务功能是人类生存与现代文明的基础，与人类福祉息息相关。人类福祉包括保障良好生活的基本物质供应、安全、健康、和谐的社会关系以及实现个人存在价值的机会。

在《千禧年生态系统评估》（*Millennium Ecosystem Assessment* 2005）中，把生态系统服务分为四部分：一是支持功能。通过生物摄入、储存、输移、分解等过程，实现营养物质循环；通过光合作用，将太阳能转化为生物化学能进行初级生产；通过生产和分解有机物，并与无机淤积物混合，生成土壤和泥炭。二是供给功能。为人类提供淡水、食品、药品、木材以及提供矿产、燃料、建材、纤维等工业原料；还包括生物资源遗传功能。三是调节功能。通过 O_2 和 CO_2 在空气与水之间交换的生物化学过程，维持大气与水中的气体平衡；通过过滤、净化及储存淡水，维持清洁淡水供应；通过气候调节、温度调节和水文循环，维持人类宜居生活条件和生产条件；通过涵养水分和调节洪水，保持水土和减轻自然灾害。四是文化功能。大自然的美学价值，满足了人们对于自然界的心理依赖和审美需求，更是全人类宝贵的自然和文化遗产。自然界提供了人们运动与休闲的空间；为科学和教育事业的调查、研究和学习提供环境条件；为崇尚自然的宗教仪式和民间习俗提供活动空间场所。水生态系统服务（aquatic ecosystem service）的功能、过程和特征见表 2.3。

表 2.3　　　　　　　　　　水生态系统服务的功能、过程和特征

服务类型	功　　能	生态系统过程和特征	具　体　服　务
供给	淡水、食品、药品供给	水文循环，光合作用	饮用水供给，农业灌溉，工业原料
	水生生物资源	食物网，能量流，物质流	渔业、养殖业
	纤维和燃料	光合作用	产出木材、薪柴、泥炭、饲草
	遗传物质	生物多样性	药品，抵抗植物病原体的基因，观赏物种
支持	生物栖息地	水文过程、景观多样性、生物多样性	为水生生物繁殖、摄食、避难提供适宜条件
	土壤形成	地貌过程，水文过程	农作物生长基础
	初级生产	光合作用	提供可直接或间接消费的食品和其他产品
	养分循环	生态系统结构、食物网	养分的储存、再循环、加工和获取
调节	水文情势	水文循环	补给地下水和储存淡水
	水分涵养及洪水调节	水文过程，植被调节	洪水控制，水土保持
	水体净化	淡水的过滤、净化、储存	控制污染和脱毒
	调节气候	水文循环，生物过程	调节气温、降水等气候过程，调节大气中的化学成分
文化	美学与艺术	景观多样性，生物多样性	美学享受，文学艺术创作灵感
	运动、休闲、娱乐	景观多样性，水文循环	水上运动，旅游休闲
	精神生活	河湖景观，生物多样性	为宗教仪式和民族习俗中崇尚河湖的活动提供空间
	教育与科研	水生态系统	提供生态调查、研究、学习环境

2.3.2　生态系统服务价值定量化

在认识到生态系统服务的重要性以后，接下来的任务就是如何使生态系统服务和产品价值定量化。

生态系统服务价值（value of ecosystem services）可以分为两大类，一类是利用价值，一类是非利用价值。利用价值又分为直接利用价值和间接利用价值。直接利用价值是可直接消费的产品和服务。就水生态系统而言，直接利用价值主要有淡水供应和水资源开发利用效益，水生态系统提供的食品、药品和工农业所需原料等。间接利用价值包括泥沙与营养物输移，水分涵养与旱涝缓解，水体净化功能，局地气候的稳定，各类废弃物的解毒和分解，植物种子的传播和物种运动以及文化美学功能。水生态系统的非利用价值，不同于对于人类的服务功能，而是独立于人以外的价值，其哲学基础是"生态中心伦理"（ecocentric ethic）。非利用价值关心的对象是地球生态系统的完

整性，而不是对人类的实用性。其价值准则基于自然性、典型性、多样性、珍稀物种等。可以说，非利用价值是对于未来可能利用的价值，诸如留给子孙后代的自然物种、生物多样性以及生境等。非利用价值还包括人类现阶段尚未感知但是对于自然生态系统可持续发展影响巨大的自然价值。

环境经济学家把经济学的若干概念应用于生态系统服务价值定量化。较为普遍采用的方法是市场定价法。这是指一些能够在市场中获得价值的生态服务和产品，如饮用水、灌溉用水、工业用水等，都可以参照市场价格计算。但是生态系统服务和产品具有特殊性，完全应用市场定价法计算会遇到不少困难。比如，采用市场定价法计算作为食品的鱼类价值是很容易的，但是用这种方法计算鱼类在食物网中的价值就会遇到麻烦，这就需要应用更多的方法进行评价。环境经济学家们提出的一些主要评价方法包括预防成本法、置换成本法、旅行费用法、机会成本法、享受定价法、要素收益法等。

当前，生态系统服务价值评价还存在一些问题。首先，价值评估需要大量信息数据，而实际工作中相关信息往往十分匮乏。其次，评估对象的生态系统服务通常是多功能的，同时涉及多种过程。比如湖泊水生植物的生态系统服务包括结构、初级生产、栖息地、食品、药品、建材等多种服务和产品，在进行定量评估时需要分项评估，最后相加获得总价值。也可以只计算明显、清晰的服务价值，然后相加获得主要价值。显然，两种结果会有较大差别。最后，评估对象的时空尺度对于评估结果都会产生较大影响。比如，评估河段的长短以及时间尺度的长短，都会影响服务功能评价结果。因此需要根据评价目的、精度要求和信息收集的可达性，充分论证价值评估的时空尺度。

2.4 河湖生态模型

建立河湖生态模型的目的，是通过抽象、概括河湖生态系统的若干主要特征，建立生命系统与非生命系统之间的关系，以增进对整个生态系统规律的理解。

2.4.1 河流生态模型概述

近 30 多年来，各国学者提出的较有影响的河流生态模型有多种，如河流连续体概念、洪水脉冲概念、地带性概念、溪流水力学概念、资源螺旋线概念、串连非连续体概念、河流生产力模型、近岸保持力概念和自然水流范式等。这些模型基于对不同自然区域内不同类型河流的调查，试图抽象概括河流生态系统生命要素与非生命要素之间的相关关系。各种模型的尺度不同，从流域、景观、河流廊道到河段，其维数从顺河向一维到空间三维，再到加上时间变量的四维。各个模型采用的非生命变量有不同侧重点，大体包括水文学、水力学、河流地貌学变量 3 类。生态系统结构方面，主要研究水生生物的区域特征和演变、流域内物种多样性、食物网构成和随时间的变化、负反馈调节等。生态系统功能方面，主要考虑了包括鱼类在内的生物群落对各种生境的适应性，在外界环境驱动下的物种流动、物质循环、能量流动、信息流动的方式，生物生产量与栖息地质量的关系等。多数模型是针对未被干扰的自然河流，少数模型考虑了人类活动因素。尽管这些模型各自有其局限性，但是它们提供了从不同角度理解河流生态系统的概念框架。以下择要介绍河流连续体概念、洪水脉冲概念和自然水流范式。

1. 河流连续体概念

Vannote R L（1980）提出的河流连续体概念（river continuum concept，RCC）是河流生态学发展史中试图描述沿整条河流的生物群落结构和功能特征的首次尝试，影响深远。RCC 概念是针对北美温带森林覆盖并未被干扰的溪流，强调了河流生物群落的结构和功能与非生命环境的适应性（图 2.17）。RCC 描述了从源头到河口包括流量、流速、水温、纵坡降等水力因子梯度的连续性。生物群落为适应外界环境的连续变化，也相应地沿河形成特有的"生物梯度"。这种生物梯度是可以识别的，表现为一定种类的物种按照上下游的顺序逐渐被其他物种代替。这样河段或整个水系的生物群落就以一种固定的模式相互连接起来。

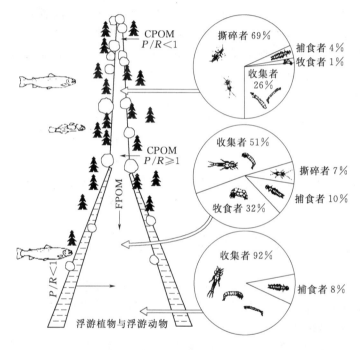

图 2.17　河流连续体概念示意图

P/R—光合作用率/呼吸作用率；CPOM—粗颗粒有机物，粒径 $d>1$mm；

FPOM—细颗粒有机物，粒径 $d<1$mm

RCC 模型分析了沿河水流和地貌条件变化引起的生产力变化，分析了沿河不同河段光合作用与呼吸作用的比率 P/R 变化（photosynthesis/respiration）。RCC 模型认为，溪流上游有森林覆盖，接收了大量木质残枝落叶成为营养物来源，加之遮阴作用减少了自养生产，这样水生态系统的光合作用与呼吸作用的比率 $P/R<1$，反映上游河段呼吸作用起支配作用。在中游河段，河宽增大，水深较浅，光合作用增强，上游进入水流的木质残枝落叶作用相对减弱，$P/R>1$，说明水生生物能够从太阳能获得用于生长繁殖的净能量。在下游河段水深增加，加之水体浑浊，削弱了光合作用，初级生产明显减少。而上游漂流下来的木质残屑经过碎食者和收集者的加工，已经从粗颗粒有机物（CPOM）变成细颗粒有机物（FPOM），便于食植动物摄食，这导致下游河段 $P/R<1$。

RCC 模型认为，水生生物的不同形态和生理对策是适应不同河段食物构成和营养状况的结果，正是后者决定了水生生物的构成和分布状况。可以按照摄食类型，把水生生物区的无脊椎动物群落分为碎食者、收集者和刮食者。碎食者从落叶、细菌和真菌中获得能量。它们在进食过程中进行物理粉碎，产生排泄颗粒，使得粗颗粒有机物（CPOM）转化为细颗粒有机物（FPOM）。收集者通过收集、滤食、采集等方式，从 FPOM 中取食，其功能是通过进食过程把 FPOM 变得更细。刮食者专门刮食底质上的藻类。根据不同的营养状况，不同的生物供食功能组（functional feed groups，FFG）占有优势地位。上游 $P/R<1$，以碎食者和刮食者为主；中游 $P/R>1$，以刮食者和收集者为主；下游 $P/R<1$，以收集者为主。鱼类群落沿河上中下游也显示出特有的顺序。上游鱼类种类较少，以冷水性鱼类群落为主，主要摄食以无脊椎动物为食的鱼类。中游以温水性的鱼类群落为主，其食物是以无脊椎动物为食的鱼类和食鱼的鱼类。下游河段鱼类群落的食物主要是以浮游生物为食的鱼类。综上所述，RCC 模型的意义在于提供了一种未被干扰的溪流参照体系，指出了河流顺河方向水力连续性与生物组分分布连续性的相关性。

2. 洪水脉冲概念

Junk W J 基于在亚马逊河和密西西比河的长期观测和数据积累，于 1989 年提出了洪水脉冲概念（flood pulse concept，FPC）。Junk 认为，洪水脉冲是河流-洪水滩区系统生物生存、生产力和交互作用的主要驱动力。如果说河流连续体概念重点描述顺河方向的生态过程，那么，洪水脉冲概念则更关注洪水期水体侧向漫溢到河漫滩产生的营养物质循环和能量传递的生态过程，同时还关注水文情势特别是水位涨落过程对于生物过程的影响。因此可以说，洪水脉冲概念是对河流连续体概念的补充和发展。

河漫滩是指与河道相邻的条带形平缓地面，其范围是洪水达到和超过漫滩流量侧向漫溢时水体覆盖的区域，河道典型断面如图 2.18（a）所示。洪水脉冲的生态过程描述如下：

（1）在枯水季节，主槽 A 水位为 h_1，在水位高程以上主要是沿岸陆生生物群落 L_1，主槽中生存着敞水区生物群落 O_1 和深水区生物群落 P_1。在 B 处存在着一个孤立的水塘属于静水区 [图 2.18（b）]。

（2）汛期到来，水位上涨到漫滩水位 h_2，水体开始从主槽向滩区漫溢，在河流水体中以溶解或悬浮形式出现的有机物、无机物等物质 N_2 随水体涌入滩区。水塘 B 与河流连成一体成为动水区；沿岸陆生生物群落 L_2 向高程更高的陆地发展或者对淹没产生适应性；敞水区生物群落 O_2 有所发展，鱼类进入滩区 [图 2.18（c）]。

（3）当主槽达到洪峰水位 h_3 时，河水漫溢范围最大。敞水区生物群落 O_3 进一步扩大，深水区生物群落 P_3 发展到水塘 B。水生生物或适应淹没环境，或迁徙到滩地；由于营养物质增加和生物物种变化，滩区的食物网结构重组；主河床与滩区水体之间光热及化学的异质性格局依时发生重组，此时初级生产量达到最大 [图 2.18（d）]。

（4）当水位回落时，水体回归主槽，滩区水体携带陆生生物腐殖质（humus）H_4 进入河流主槽；水陆转换区的水位回落至干燥状态，遂被陆生生物所占领；鱼类向主槽洄游；大量的水鸟产生的营养物质搁浅并且汇集成为陆生生物的食物网组成部分；水生生物或者向相对持久的水塘、湿地迁徙，或者适应周期性的干旱条件；水塘 B 和湿地这些相

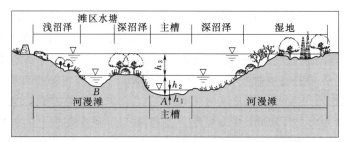

（a）河流-河漫滩横断面

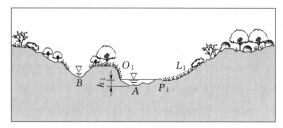

（b）枯水位 h_1

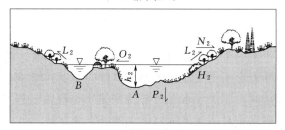

（c）漫滩水位 h_2

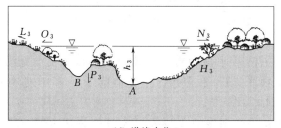

（d）洪峰水位 h_3

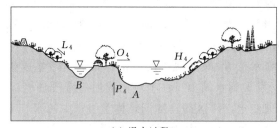

（e）退水过程

图 2.18　洪水脉冲生态过程示意图

（注：竖向比例尺大于横向比例尺）

h_1—枯水水位；h_2—漫滩水位；h_3—洪峰水位；

L—陆生生物群落；O—开放水面区生物群落；P—深水区生物群落；

N—河流营养物质；H—淹没陆生生物腐烂物质

对持久性的水体与河流主流逐渐隔离，发展为一种具有特殊物理、化学特征的生物栖息地[见图 2.18（e）]。

河流-滩区系统是有机物的高效利用系统。洪水脉冲把河流与滩区动态地联结起来，形成了河流-滩区系统有机物高效利用系统，促进水生物种与陆生物种间的能量交换和物质循环，完善食物网结构，促进鱼类等生物量的提高。洪水脉冲具有信息流功能。

3. 自然水流范式

Poff 和 Allan 于 1997 年提出的自然水流范式（nature flow paradigm，NFP）认为，未被大规模干扰的自然水流对于河流生态系统整体性和支持土著物种多样性具有关键意义。自然水流用 5 种水文因子表示：流量、频率、时机、延续时间和过程变化率。这些因子的组合不但表示水量，也可以描述整个水文过程。动态的水文条件对河流的营养物质输移转化以及泥沙运动产生重要影响，这些因素造就了河床-滩区系统的地貌特征和异质性，形成了与之匹配的自然栖息地。可以说，依靠大变幅的水流在河流系统内创造和维持了各种形态的栖息地。人类活动（包括土地使用方式）改变和水利工程，改变了自然水文过程，打破了水流与泥沙运动的平衡，还造成水流中断，水系阻隔，在不同尺度上改变了栖息地条件。

自 20 世纪 90 年代以来，国外学者提出了多种自然水文情势的量化指标体系，其中具有代表性的是美国 Richter（1996，2007）和 Mathews 等（2007）提出的 5 类 33 个水文变化指标（indicators of hydrological alteration，IHA）、Fernandez（2008）依据《欧盟水框架指令》定义的 21 个河流改变指标和 Gao（2003）提出的 8 项广义指标（Generalized indicators）。其中 IHA 指标简明实用，应用较为广泛。

在河流生态修复工程中，可以把自然水流作为一种参照系统，也就是把自然水流作为生态修复的理想目标。一旦定义了自然水流条件，就可以分析人类活动改变了自然水流的哪些因子造成了生态系统退化，借以确定生态修复的定量目标。在规划设计河流修复工程项目时，不可能完全恢复自然水流情势，需要各利益相关者讨论协商，确定合理可行的目标。

2.4.2 河流生态系统结构功能整体性概念模型（HCMRE）

迄今为止提出的河流生态系统结构功能概念模型，多数是建立某几种生境变量与生物系统的关系，反映河流生态系统的某些局部特征。实际上，河流生态系统是一个整体，生境要素不是孤立地起作用，而是通过多种综合效应作用于生物系统，并与各种生物因子形成耦合关系。为弥补现存概念模型的不足，董哲仁（2008，2010）提出了"河流生态系统结构功能整体性概念模型"（holistic concept model for structure and function of river ecosystem，HCMRE），旨在整合和完善已存在的若干概念模型，形成反映生态系统整体性统一的河流结构功能概念模型。

由于河流生态系统的结构、功能和过程异常复杂，如果试图模拟所有生态现象，那是不可能实现的任务。河流生态系统结构功能整体性概念模型（HCMRE）选择具有控制性的生境要素，即水文情势、水力条件和地貌景观三大类中有限的关键变量，以生物为核心组分，建立生境要素与生物组分间的相关关系。

建立河流生态系统结构功能整体性概念模型的目的，在于研究特定河流生态系统演变规律，并为河流生态修复规划设计提供支持。模型在实际应用时，要根据研究任务需要，遴选有限的关键生境变量和生物响应特征值，通过分析大量观测数据，用统计学方法建立生命系统与非生命系统之间的经验性定量关系。

河流生态系统结构功能整体性概念模型（HCMRE）由以下 4 个子模型构成：①3 流 4D 连通性生态子模型（3F4DCEM）；②水文情势-河流生态过程耦合子模型（CMHE）；③水力条件-生物生活史特征适宜性子模型（SMHB）；④地貌景观空间异质性-生物群落多样性关联子模型（AMGB）。整体性概念模型的组成如图 2.19 所示。河流水文、水力和地貌等自然过程与生物过程的相关关系如图 2.20 所示，图中标出了 4 个子模型在总体格局中所处的位置，同时标出了相关领域所对应的学科。以下分别阐述 4 个子模型。

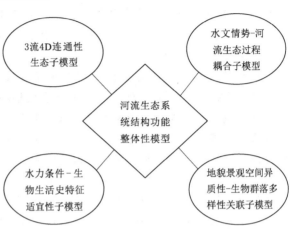

图 2.19　整体性概念模型组成

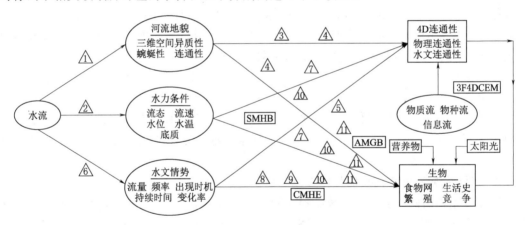

图 2.20　整体性概念模型结构图

⚠①—河流动力学；⚠②—水力学；⚠③—景观生态学；⚠④—河流地貌学；⚠⑤—河流生态学；⚠⑥—陆地水文学；
⚠⑦—生态水力学；⚠⑧—生态水文学；⚠⑨—物候学；⚠⑩—行为生态学；⚠⑪—生理生态学

1. 3 流 4D 连通性生态子模型（3F4DCEM）

3 流 4D 连通性生态子模型（three types flows via four dimensional connectivity ecological model，3F4DCEM）表述为：在河湖水系生态系统中，水文过程驱动下的物质流 M_i、物种流 S_i 和信息流 I_i 在三维空间（$i=x$，y，z）运动所引起的生物响应 E_i 是 M_i、S_i 和 I_i 的函数。生态响应 E_i 随时间的变化 ΔE_i 是 ΔM_i、ΔS_i 和 ΔI_i 的函数，如图 2.21 所示。

（1）河湖水系 4D 连通性。首先定义河流四维坐标系统。水流是水体在重力作用下一

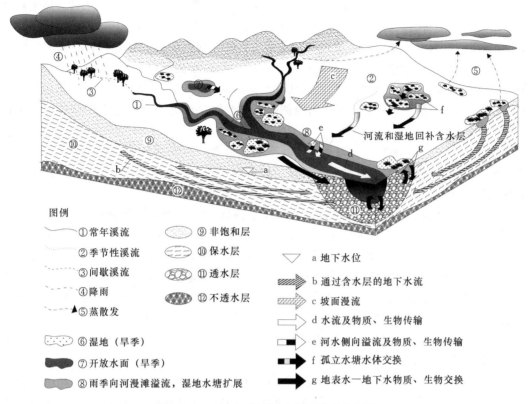

图例

①常年溪流 ⑨非饱和层 a 地下水位
②季节性溪流 ⑩保水层 b 通过含水层的地下水流
③间歇溪流 ⑪透水层 c 坡面漫流
④降雨 ⑫不透水层 d 水流及物质、生物传输
⑤蒸散发 e 河水侧向溢流及物质、生物传输
⑥湿地（旱季） f 孤立水塘水体交换
⑦开放水面（旱季） g 地表水—地下水物质、生物交换
⑧雨季向河漫滩溢流，湿地水塘扩展

图 2.21 3 流 4D 连通性生态子模型示意图

种不可逆的单向运动，具有明确的方向性。在河流的某一横断面建立笛卡尔坐标系，规定河道主流的瞬时流动方向为 Y 轴（纵向），在地平面上与主流垂直方向为 X 轴（侧向），对地面铅直方向为 Z 轴（竖向）。按照曲线坐系的原理，令坐标原点沿河流移动，逐点形成各自的坐标系。另外，定义一个时间坐标 t，以反映生态系统的动态性。这样，就形成了河流四维坐标系统（图 2.22）。河流在 X-Y 坐标平面的投影即为河流的平面图；X-Z 坐标平面形成河床横剖面图；Y-Z 坐标平面形成河床纵剖面图。

河流纵向 y 连通性表征了河流上下游的连通性；河流侧向 x 连通性表征了河道与河漫滩的连通性；河流垂向 z 连通性表征了地表水与地下水之间的连通性。河湖水系连通性包括物理连通性和水文连通性。物理连通性表征河湖水系地貌景观格局，是连通性的基础。水文连通性表征动态的水文特征，是河湖生态过程的驱动力。两种因素相结合共同维系河湖水系栖息地的多样性。

1）河流纵向 y 连通性——上下游连通性。河流纵向 y 连通性是指河流从河源直至下游的上下游连通性，也包括干流与流域内支流的连通性

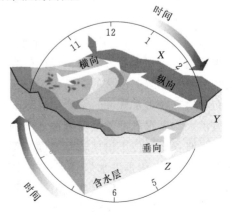

图 2.22 河流四维坐标系统

以及最终与河口及海洋的连通性。河流纵向连通性是诸多物种生存的基本条件。纵向连通性保证了营养物质的输移、鱼类洄游、其他水生生物的迁徙以及鱼卵和树种漂流传播。

2) 河流侧向 x 连通性——河道与河漫滩连通性。河流侧向 x 连通性是指河流与河漫滩之间的连通性。当汛期河流水位超过平滩水位以后，水流开始向河滩漫溢，形成河流-河漫滩连通系统。由于水位流量的动态变化，河漫滩淹没范围随之扩大或缩小，因而河流-河漫滩连通系统是一个动态系统。河流侧向连通性的生态功能是形成河流-河漫滩有机物高效利用系统。

3) 河流垂向 z 连通性——地表水与地下水连通性。河流垂向 z 连通性是指地表水与地下水之间的连通性。垂向连通性的功能是维持地表水与地下水的交换条件，维系无脊椎动物的生存环境。

4) 连通性的动态性。水文连通性具有动态特征。随着降雨和径流过程的时空变化，水位和流量相应发生变化，河流 y、x、z 三个方向的连通状况相应改变。河流纵向 y 连通性会出现常年性连通或间歇性连通不同状况；水网连通会出现水流正向或反向连通状况；河流湖泊连通会出现河湖间水体吞吐单向或双向连通多种状况。河流侧向 x 连通性出现水流漫滩或不漫滩、漫滩面积扩大或缩小等不同状况。河流垂向 z 连通性随着地下水与地表水水位相对关系变化，出现二者交替补水状况。

(2) 物质流、物种流和信息流的连续性。水流是物质流、物种流和信息流的载体。河湖水系连通性保证了物质流、物种流和信息流的通畅。

1) 物质流。物质流包括水体、泥沙、营养物质、木质残骸和污染物等。物质流为河湖生态系统输送营养盐和木质残骸等营养物质，担负泥沙输移和河流塑造任务，也使污染物转移、扩散。

2) 物种流。在物种流中首先是洄游鱼类。根据洄游行为，可分为海河洄游类和河川洄游类。海河洄游鱼类在其生命周期内洄游于咸水与淡水栖息地，分为溯河洄游性鱼类和降河洄游性鱼类。我国的中华鲟、鲥鱼、大马哈鱼和鳗鲡等属于典型的海河洄游鱼类。河川洄游鱼类，也称半洄游鱼类，属淡水鱼类，生活在淡水环境。河川洄游鱼类为了产卵、索饵和越冬，从静水水体（如湖泊）洄游到动水水体（如江河），或相反方向进行季节性迁徙。我国四大家鱼（草、青、鲢、鳙）属半洄游鱼类。物种流还包括漂浮型鱼卵和汛期树种漂流传播。

3) 信息流。河流通过水位的消涨、流速以及水温的变化，为诸多鱼类、底栖动物及着生藻类等生物传递着生命节律的信号。河流水位涨落会引发不同的生物行为，比如鸟类迁徙、鱼类洄游、涉禽的繁殖以及陆生无脊椎动物的繁殖和迁徙。在巴西 Pantanal 河许多鱼种适宜在洪水脉冲时节产卵（Wantzen 等，2002）。在澳大利亚墨累-达令河，当出现骤发洪水，洪水脉冲与温度脉冲之间的耦合关系错位，即洪峰高水位时出现较低温度，或者洪水波谷低水位下出现较高温度，都会引发某些鱼类物种的产卵高峰（Acreman M C，2001）。另外，依据洪水信号，一些具有江湖洄游习性的鱼类，或者在干流与支流洄游的鱼类，在洪水期进入湖泊或支流，又随洪水消退回到干流。我国国家一级保护动物长江鲟主要在宜昌段干流和金沙江等处活动。长江鲟春季产卵，产卵场在金沙江下游至长江上游。汛期长江鲟则进入水质较清的支流活动。

（3）3F4DCEM 的数学表达。在河湖水系生态系统中，水文过程驱动下的物质流 M_i、物种流 S_i 和信息流 I_i 在三维空间（$i=x$，y，z）运动所引起的生物响应 E_i 是 M_i、S_i 和 I_i 的函数。生物响应 E_i 随时间的变化 ΔE_i 是 ΔM_i、ΔS_i 和 ΔI_i 的函数。定义中的三维空间是指用以描述河流纵向 y 的上下游连通性，河流侧向 x 的河道与河漫滩连通性，河流垂向 z 的地表水与地下水连通性。3F4DCEM 模型的数学表达如下：

$$E_i = f(M_i, S_i, I_i) \quad (i=x,y,z) \tag{2.11}$$

$$\Delta E_i = f(\Delta M_i, \Delta S_i, \Delta I_i) \quad (i=x,y,z) \tag{2.12}$$

$$\Delta M_i = M_{i,t_2} - M_{i,t_1} \quad (i=x,y,z) \tag{2.13}$$

$$\Delta S_i = S_{i,t_2} - S_{i,t_1} \quad (i=x,y,z) \tag{2.14}$$

$$\Delta I_i = I_{i,t_2} - I_{i,t_1} \quad (i=x,y,z) \tag{2.15}$$

式中：E_i 为生物响应，其特征值见表 2.4；ΔE_i 为 E_i 随时间的变化量；M_i、S_i、I_i 分别为物质流、物种流、信息流，其变量、参数见表 2.4；ΔM_i 为物质流变化量；ΔS_i 为物种流变化量；ΔI_i 为信息流变化量；M_{i,t_2} 和 M_{i,t_1} 分别为在 t_2 和 t_1 时刻的物质流 M_i；S_{i,t_2}，S_{i,t_1} 分别为在 t_2 和 t_1 时刻的物种流 S_i；I_{i,t_2}，I_{i,t_1} 分别为在 t_2 和 t_1 时刻的信息流 I_i。如果 t_1 是反映自然状况的参照系统发生时刻，t_2 为当前时刻，则 ΔE_i 表示相对自然状况的生态状况变化。

表 2.4　　　　　　　3 流 4D 连通性生态模型特征值、参数、变量和判据

特征值		x	y	z
物质流	变量/参数	水文（流量、水位、频率），河流—河滩物质交换与输移，闸坝运行规则	水文（流量、频率、时机、延续时间、过程、变化率），水库径流调节，水质指标，水温，含沙量，物理障碍物（水坝、闸、堰）数量和规模	水文（流量、频率），地下水位，土壤/裂隙岩体渗透系数，不透水衬砌护坡比例，硬质地面铺设比例，降雨入渗率
	生态响应特征值	洪水脉冲效应，河漫滩湿地数量，河漫滩植被盖度；河漫滩物种多样性指数、丰度	鱼类和大型无脊椎动物的物种多样性指数、丰度；鱼类洄游方式/距离、漂浮性鱼卵传播距离；鱼类产卵场、越冬场、索饵场数量；鱼类产卵时机；河滨带植被；水体富营养化；河势变化	底栖动物和土壤动物物种多样性和丰度
	状态判据	漫滩水位/流量	河湖关系（注入/流出）、网河河道（往复流向）、常年连通/间歇连通的水文判据	地表水与地下水相对水位，降雨入渗率
物种流	变量/参数	漫滩水位/流量	水文（流量、频率、时机、延续时间、过程、变化率）。水质指标，水温，物理障碍物（水坝、闸、堰）数量	地表水与地下水相对水位，降雨入渗率
	生态响应特征值	河川洄游鱼类物种多样性，鱼类庇护所数量	海河洄游鱼类物种多样性，洄游方式/距离，漂浮性鱼卵传播距离，汛期树种漂流传播距离	底栖动物和土壤动物物种多样性、丰度
	状态判据	漫滩水位/流量	有无鱼道，生态基流满足状况	

续表

特征值		x	y	z
信息流	变量/参数	洪水脉冲效应，堤防影响	洪水脉冲效应（流量、频率、时机、变化率），水库径流调节与自然水流偏差率，单位距离筑坝数量	
	生态响应特征值	河漫滩湿地数量，河漫滩植被盖度；河漫滩物种多样性指数、丰度	下游鱼类产卵数量变化，鸟类迁徙、鱼类洄游、涉禽陆生无脊椎动物繁殖	
	状态判据	漫滩水位、流量		

针对特定河湖水系连通系统，构建 3F4DCEM 子模型，需要遴选关键生物响应特征值以及关键变量或参数，通过分析大量观测数据，用统计学方法建立连通性变化与生物响应的函数关系。

（4）模型的变量和判据。为使 3F4DCEM 子模型定量化，对于特定河流，根据研究需要在三维空间和时间 t 维度上选择有限的生物响应特征值。同样，选择物质流、物种流和信息流中有限的关键变量（表 2.4）。在水文参数方面，可按 Poff（1997）提出的自然水流范式（nature flow paradigm，NFP）用 5 种水文组分：流量、频率、时机、延续时间和过程变化率，以及 32 个水文指标描述。针对不同类型的连通性问题，选择的水文组分有所侧重。

注意到在某些时间节点上，当流量增减变化时，水流运动方向也随之发生变化，即在三维坐标上发生转换，因此需要设定判据以判断 3 种流的空间方向。河流的部分水体从河流纵向 y 转变为垂向 z，临界状态是河流开始漫溢，其判据是漫滩水位/流量。地表水与地下水交换的判据应是二者水位的相对关系。在河流湖泊连通问题中，水流是注入还是流出的判据应是河湖水位的相对高程关系。复杂水网水流的往复运动方向，取决于动态的水位关系，可以设定河段的相对水位关系判据。针对连通性的持续特征，可以设定判断常年连通或间歇连通的水文判据（表 2.4）。

（5）人类活动影响。3F4DCEM 子模型还考虑人类对水资源开发对连通性的影响，主要包括闸坝等河流纵向障碍物、堤防等河流侧向障碍物、城市地面不透水铺设和河道硬质衬砌对河流垂向渗透性影响。

（6）模型用途。3F4DCEM 子模型主要用于对三维连通的生态过程进行仿真模拟计算，以确定恢复连通性的工程措施和管理措施。以洪水漫溢的侧向连通性为例，连通性生态模型用物质流概念（水体、营养物质、有机残骸物的流动）拓展了传统意义上的水流概念。同时，采用物种流概念更能反映鱼类的生活史习性。另外，用水文过程变化率作为反映洪水脉冲强度的参数，用水文事件时机与鱼类产卵期的耦合程度反映水文条件的适宜性，用漫滩水位作为水流方向改变的判据。应用这些概念构成的连通性生态模型的模拟结果，更能接近洪水漫溢的自然过程。

2. 水文情势-河流生态过程耦合子模型（CMHE）

（1）水文情势要素的生物响应。水文情势-河流生态过程耦合子模型（coupling model

of hydrological regime and ecological process，CMHE）反映生态过程对水文情势变化的动态响应。水文情势（hydrological regime）可以用5种要素描述，即流量、频率、时机、延续时间和过程变化率（见2.4.1节）。这5种要素都会产生明显的生物响应，涉及物种的存活、鱼类产卵期与水文事件时机的契合、鱼类避难、鱼卵漂浮、种子扩散、植物对淹没的耐受能力、土著物种存活、生物入侵等一系列生物过程（图2.23）。

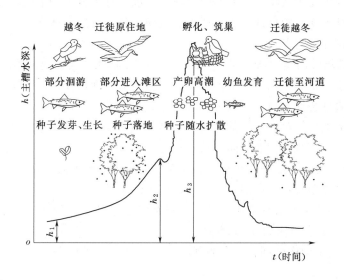

图 2.23　河流水文过程与鱼类、鸟类生活史及树种扩散的关系
h_1—枯水位；h_2—漫滩水位；h_3—洪峰水位

（2）CMHE 的数学表达。CMHE 表述为：特定河流生态系统特征与参照系统特征相对比的变化是水文现状与自然水流相对比的变化的函数［式（2.6）］。参照系统是指人类大规模开发水资源和改造河流之前的生态状况。自然水流是指按照自然水流范式定义的未被大规模干扰的水文条件（见2.4.1节）。

$$\Delta E = f(\Delta Q) \tag{2.16}$$

式中：ΔE 为相对于参考状态的生态特征变化；ΔQ 为相当于自然水流的水文条件改变。

（3）人类活动影响。兴建大坝水库的目的是通过调节天然径流在时间上的丰枯不均，以满足防洪兴利的需要，这导致了河流自然水文情势的改变。一方面，经过人工径流调节，造成水文过程均一化，洪水脉冲效应明显削弱。水文情势的变化改变了河流生物群落的生长条件和规律。另一方面，从水库中超量取水用于农业、工业和生活供水，引起大坝下泄流量大幅度下降，无法满足下游生物群落的最低生态需水需求。引水式水电站运行造成厂坝间河段断流、干涸，导致河滨带植被退化和鱼类绝迹这样的严重后果。

（4）模型用途。模型用途为：①针对有敏感生态保护对象要求的河流，通过调查、监测和统计学计算，建立水文情势改变-生物响应的定量关系，依据这种关系设计生态流量标准；②为实施水库生态调度提供改进的流量过程线；③确定引水式电站改造项目的生态流量。

3. 水力条件-生物生活史特征适宜性子模型 (SMHB)

水力条件-生物生活史特征适宜性子模型 (suitability model of hydraulic conditions and life history traits of biology, SMHB) 描述了生物生活史特征与水力条件之间的适宜性。水力学条件可用流态、流速、水位、水温等指标度量。河流流态类型可分为缓流、急流、湍流、静水、回流等类型。生物生活史特征指的是生物年龄、生长和繁殖等发育阶段及其历时所反映的生物生活特点。鱼类的生活史可以划分为若干个不同的发育期，包括胚胎期、仔鱼期、稚鱼期、幼鱼期、成鱼期和衰老期，各发育期在形态构造、生态习性以及与环境的联系方面各具特点。

SMHB 模型基于如下基本准则：生物生活史不同阶段对栖息地的需求可用若干水力学参数描述；对于一定类型水力学条件的偏好能够用适宜性指标进行表述；生物物种在生活史的不同阶段通过选择水力学参数更适宜的区域来对环境变化作出响应。

（1）生物生活史特征对水力学条件的需求和适应性。不同鱼类物种对于流态、流速、水温等水力学条件及其适应性有不同需求。

1）流态。在急流中，溶解氧几乎饱和，喜氧的狭氧性鱼类通常喜欢急流的流态类型，而流速缓慢或静水池塘等水域中的鱼类往往是广氧性鱼类。

2）流速。不同鱼类的适宜流速各异。中华鲟最适宜的流速为 1.3～1.5m/s，水深为 9～12m；而鲫鱼的适宜流速为 0.2m/s。

3）水温。决定鱼的产卵期（及产卵洄游）的主要外界条件是水温及使鱼达到性成熟的热总量。

4）适应性。不同生物对水力条件表现出不同的适应性。一般而言，在溪流上游水流湍急，其底质多卵石和砾石，植物可以固着，因此上游鱼类多为植食鱼类。中游底质逐渐变为沙质，由于水流经常带走底沙，导致底栖植物难以生长，多数鱼类只好以其他动物为食料。在下游流速降低，底栖植物增多，植食鱼类重新出现。

（2）模型的难点问题。SMHB 模型的核心问题，是建立不同生物生活史特征与水力条件之间的相关关系，这种相关关系可以表达为偏好曲线 (preference curve)。图 2.24 为鲑鱼、鳟鱼稚鱼期的适宜性指标与水深、流速的偏好曲线，适宜性指标表示目标生物与水力学参数之间的适宜程度。通常情况下，偏好曲线主要通过对生物的生活史特征进行现场

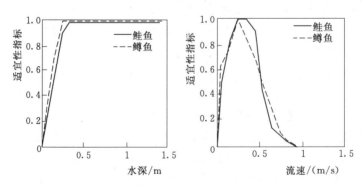

图 2.24　鲑鱼、鳟鱼稚鱼期的适宜性指标与水深、流速的偏好曲线
（据 Dunbar M J，等，2001）

监测或通过资料分析建立。利用在不同水力条件下观察到的生物出现频率，就可以绘出对应不同水力学变量的偏好曲线。这种方法的难点是收集到的数据局限于进行监测时的水力学变量变化范围，最适宜目标物种的水力条件可能没有出现或者仅仅部分出现。因此需要通过合理的数据调查及处理方法解决这个问题。另外，流态之外的其他因素也可能对生物生活史特征产生重要影响，如光照、水质、食物、种群间的相互作用等，应对这些因素进行综合分析，以全面了解生物生活史特征与水力条件之间的相关关系。

（3）人类活动影响。河道的人工改造，诸如河道裁弯取直、河床断面几何规则化以及岸坡的硬质化等治河工程措施，改变了自然河流的水流边界条件，引起流场诸多水力因子的变化，使得水力条件不能满足生物生活史特征需求，可能导致河流生态系统结构功能的变化。

（4）模型用途。模型用途有：①通过实体模型试验或生态水力学分析，进行鱼道设计；②栖息地适宜性分析，支持河道修复设计。

4. 地貌景观空间异质性-生物群落多样性关联子模型（AMGB）

地貌景观空间异质性-生物群落多样性关联子模型（associated model of spatial heterogeneity of geomorphology and the diversity of biocenose，AMGB）描述了河流地貌格局与生物群落多样性的相关关系，说明了河流地貌空间异质性对于栖息地结构的重要性。

（1）地貌景观空间异质性与栖息地有效性。河流地貌空间异质性表现为：河型多样性和形态蜿蜒性；河流横断面地貌单元多样性；河流纵坡比降变化规律。由于河床地貌是水力学边界条件，因此河流多样的地貌格局也确定了在河段尺度内河流的水力学变量，如流速、水深等的多样性。

河流形态的多样性决定了沿河栖息地的有效性、总量以及栖息地复杂性。实际上，一个区域的生境空间异质性和复杂性高，就意味着创造了多样的小生境，允许更多的物种共存。河流的生物群落多样性与栖息地异质性存在着正相关响应。这种关系反映了生命系统与非生命系统之间的依存与耦合关系（董哲仁，2003）。栖息地格局直接或间接地影响着水域食物网、多度以及土著物种与外来物种的分布格局（Brierley 等，2005）。

栖息地有效性与河流流量及地貌特征的关系，可以表示为一般性函数，即

$$S = F(Q, K_i) \quad (i = 1, 2, 3, \cdots) \tag{2.17}$$

式中：S 为栖息地有效性指数；Q 为流量；K_i 为河道地貌特征参数。

（2）河流廊道的景观格局与生物群落多样性。景观格局（landscape pattern）指空间结构特征包括景观组成的多样性和空间配置，可用斑块、基底和廊道的空间分布特征表示。物种丰度（richness index）与景观格局特征可以表示为以下一般性函数，即

$$G = F(k_1, k_2, k_3, k_4, k_5, k_6) \tag{2.18}$$

式中：G 为物种丰度；k_1 为生境多样性指数；k_2 为斑块面积；k_3 为演替阶段；k_4 为基底特征；k_5 为斑块间隔程度；k_6 为干扰。

景观格局分析方法将在 3.4 节介绍。

在河流廊道（river corridor）尺度上的景观格局包括两个方面：一是水文和水力学因子时空分布及其变异性；二是地貌学意义上各种成分的空间配置及其复杂性。

（3）人类活动影响。大规模的治河工程使河流的地貌景观格局发生了不同程度的变化。自然河流被人工渠道化，蜿蜒型河流被裁弯取直成为折线或直线型河流；河流横断面

被改变成矩形、梯形等规则几何断面；河漫滩被侵占用于建筑、道路、种植和养殖业；自然河流的栖息地结构被无序的河道采砂等生产活动破坏。

（4）模型用途。通过对多种设计方案的河流景观格局分析，可提高河流地貌空间异质性，优化河流形态修复设计方案。

上述 4 个子模型是相互关联的。河流水文情势、水力条件和地貌景观三者相互作用，互为因果。3 类生境因子引起的生物响应也是综合的。正因为如此，在进行生态评估和分析时，4 种子模型应该作为一个整体综合应用。需要强调的是，生物群落对于生境变化的生物响应是非线性的，多因子影响结果不能进行线性叠加。

4 种子模型分别对应不同的空间尺度。河流 3 流 4D 连通性生态子模型的尺度为流域；水文情势-河流生态过程耦合子模型对应流域和河流廊道尺度；水力条件-生物生活史特征适宜性子模型适用于河段尺度；地貌景观空间异质性-生物群落多样性关联子模型适用于河流廊道及河段尺度。

2.4.3　湖泊生态系统模型

湖泊生态系统与河流不同，它是静水生态系统，其结构、功能和过程具有自身特点。湖泊生态系统模型的核心问题是建立湖泊生物要素与非生命要素之间的关系。湖泊生态系统的结构、功能和过程异常复杂，如果试图模拟所有生态现象，那是不可能实现的任务。现实的方法只能是根据研究需要，确定有限目标，解决主要问题，以获得合理的结果。

1. 影响-负荷-敏感度模型（ELS）

一个成熟的湖泊生态模型具有两个特点，一是模型简单易行，即用清晰、简单的方式描述生态系统的相关过程。尽管从数学角度考虑，建立复杂的生态系统模型是可能的，但是研究者应该避免用数学方法表达生态系统从细胞水平直到生物、群落和种群的所有关系。一般来说，合理的建模尺度以生态系统尺度为宜，并且选择有限的关键变量。二是需要的数据可在现场监测获得，具有可达性。

湖泊生态系统影响-负荷-敏感度模型（effect - load - sensitivity，ELS）是一种定量模型，其基本特征是建立非生命物质输移过程与生物响应之间的关系。ELS 模型是由 Richard Vollenweider 首先提出的，故 ELS 模型也称为 Vollenweider 模型。ELS 模型的功能是输入营养物或污染物质量数据，通过模型计算分析，预测重要的生物状况指示值（bioindicator）。ELS 模型由 3 个子模型组成，按照计算流程顺序分别是：物质传输子模型、物质平衡子模型和非生物变量与生物指示变量关系子模型。

人类大规模活动（如土地利用）方式变化、水污染、水土流失以及种群类型变化等，对于湖泊生态系统都会产生影响。ELS 模型首先通过流域尺度的物质传输子模型，模拟营养物、污染物和泥沙在流域尺度上的生成及传输过程。流域尺度的湖泊物质传输过程包括降雨、地表径流形成、入流和出流、点污染源物质排放和扩散、面污染源物质的扩散、营养物质输入、初级生产、颗粒物质运动等（图 2.25）。依靠传输子模型可以计算出湖泊营养负荷。

按照计算流程，第二步是建立物质平衡子模型（图 2.26）。它的功能是在湖泊尺度上，基于物质平衡原理计算出营养物质浓度。模型需区分水体中物质是溶解性的还是颗粒状的。颗粒状物质可以在水体中淤积或悬浮，而溶解物质则不能。水体中不同物

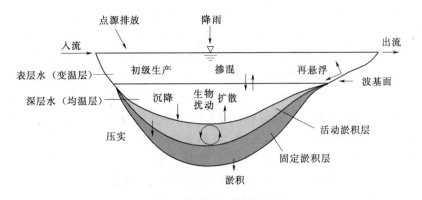

图 2.25 湖泊的物质传输过程

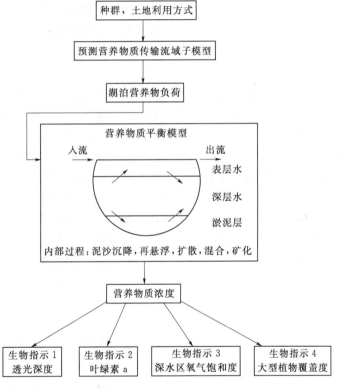

图 2.26 物质平衡子模型

质构成可以用分布系数表示。模型还需给出颗粒向深水沉降的沉降系数和再悬浮系数。通过建模，可以模拟泥沙颗粒从水体到淤积层的淤积过程、从淤积层返回水体的再悬浮过程、由淤积层向水体扩散的过程、水体在表层与深层间的混合以及有机物和无机物间相互转换过程。

计算流程的第三步是建立非生物变量与生物状况关系的子模型，它是一种经验性的定量模型。建模的具体方法是建立营养物质浓度与生物状况指示值之间的经验性关系，通过这种关系可计算出一个或多个能够代表生物状况的指示值（bioindicator），诸如鱼类生产、藻类生物量、叶绿素 a、大型植物覆盖度、深水区氧气饱和度和透光深度等。需要通过大量调查统计，才能构造出非生物变量转化为生物信号（biotic signal）的经验关系式。

实际上，在湖泊管理实践中，非生物变量转化为生物信号的经验性关系是十分有用的。比如，依靠大量现场观测数据进行衰退分析，构造出注入湖泊的磷浓度与浮游植物（用叶绿素 a 表示）之间的关系式。这种关系式不仅可以在 ELS 模型中应用，也可以用于湖泊管理。具体过程是先依据管理目标，确定可以接受的藻类生长水平（可以用叶绿素 a 表示），然后反推计算入湖磷浓度和允许入湖磷总量，同时可以计算水利调度方案。

应用 ELS 模型时，选择合适的尺度十分重要。每一种 ELS 模型都是针对一定尺度范围设计的。大尺度模型需要更多的数据支持，因涉及大量数据收集的可达性，会遇到不少困难。现实的方法是根据实际情况选择中等尺度为宜。ELS 模型具有很强的实用性，但是也存在局限性。首先，ELS 模型不能处理浮游藻类生物量的临时变化，因而不能考虑藻类生物量的峰值，只能用藻类生物量平均值。其次，初期开发的 ELS 模型没有考虑富营养湖泊中磷从泥沙逸出的分量（即磷的内负荷）。因为有些自养型湖泊，仅靠控制磷的外源方法是不合适的。

2. 基于功能组的食物网模型

湖泊管理涉及生产力、群落构成、生物量等，需要建立基于功能组的食物网模型。功能组按照摄食习惯划分，具有相同摄食习惯的生物归并为同一功能组，如初级生产者、食植动物、食肉动物以及分解者等。食物网建模的基本概念涉及初级生产、次级生产、消费、代谢作用效率，层级内生物量转化，摄食选择和鱼类迁徙等。为建立食物网模型，需要对生物主要群体的数量和生物量进行测量。更精确的测量包括供食试验，确定某一种类型的消费者与一种或多种食物之间的关系。例如，肉食鱼类既可消费植食性底栖动物，也可消费肉食性底栖动物。此外，还可以应用同位素追踪推断食物来源，定量评估多种食物对特定消费者生物量的不同贡献。通过食物网分析，可以显示能量从一个营养级向另一个营养级传递的效率。湖泊生态系统物种繁多，不可能都包含在模型中，需要选择指示生物作为代表，这是因为指示生物蕴含着整个生态系统的特征。例如为模拟汞的生物富集，需要建立食物网模型，建模工作从顶级食肉动物中汞的富集着手。因为顶级食肉动物靠食物网扩展影响到较低层级的动物，一直影响到营养动力基础部分，即下行效应（top-down）。下行效应是由顶级食肉动物控制的。因此，基于功能组的食物网模型应体现营养级联（trophic cascades）概念。营养级联是试图解释食物网内部能量传递控制机理的一个概念。图 2.27 是典型湖泊食物网示意图，图中左列为湖滨带食物链，右列为湖泊敞水区食物链。

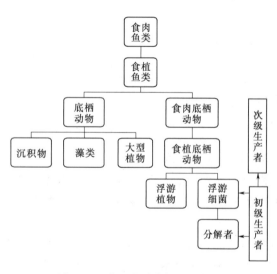

图 2.27 典型湖泊食物网示意图

2.5 人类活动对水生态系统的影响

我国经济建设取得了巨大发展，成就斐然。与此同时，生态系统特别是水生态系统却受到了不同程度的损害。大规模人类活动对水生态系统的损害，本质上是对水生态系统完整性的损害，即对水文情势、河湖地貌、河湖水系连通性、水体物理化学特性、生物多样性这些生态要素的损害。

2.5.1 工业化和城市化

1. 水污染

点源污染是指工业污染源和生活污染源产生的工业废水和城市生活污水，经城市污水处理厂或经管渠输送到排放口向水体排放所造成的污染。这种点源含污染物多，成分复杂，其变化规律依据工业废水和生活污水的排放规律，有季节性和随机性。各种工业门类中造纸、化工、钢铁、电力、食品、采掘、纺织等行业的废水排放量占比较高。城市面源污染是指包括园林和草坪施用的化肥及农药、无污水收集设施的居民区和商业区和建筑工地的污染。

2. 地下水超采

随着我国工业化和城市化进程，生活和工业用水总量呈持续增加态势。在一些城市地区，高强度开发地表水，造成地表水资源匮乏，导致大规模开采地下水，使得开采区浅层地下水储量逐年下降，并出现大范围的地下水降落漏斗。

3. 城市地区硬质地面铺设

城市地区不透水的硬质地面铺设造成城市水系垂向连通性受阻。建筑物屋顶、道路、停车场、广场均被不透水的沥青或混凝土材料覆盖，改变了水文循环下垫面性质，造成城市地区水文情势变化。暴雨期间，雨水入渗量和填洼量明显减少，并且迅速形成地表径流。与城市化前相比，降雨后形成流量峰值的滞后时间缩短，流量峰值提高（图2.28）。有研究表明，当地面硬化率达75%以上时，与硬化率10%的下垫面比较，地表径流量增长约5倍。地表径流量的增加，会造成城市内涝灾害风险。

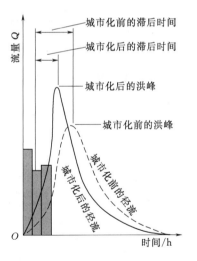

图 2.28 城市化前后城市地区的降雨-径流对比

4. 河湖人工化改造

自20世纪50年代以来，我国城市地区河湖治理经历了几个阶段。20世纪50—70年代为了利用土地进行建设，大量的城市河湖被覆盖，变成暗河或地下排污涵管，保留的河道不少演变成排污沟。80年代实行"渠道化"，对河流进行了渠道化改造，包括裁弯取直、采用不透水护坡材料、设计几何规则形状河道断面。90年代以来实施"园林化"。一些城市为提升土地价值或开发旅游资源，以生态环境建设为名，行河湖园林化之实，进行了新一轮的城市河道人工化改造。各个阶段虽表现形式各异，实质却相同，就是自然河湖的人工化。

2.5.2　水资源开发利用和水利水电工程

大规模水利水电建设为我国经济发展做出了巨大贡献。可是，任何事物都具有两面性，大坝工程、治河工程改变了水文情势和河湖地貌特征，结果对水生态系统产生了不同程度的负面影响。

1. 水资源开发利用

我国是水资源相对匮乏的国家，人均水资源占有量不足世界平均水平的 1/3。随着我国经济快速发展和城市化进程加快，全国总用水量不断上升。由于水资源的大规模开发利用，生态用水不断被挤占，出现人类社会用水与生态用水的竞争态势。特别是在一些水资源严重短缺而经济活动又十分活跃的地区，如我国黄淮海流域和辽河流域，开发利用程度远超出水资源承载能力，人与生态系统争水的现象更加突出，环境水流难以保障。

2. 大坝工程

河流被大坝阻挡，在大坝上游形成水库，水库按其功能目标实行人工调度。大坝水库的生态影响表现在水文情势、河流地貌形态、水体物理化学特征和生物多样性等诸多方面。

（1）水文情势。大坝运行期间，水库调度服从防洪兴利要求，使径流过程趋于均一化，即年内流量过程线趋于平缓。汛期水库削峰，洪水脉冲过程削弱，洪水下泄时间推迟，洪峰发生时机延后。

图 2.29（a）和图 2.29（b）分别显示了长江三峡水库和埃及尼罗河阿斯旺水库调度

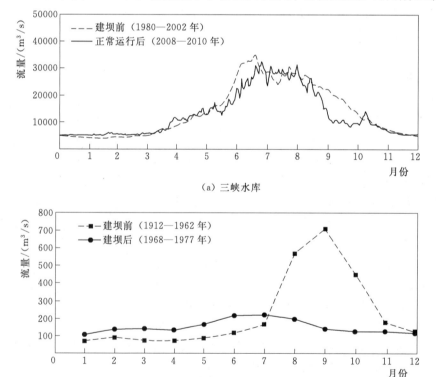

（a）三峡水库

（b）阿斯旺水库

图 2.29　典型水库调度对大坝下游河流水文过程的影响

对大坝下游河流水文过程的影响。三峡水库为季调节水库，其对水文过程的改变主要体现在：降低了洪峰流量；枯水期的下泄流量略有增加；汛后水库蓄水期下泄流量有所减少。阿斯旺水库为多年调节水库，经水库调节后下泄流量过程均一化趋势十分明显，从年内下泄流量过程线上几乎看不出洪水期的自然洪峰过程和枯水期的低流量过程。这说明水库调节能力越强，对水文过程的改变越大。

水文情势的变化改变了河流生物群落的生长条件。洪水的发生时机和持续时间，对于鱼类产卵至关重要。产卵规模与涨水过程流量增量及洪水持续时间有关。比如，三峡水库的削峰作用会直接影响青鱼、草鱼、鲢鱼、鳙鱼四大家鱼的产卵期，导致其生物量下降。此外，水文过程均一化使一些靠洪水生长的河漫滩植物退化甚至死亡，水禽鸟类丰度降低。而一些靠河流丰枯变化抑制的有害生物却有了生长繁殖的机会。

大型水库的径流调节对河口咸水入侵会产生影响。潮汐是咸水入侵的动力，潮汐越大，咸水入侵的强度越大；而入海径流量则起抑制咸水入侵的作用。三峡水库 10 月（有时包括 11 月）水位要从 145m 蓄水至 175m，蓄水量为 221.5 亿 m^3，相当于减少了月平均下泄流量 8400m^3/s，如果发生在枯水年，将会加大长江口咸潮入侵的风险。

（2）河流地貌形态。水库蓄水后，极大地改变了河流景观格局。库区内原有山地及丘陵生境破碎化、片断化，陆生动物被迫迁徙。不设鱼道的大坝，成为鱼类洄游致命的障碍。

在库区，由于流速减缓，泥沙颗粒在水库底部淤积。除了泥沙以外，大坝还拦截营养物和上游漂流下来的木质残体、漂浮塑料垃圾，这些都滞留在库区，引起生态阻滞。生态阻滞是指水体在水库滞留时间过长，一些物质（如泥沙、营养物）的输入量大于输出量，其滞留量超出生态系统自我调节能力，导致泥沙淤积、化学污染物聚集以及富营养化。水库蓄水后，还可能产生库区诱发地震、山体滑坡和坍岸等地质灾害。

在水库下游，因大部分泥沙在水库淤积，下泄水流挟沙能力增强，加剧了对下游河床和岸坡的冲刷侵蚀，引起岸坡崩塌失稳，长期作用会加剧河势变化。由于河床高程降低，会改变通江湖泊的河湖关系，特别是改变河湖之间水体置换关系，水体更容易从湖泊注入河流，引起湖泊容积减少，面积萎缩，对湖滨带栖息地造成不良影响。

（3）水体物理化学特征。水深较大的水库夏季明显出现温度分层现象。由于大坝的各种泄水孔口和引水孔口布置在不同的高程上，如表孔、中孔、底孔以及水轮机引水压力管道的进水口都分别布置在不同高程，靠人工调度泄水时，开启不同高程的孔口闸门，对应不同的温度层，下泄水温会有较大差异。对于下游的物种，特别是鱼类的生长繁殖可能产生不同程度的影响。例如，三峡水库泄水运行期过程中，每年 4 月底至 5 月初，由于水库水温分层，下泄水流较筑坝前的天然水温要低，导致四大家鱼的产卵期推迟 20 天左右。另外，汛期自坝体孔洞和溢洪道泄流时，产生溶解气体过饱和现象，使鱼类患上气泡病。

水库蓄水后，水库回水影响区水流流速降低，曝气不足，扩散能力减弱，库区近岸水域和库湾水体纳污能力下降，致使藻类在水库表层大量繁殖，可能导致库区近岸水域和库湾水体富营养化。由于注入水库的支流和沟汊受到水库高水位的顶托，水体流动受阻，支流或河汊携带较高浓度污染物，就会在库区支流交汇和沟汊部位产生水华现象。

（4）生物组成和相互作用。筑坝蓄水后，流动的河流变成相对静水人工湖，激流生态系统（lotic ecosystem）逐渐演变为静水生态系统（lentic ecosystem）。激流鱼类逐渐被静水鱼类所代替,原有河岸带植物被淹没,代之以库区水生生物群落。在这个过程中,会产生流域范围的摄食级联效应,也会给外来入侵物种提供生长繁殖的机会,具体表现为:①洄游鱼类灭绝或濒危;②水库淹没区特有陆生或水生生物灭绝或濒危;③依赖洪水生境的类群丰度降低;④静水类群和非本地类群增加。

另外,水体浊度较低又受到污染的水库,其初级生产力较高,导致浮游藻类滋生,外来大型水生植物如水葫芦(凤眼莲)也容易在水库繁殖。这些植物死亡后的分解过程,又会消耗氧气造成水体缺氧。

3. 治河工程

中华人民共和国成立以来,我国防洪减灾事业成绩斐然,七大流域已经基本建成了以水库、堤防、蓄滞洪区或分洪河道为主体的防洪工程体系。防洪工程在保障人民生命财产安全和社会稳定方面贡献巨大。传统的治河工程以防洪减灾为主要目标,而对水生态保护重视不够,从而对水生态系统造成不同程度的不良影响。

(1)河道整治工程。河道整治工程的目的是通过河道疏浚、改造,确保行洪通畅。如果河道整治工程设计不当,如进行河道顺直改造、断面形状规则化和岸坡防护硬质化,结果会导致具有较高空间异质性的自然河流变成了渠道化的河流。如上所述,良好的蜿蜒型河道是鱼类适宜的栖息地。图 2.30 表示蜿蜒型河道的基本特征是深潭-浅滩序列交错格局。深潭流速低,营养物丰富,鱼类有遮蔽物,生物量高;浅滩流速较快又多湍流,溶解氧浓度高,常成为鱼类产卵场和贝类及其他小型动物的庇护所。蜿蜒型河道的遮阴条件好,水温适宜。可是一旦实施了裁弯取直改造,深潭-浅滩序列消失,地貌空间异质性明显下降,生境条件变得单调化,栖息地数量减少,鱼类物种多样性下降。

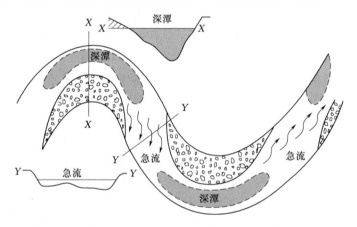

图 2.30 深潭-浅滩的构成及横断面形状

(据 Brookes,2001)

(2)堤防工程。自 20 世纪 50 年代以来,我国堤防加固和改造工程从未间断,现存的堤防是几十年来不断加固改造的历史产物。在这个漫长的过程中,河流的自然属性不断被削弱,人工化倾向不断加强,堤防的生态负面影响逐渐显现。堤距缩短,河漫滩部分被挤占,并改造为农田,或修建道路、建设住宅、设置旅游设施。河漫滩被挤占的结果,一方面削弱了河漫滩滞洪功能,增大了洪水风险;另一方面,堤距缩窄也限制了河流侧向连通性，失去了汛期洪水侧向漫溢机会，使河漫滩本地大型水生植物成活率下降，鱼类失去产卵场和避难所，给外来物种入侵以可乘之机。

2.5.3　农业与渔业

我国是灌溉大国，粮食生产主要依靠灌溉农业。灌溉用水通过农田后，一部分回水返回河湖系统，一部分通过蒸散发进入大气成为净耗水。返回河湖系统的水体挟带残留化肥、农药水产养殖和畜禽养殖产生的动物排泄物等，成为主要面源污染。

1. 化肥

在农田施用的化肥一般都超过农作物需要限度。剩余的化肥残留在土壤中，通过农田径流和渗透进入河湖水体。进入河湖的氮磷物质促使水体有害藻类和大型植物大量繁殖，其结果使阳光辐照度降低，同时消耗氧气，改变了食物网结构，造成富营养化。蓝藻繁殖时，可释放出神经毒素和肝毒素，对人和生物都具有很强的毒性。残留的锌、铜、铬、铅、汞等重金属在土壤中积累，通过渗透进入水体，会对水生生物造成严重威胁。

2. 农药

大多数杀虫剂和除草剂包含有毒有机化学品（toxic organic chemical，TOC），通过土壤渗透或暴雨径流冲刷进入河湖。研究发现，TOC与新生儿生理缺陷、身体畸形、免疫系统缺陷和生殖障碍等疾病有关。

3. 水产养殖

集约化水产养殖，由于饲料残饵和养殖用药，造成湖泊和水库的严重污染。出于商业动机而不恰当引进的物种，对低营养级产生强烈影响，造成土著物种消失，进而影响整个水生态系统结构。

4. 畜禽养殖产生的动物排泄物

畜禽养殖产生的动物排泄物在暴雨期间通过地表径流进入河流、湖泊和水库，产生生物化学分解作用，大量消耗水中的溶解氧。另外，河湖的过度捕捞使生物资源大幅衰退，不但鱼类捕获量减少，种类也明显下降，造成珍稀、特有物种面临濒危风险。

2.5.4　矿业

矿业是指石油、天然气、煤炭、金属、非金属（包括砂石料）的开采等行业。矿业生产可以在淡水系统中进行，也可以在邻近地区进行。无论矿区所处何种位置，矿业生产对水体污染都是非常严重的。另外，地下开采会造成矿区塌陷，导致地表水水系紊乱。采矿还会诱发滑坡、泥石流等地质灾害。

1. 污染物

污染水体的化学物质来源分两类：一类是在矿物提取和提纯过程中产生的物质，这类物质的释放可能是短期的；另一类是矿区退役后，暴露在大气中的废物堆积分解的化学浸出物，这类物质会造成长期持久影响，如酸性矿山废水。煤炭、金属和砂石开采都会产生酸性矿山废水。这种废水会对附近土壤和水体造成严重污染。金属和非金属开采产生的污染物包括铁、锰、铝、镉、铅等金属，也包括硫酸盐、硝酸盐和悬浮固体。黄金选矿过程中使用的氰化物和汞也会进入淡水系统。石油基化合物经常会污染油田附近的地下水。与采油相关的污染物包括碳氢化合物、重金属、氯化物和泥沙。输油管线或储油罐泄漏或破裂使石油进入地表水，进而污染土壤和地下水。

2. 矿区地面沉陷

我国东部潜水位较高的区域，塌陷地已形成大面积的积水地和沼泽地，淮河流域煤矿塌陷导致水系格局的局部紊乱。中西部原本就很脆弱的生态系统在矿区开发的影响下，因水土流失、水资源枯竭、地下水疏干等问题，沙生植物枯死，植被覆盖率降低，土地风蚀和荒漠化程度加剧，生态环境进一步恶化。在西南部，矿业生产诱发滑坡、泥石流等地质灾害。河道采砂改变了河流地貌形态，增加了河流中的悬移质，改变了水流模式，使地貌形态空间异质性下降。

3. 生物多样性受损

矿区污染和生境改变是影响水生生物的主要因素。尽管大部分金属在水体中含量低，但是对于水生生物仍具毒性。原油泄漏造成水体污染，可使微生物群落结构发生变化，使优势群落从异养型群落变成自养型群落。原油污染还危害两栖动物、底栖动物、鱼类和哺乳动物。河道中采矿或陆上采矿的径流导致水体浑浊，引起初级生产下降。食物减少可对水生生物食物网产生级联效应。高含沙水流使浅滩淤积，不耐泥沙的物种丧失了栖息地，进一步改变了鱼类和无脊椎动物群落结构。

思 考 题

1. 河流水文过程线可划分为哪 3 种组分？其生态功能分别是什么？
2. 河流平面形态有哪几种类型？蜿蜒型河道的生态功能是什么？
3. 河流食物网有何特点？
4. 简述湖泊的新陈代谢过程。
5. 湖泊有哪几种生态分区？其依据和特征分别是什么？
6. 水生态系统服务分为哪几部分？为什么说它与人类福祉息息相关？
7. 什么是 3 流 4D 连通性？
8. 什么是生态过程对水文情势变化的动态响应？
9. 简述湖泊影响-负荷-敏感度模型。
10. 工业化和城市化对水生态系统有哪些方面的负面影响？
11. 简述水利水电工程对水生态系统的负面影响。

第3章 河湖调查评估与生态要素分析

河流湖泊调查是开展生态水利工程规划设计的基础性工作。河湖调查涉及水文、泥沙、地貌、水质、污染源和富营养化以及生物调查。河湖生态系统监测是河湖水生态状况评价的依据。基于生态系统完整性原理的河流健康评估，是河流管理的重要工具。通过健康评估可获得对有关河流的较为客观、完整的认识。生态要素分析计算是生态水利工程规划设计的重要内容。生态要素分析包括生态水文分析、生态流量计算、生态水力学计算、环境水力学计算以及景观格局分析。

3.1 河 湖 调 查

本节阐述了河流与湖泊调查方法以及河湖生物调查方法。河流与湖泊调查包括水文、泥沙、水质和地貌调查，相关参数的计算与评价方法；生物调查方面，重点介绍采样点布设、采样技术以及数据处理方法。

3.1.1 河流调查

河流调查内容包括：水文信息采集分析、泥沙测验和计算、水质状况监测与评价、河流地貌调查。

1. 地图测绘

河流生态修复规划需要收集和绘制的地图包括流域地图、规划区现状图、规划方案图和项目河段图。流域地图是在流域尺度上表征流域边界及特征，描述规划区位置以及流域土地利用方式等特征。规划区现状图反映规划区范围及地形地貌现状、基础设施和水利工程、河漫滩范围边界现状。规划方案图用以说明规划总体布局、比选方案及最终方案、规划分区及河流分段、项目完成后面貌及效果。项目河段图用于详细描述项目河段的地形地貌、工程布置、施工布置以及监测系统布置。表3.1列出了这4种地图的内容、用途和数据来源。

表 3.1　　　　　　　　　　河流生态修复地图内容和用途

地图类型	地 图 内 容	数 据 来 源	用 途
流域地图	流域边界及特征、规划区位置、土地利用方式	地形图、遥感影像数据、公共 GIS 数据库	土地利用方式分析及对水文条件和泥沙输移影响、景观格局分析
规划区现状图	规划区范围、地形地貌现状、现有基础设施和水利工程、河漫滩范围边界	流域地图、地形地貌测绘、河道和植被调查	表示项目环境和约束条件，为水文分析、冲淤分析、水力学计算及地貌分析提供地形地貌数据

地图类型	地 图 内 容	数 据 来 源	用　　　途
规划方案图	规划方案的总体布局、比选方案及最终方案、规划分区、河流分段、项目完成后面貌及效果	利用规划区现状图，绘制比选和最终方案布置图和效果图	说明最终规划方案的总体布局，实施效果；河道及河漫滩修复后与现状地貌的关系
项目河段图	河道平面图、河道和河漫滩横剖面图、河道纵剖面图	现场地面测绘、遥感影像数据	河床稳定性分析、岸坡稳定性分析、项目河段工程布置、施工布置、监测系统布置

上述地图可以利用现有地图或用现有地图数据加工绘制，诸如地形图、遥感影像以及地理信息系统数据（GIS），必要时还要进行现场测绘。规划工作所需地图的精度取决于规划任务的类型，比如编制河漫滩植被修复规划时，就需要进行河漫滩洪水期淹没及地下水位变化观测分析，测绘较为详细的现场地貌图。地图的绘制方法，可以用 GIS 格式也可以用计算机 CAD 格式。现场地形测绘的范围，侧向应超过河漫滩的外边界，纵向应超出规划区上下游一定距离。河道纵向轮廓测绘，主要是河床纵坡降。河道横断面测绘包括河床和河漫滩以及河岸顶部及河床最深处高程。

2. 水文信息采集分析

水文信息资料是生态水利工程规划设计需要提供的基础资料，主要有两方面需求：一是提供典型年、月径流量过程数据，用于生态流量计算、水库生态调度方案制定、河岸带植被恢复设计以及水文情势变化生物响应研究；二是提供设计洪水数据，用于生态水工建筑物设计，保证建筑物的防洪安全。

水文信息包括水位、流量、泥沙、降水、蒸发、水温、冰凌、水质和地下水等要素。水文信息采集分析属于工程水文学专业范畴，有关技术方法可参考相关技术规范。

目前收集水文资料的主要途径是测站定位观测，水文调查是对定位观测的补充，使水文资料更系统、完整，满足规划设计工作需要。水文调查的内容可分为流域调查、洪水及暴雨调查、漫滩流量调查等。水文调查主要靠野外工作，辅以资料分析。漫滩流量调查包括：测绘河段平面地形图和河道横断面图，现场勘测河流主槽和滩区地貌，调查行洪路线，查阅历年水文资料，进而推求漫滩流量。

近年遥感技术发展迅速，在水文调查等领域应用广泛。遥感技术可以进行定量分析，它与地理信息系统相结合，可以实现大范围的快速监测。利用水文遥感技术，可以进行以下方面调查：

（1）流域调查。根据卫星影像可以准确查清流域范围、流域面积、流域覆盖类型、河长、河网密度、河流弯曲度等。

（2）水资源调查。使用不同波段、不同类型的遥感资料，可以判读各类地表水如河流、湖泊、水库、沼泽、冰川、冻土和积雪的分布；还可以分析饱和土壤面积、含水层分布以及估算地下水储量。

（3）水质监测。可以识别水污染类型，如热污染、油污染、工业或生活废水污染、农业污染以及悬移质泥沙、藻类繁殖等。

(4) 洪涝灾害监测。判读洪水淹没范围。

(5) 泥沙淤积监测。包括河口、湖泊、水库淤积以及河道演变。

3. 泥沙测验和计算

河流泥沙按照运动形式可分为悬移质和推移质。本节重点介绍悬移质测验和计算方法、泥沙颗粒分析和级配曲线。

(1) 悬移质测验和计算方法。常用含沙量和输沙率这两个定量指标来描述悬移质状况。含沙量的定义是单位体积浑水内所含干沙的重量，用 C_s 表示，单位为 kg/m^3。输沙率的定义是单位时间流过河流某断面的干沙重量，用 Q_s 表示，单位为 kg/s。

含沙量测验中使用采样器采集河流浑水水样。采样器有横式采样器和瓶式采样器。采得的水样经过体积量测、沉淀、过滤、烘干、称重等程序，就能得到一定体积浑水中的干沙重量。

输沙率测验包括含沙量测定和流量测定两部分。为了反映悬移质在河床断面水流中的分布状况，需要在断面上布置一定数量的取样垂线，一般取样垂线数目不少于规范规定的流速仪测速垂线的一半。在每条垂线上的测点分布视水深而定，可有一点法、三点法、五点法等。

(2) 泥沙颗粒分析和级配曲线。泥沙颗粒分析的具体内容，是将有代表性的沙样按照颗粒大小分级，分别求出小于各级粒径泥沙重量百分数。将其成果绘在半对数纸上，即得到泥沙粒径分布曲线（图 3.1）。曲线以泥沙粒径为横坐标，以小于某一粒径的颗粒在沙样中所占重量百分数为纵坐标。由沙样的粒径分布曲线可以确定各种粒径泥沙颗粒在沙样中所占比例，用以表示沙样组成状况。不同的代表粒径如 d_{50}、d_{75}、d_{90} 表示小于这一粒径的泥沙颗粒在沙样中所占重量数分别为 50%、75%、90%。例如，左侧曲线 d_{75} 为 0.1mm，表示粒径小于 0.1mm 的颗粒在沙样中所占重量比为 75%。

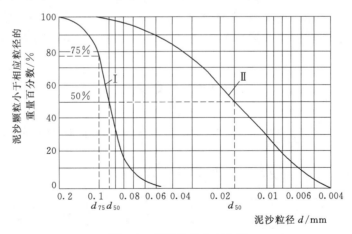

图 3.1　泥沙粒径分布曲线

4. 水质状况监测与评价

水质状况调查与监测的内容包括水体质量监测、沉积物污染调查和污染源调查。水体质量监测项目应符合《地表水环境质量标准》（GB 3838—2002）和《地表水资源质量评价技术规范》（SL 395—2018）的要求。沉积物污染调查包括河漫滩沉积物、河床沉积物及泥沙悬移质等，应按照《土壤环境质量标准》（GB 15618—2018）的要求确定调查项目。

污染源调查包括入河排污口调查、点源污染调查、面源污染调查。点源污染调查包括城镇工业废水、城镇生活源以及规模化养殖等。面源污染调查包括农村生活垃圾和生活污水状况调查，种植业污染状况调查，畜禽散养调查，水产养殖及污染状况调查，水土流失污染调查，湖面干湿沉降污染负荷调查及旅游污染、城镇径流等其他面源污染负荷调查。

河流生态修复的水质评价是评价水环境现状和变化趋势，为开展河流生态修复规划提供技术支持。地表水环境质量评价标准应采用《地表水环境质量标准》（GB 3838—2002），地下水环境质量评价标准应采用《地下水质量标准》（GB/T 14848—2017）。

5. 河流地貌调查

河流地貌特征直接影响栖息地质量。河流地貌调查内容包括河流地貌基本情况和河流地貌演变。

（1）调查技术。已经广泛应用的遥感技术可以获取多种河流地貌信息。在现场调查方面，除了常规的测量技术以外，使用三维激光扫描仪，可以快速获取河道地貌特征的海量激光点云数据。河底高程测量方面，船载多波束声呐探测仪具有快速、准确的优点。多波束声呐探测仪发射多束声波，这些声波在展开角度内向河底发射，发射一次波束就可以测量数倍水深范围的河段地形，这样就可以在短时间内绘制完成全断面地形。输出的三维水下地形图还能揭示河床地形的各种细节，如沙丘、沙垄等。

（2）河流地貌特征参数。河流地貌特征按照河道横断面、河道平面形态和河道纵剖面三维方向描述。其中河道横断面涉及尺寸、形状和输水效率。河道平面形态按照蜿蜒性河道、辫状河道和网状河道分别描述。其中蜿蜒型河道的平面形状可以用曲率半径 R、中心角 φ、河湾跨度（波长）L_m 和振幅 T_m 来表示（见 2.1.1 节）。河道的弯曲程度可用弯曲率 B 表示。弯曲率 B 等于一个波峰的起始点和一个相邻波谷的终止点之间的曲线长度与这两点间直线距离的比值（图 3.2）。表 3.2 汇总了描述河道地貌特征的重要参数。

表 3.2　河道地貌特征参数

参　　数			定　　义
河道横断面	1. 尺寸	河道过流面积 C_c	漫滩水位下河道横断面面积，等于主槽平均水深与宽度之积，m^2
		河道宽度 w	河岸间的河道宽度，m
		河道平均深度 d	河床横断面各测量水深平均值
		湿周 W_p	水流与固体边界接触部分的周长，即过水河槽总长，m
	2. 形状	宽深比 w/d	河道宽度与平均水深之比
		河道不对称性 A^*	$A^* = (A_r - A_l)/C_c$，式中 A_r 和 A_l 分别为河道横断面中心线右侧和左侧面积，$C_c = A_r + A_l$
	3. 输水效率	水力半径 R	$R = C_c/W_p$，水力半径等于河道过流断面面积与湿周之比，m
		河床糙率 n	糙率又称粗糙系数，是衡量河道输水壁面粗糙状况的综合系数

续表

参 数			定 义
河道平面形态	1. 蜿蜒型河道	弯曲率 B	弯曲率 B 等于蜿蜒河道波形的一个波峰的起始点和一个相邻波谷的终止点之间的曲线长度与这两点间直线距离的比值
		蜿蜒型河道波长 L_m	相邻两个波峰或波谷点之间距离，m
		蜿蜒型河道波形振幅 T_m	相邻两个弯道波形振幅，m
		曲率半径 R	河道弯曲的曲率半径，m
		中心角 φ	河道弧线中心角
	2. 辫状河道	辫状程度	河段内沙洲和江心洲总长度与河段总长度之比
	3. 网状河道	洲岛与主流的宽度比 ψ	$\psi = B_1/B_2$，式中 B_1 为洲岛宽度；B_2 为河道主流宽度
河道纵剖面		河段纵比降 i	$i = (h_1 - h_2)/L$，式中 h_1，h_2 分别为河段上下游河底两点高程；L 为河段长度

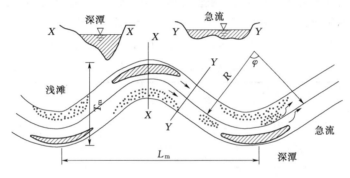

图 3.2 蜿蜒型河流特征参数

（3）河床基质调查。河流栖息地调查中，河床基质构成是不可或缺的内容。这是因为基质成分决定河床糙率，进而影响水力学特征（流速、水深及河宽）。此外，基质为鱼类提供微栖息地条件，因为这些鱼类需要特殊的基质才能产卵。

基质调查要点如下：

1）基质组成。基质按照几何尺寸来分类。在鱼类栖息地调查中常采用修订的温特瓦基质类型分级标准（表 3.3），用以描述平均基质大小并测定优势基质。

表 3.3　　　　温特瓦基质类型分级标准（据 Mark & Nathalie，1999）

基质类型	粒径大小范围/mm	样品级别/级	基质类型	粒径大小范围/mm	样品级别/级
巨砾	>256	9	卵石	8～16	4
中巨砾	128～256	8	砾石	4～8	3
中砾	64～128	7	砂砾	2～4	2
大卵石	32～64	6	沙	0.06～2	1
中卵石	16～32	5	黏土和淤泥	<0.06	0

2）卵石计数调查法。卵石计数调查法是一种快速调查法，而且能够有效提高调查的可重复性（Kondolf 和 Hardy，1994）。

3) 测量数据处理。将河段卵石测量数据按照大小排列，计算对应累积粒度百分比，绘制在半对数纸上，即可得到卵石粒径-累积粒度百分比频率曲线。从频率曲线可以查出50%累计粒度百分比对应的中值直径，用它表示河段的颗粒粒径平均值。

4) 大颗粒基质被覆盖程度。大颗粒（巨砾、中砾、卵石、砂砾等）多被细沙、淤泥或黏土所覆盖，覆盖程度对底栖动物、越冬鱼类、鱼类产卵与孵化影响很大。一般用嵌入率反映大颗粒被细沙、淤泥或黏土覆盖的状况。当覆盖率小于5%时，嵌入率可以忽略不计；当覆盖率分别为5%～25%、25%～50%、50%～75%、大于75%时，对应的嵌入率等级分别为低、中、高、很高。

（4）河湖水系连通性调查。河湖水系连通性包括河流纵向连通性、河流-河漫滩系统侧向连通性、河流-湖泊连通性。连通状况可分为常年连通和间歇性连通两类。由于年内水文周期性变化包括汛期涨水-退水过程，使得一部分河湖水系之间的连通性呈现间歇性状态。另外，出于防洪和引水需要调控闸坝，也会使河湖水系之间呈现间歇性连通。应按丰水期和枯水期两种情况调查连通性，并且将间歇性连通的成因区分为自然原因或是人为原因。河湖水系连通方式分为单向、双向和网状连通三类。河流-湖泊连通性调查表见表3.4；河流纵向连通性中的河网连通性调查表见表3.5；河流-河漫滩系统侧向连通性调查表见表3.6。

表 3.4　河流-湖泊连通性调查表

湖泊名称	面积	容积	历史连通特征								阻隔原因	
			湖泊面积	湖泊容积	进水通道	出水通道	连通方向		连通延时		换水周期	自然	人为
							单	双	常年	间歇			

表 3.5　河网连通性调查表

时期	河段名称	桩号坐标	流量	控制水闸		连通方向		阻隔原因		阻隔时段
				首	尾	单向	双向	自然	人为	
枯水期										
丰水期										

表 3.6　河流-河漫滩系统侧向连通性调查表

时期	河段			河漫滩			湿地			控制闸坝
	桩号坐标	水位	流量	淹没面积	覆盖度	连通状况	面积	地下水位	连通状况	
枯水期										
丰水期										

（5）河流演变调查。河流演变调查的目的是通过对河流历史演变过程的调查，掌握河流演变的发展趋向，以便采取必要的工程措施稳定河势。

1) 通过收集、整理历史记录和现场调查，绘制历史河流形态平面图和典型横断面图。

2) 调查建设大坝、堤防、船闸等建筑物引起的河流地貌形态的变化。

3) 调查采砂、取土、疏浚等引起的河流地貌形态的变化。

3.1.2 湖泊调查

湖泊调查应包括以下方面：①湖泊流域自然环境（地理位置、地质地貌、气象气候、土地利用状况和自然资源）；②湖泊水环境特征（水文特征、水功能区划、水动力特征、大型水利工程）；③流域社会经济影响；④流域污染源状况（点源污染、面源污染、污染负荷量统计、入湖河流水质参数、入湖河流水文参数）。本节择要介绍水文地貌调查、污染源调查、湖泊富营养化评价。

1. 水文地貌调查

（1）基本情况。湖泊基本情况包括湖泊名称、湖泊类型、湖底高程、流域面积、流域多年平均降雨量、湖泊与河流连接状况、湖泊主要功能、水功能区、自然保护区和水利工程设施等项目。

（2）湖泊水文地貌参数。湖泊地貌和水文条件是重要的生境要素。表3.7列出了主要湖泊地貌及水文参数、定义和计算公式，还注明了这些参数在评估生态影响时的用途。

表 3.7　　　　　　　　　　　　湖泊水文地貌调查参数及其用途

序号	参　数	定义/计算公式	用　途
1	表面积 A /m^2	由湖泊等深线图获得不同水深对应的表面积	决定风对水体扰动程度，影响湖泊分层和光照环境
2	容积 V /m^3	$V=\sum V_{ij}$，$V_{ij}=\dfrac{Z_j-Z_i}{2}A_{ij}$，式中 V_{ij} 为水深 Z_j 与 Z_i 之间的容积；A_{ij} 为等深线 Z_i 与 Z_j 间的表面积（参见图2.10）	影响水资源供给和纳污能力
3	平均水深 $\bar{z}$ /m	$\bar{z}=\dfrac{V}{A}$，式中 V 为总容积；A 为表面积	随着 $\bar{z}$ 增加，藻类生物量降低，鱼类捕获量也降低
4	相对水深比 $Z_{max}/\bar{z}$	相对水深比 $Z_{max}/\bar{z}$，式中 Z_{max} 为最大水深；$\bar{z}$ 为平均水深	判断湖泊分层稳定性；判断湖盆形状
5	吹程 L_w /m	风力能够扰动的距离。取湖泊最大长度 L'；或 $(L'+W)/2$，式中 L' 为湖泊最大长度；W 为湖泊最大宽度	是判断温跃层深度指标之一
6	岸线发育系数 D_L	定义 D_L 为岸线长度与相同面积的圆形周长之比。$D_L=\dfrac{L'_b}{2\sqrt{\pi A}}$，式中 D_L 为岸线发育系数；L'_b 为岸线长度；A 为湖泊表面积。圆形湖泊 $D_L=1$	D_L 高表示岸线不规则程度高，湖湾多，湖滨带开阔，能减轻风扰动，适于水禽和鱼类的湿地数量多
7	水下坡度 S	水下坡度 S 指湖泊横断面边坡比，用度数或百分数表示。$S=\dfrac{Z_{max}}{\sqrt{A/\pi}}$，式中 S 为水下坡度，Z_{max} 为最大水深；A 为表面积	影响湖滨带宽度，沉积物稳定性，大型植物生长条件，水禽、鱼类和底栖动物的适宜性
8	水力停留时间 T_s /a	水力停留时间 T_s 指流入湖泊的水量蓄满整个湖泊所需时间。$T_s=\bar{V}/Q_2$，式中 T_s 为水力停留时间，a；$\bar{V}$ 为多年平均水位下湖泊容积，m^3；Q_2 为多年平均出湖流量，m^3/a	涉及污染控制、水体流动性
9	水位波动平均值 /m	多年实测年水位波动平均值	水生植物与湿生植物交替生长条件

注　水力停留时间 T_s 的计算公式，忽略了蒸发、湖面降雨、与地下水互补等因素，是简单估算公式，计算结果需根据实测资料分析判定。

2. 污染源调查

污染源调查包括入河排污口调查、点源污染调查、面源污染调查。内源污染调查需明确湖泊内源污染的主要来源，例如水产养殖、底泥释放、湖内航运、生物残体（蓝藻及水生植物残体）等，分析内源污染负荷情况。

通过对历年点源污染、面源污染调查结果分析，历年污染负荷量统计，历年入湖河流水质参数统计，历年水污染控制和治污成效统计，分析湖泊水环境变化趋势，找出水环境恶化的主要原因。

3. 湖泊富营养化评价

水体富营养化通常是指湖泊、水库等封闭性或半封闭性水体内含有超量植物营养物质（特别是含磷、氮）富集，促进藻类、固着生物和大型植物快速繁殖生长，导致生物结构和功能失衡，降低了生物多样性，增加了生物入侵的机会，造成鱼类死亡。发生水华时，氧气被大量消耗，同时还释放有害气体，使水质严重下降。

富营养化分为天然富营养化和人为富营养化两种，天然富营养化是湖泊演变的生长、发育、老化、消亡的自然过程，其过程漫长，常常需要以地质年代描述。目前所指的富营养化主要指人为富营养化，人为富营养化则是人为排放含营养物质的工业废水和生活污水所引起的水体富营养化现象，它演变的速度快，可在短期内使水体由贫营养状态变为富营养状态。

环境学将水体的营养状态划分为贫营养、中营养、富营养三种。贫营养是水体中营养物质浓度最低的一种状态。贫营养水体初级生产力水平最低，水体通常清澈透明，溶解氧含量一般比较高。与贫营养水体相反，富营养水体则具有很高的氮、磷物质浓度及初级生产力水平，水体透明度下降，溶解氧含量比较低，水体底层甚至出现缺氧情况。中营养则是介于贫营养和富营养之间的过渡状态。

3.1.3　河湖生物调查

河湖生物调查所获得的数据是生态系统结构、功能的基本资料。开展河湖生物调查可为河湖栖息地生态退化诊断、河湖水质评价、河湖主要胁迫因子识别工作提供数据支持。本节重点介绍大型底栖无脊椎动物、鱼类、浮游植物和大型水生植物的调查方法。各种类型的生物调查的频率各不相同，其中大型无脊椎动物、大型水生植物、硅藻、河流栖息地调查监测频率见表 3.8。

表 3.8　　　　　　　　　　　　　生物和栖息地监测频率

项　　目	频　　率	项　　目	频　　率
大型无脊椎动物	适当年份 2 次	硅藻	适当年份 2 次
大型水生植物	适当年份 1 次	河流栖息地调查	每 6 年 1 次，年内 1 次

目前我国有关淡水生物调查监测的国家及行业技术标准亟待完善，实际工作需参照国内相关文献和国外相关标准。《欧盟水框架指令》（WFD）附录技术文件包括了一套较完整的生物调查监测技术规范，可以结合我国实际参照使用，见 Martin Griffiths 编著的《欧洲生态和生物监测方法及黄河实践》。

1. 大型底栖无脊椎动物调查

大型底栖无脊椎动物是指其生活史中全部或大部时间生活在河流底部基质上的水生无脊椎动物，主要包括扁形动物（涡虫）、环节动物（寡毛类和水蛭）、线形动物（线虫）、软体动物、甲壳动物和各类水生昆虫。大型底栖无脊椎动物是河流生物评价中最常用的生物类群，已被广泛应用于评价人类活动对河流生态系统的干扰和影响。

（1）采样点布置。在栖息地评价项目初始阶段进行生物本底调查，之后调查工作常态化，开展常规生物监测工作。为使监测工作具有可重复性，每次监测的生物样本采样点必须始终保持在原位。首先需要划定大型无脊椎动物采样区和调查区。布设的采样点覆盖在采样区内，采样区的自然特征须具有典型性，能够代表调查区的主要特征。对于小型河流，调查区的长度是采样区再向两侧各延伸7倍于河宽的长度；对于大中型河流需将采样区两侧各向外延伸50m（图3.3）。为保证采样点具有代表性，采样点应避免布设在下列部位：靠近人工设施，如大坝、桥梁、堰或牲畜饮水区；紧靠河流交汇处的下游，或者水体未得到充分混合部位；靠近湖泊和水库的影响范围；疏浚河段或定期清除水草的河段。另外网状河流须在最大的自然河道中取样。

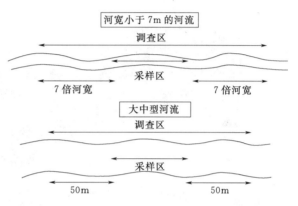

图3.3 大型无脊椎动物采样区和调查区的划定

大型无脊椎动物调查采样点的布置原则，主要是根据多种微栖息地分布状况布点。河床基质（粗砂、细沙、卵石、砂砾石、木质残骸等）是微栖息地的主要特征。采样点布置应针对多种微栖息地条件，依据不同基质在河段的分布情况，按不同基质面积比例布置采样点。英国AQEM技术标准规定每个大型无脊椎动物的样本应包含20个样品，这些样品采样点的布置应覆盖超过95%的基质类型。如布置一个样本的20个采样点，粗砂和砾石基质面积占55%，则在这种基质上布置11个采样点；木质残骸堆积区面积占5%，则布置1个采样点（图3.4）。

（2）采样工具与设备。采集大型底栖无脊椎动物标本的采样工具按河流深度的不同，可分为浅水型（针对深泓水深小于1.5m的可涉水河流）和深水型（针对深泓水深大于1.5m的不可涉水河流）。具体的采样工具应按照研究目的和采样设计进行选择（表3.9）。

表3.9　　　　大型底栖无脊椎动物调查采样工具（据 Hauer and Lamberti，2007）

采样工具	规　　格	适 用 范 围
索伯网	采样框尺寸为0.3m×0.3m或0.5m×0.5m	适用于水深小于30cm的山溪型河流或河流浅水区
Hess网	采样框的直径为0.36m，高度为0.45m	适用于水深小于40cm的山溪型河流或河流浅水区

续表

采样工具	规　格	适　用　范　围
彼得逊采泥器	采样框面积分为 3 种，即 1/8m²、1/16m²、1/32m²	适用于采集以淤泥和细沙为主的软质生境
带网夹泥器	开口面积为 1/6m²	适用于采集以淤泥和细沙为主的软基质生境中螺、蚌等较大型底栖动物，但仅限于河流下游水流较缓或河面开阔的样点
D 形网	底边约为 0.3m，半圆框半径约为 0.25m	通常适用于水深小于 1.5m 的水体，采样操作分为定面积采样法和定时采样法

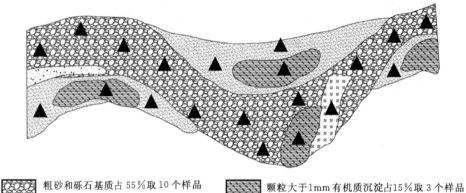

粗砂和砾石基质占 55% 取 10 个样品　　颗粒大于 1mm 有机质沉淀占 15% 取 3 个样品

细砂砾和砾石基质小于 5% 取 0 个样品　　木质残骸堆积区占 5% 取 1 个样品

沙质基质占 25% 取 5 个样品　　▲ 样品位置

图 3.4　大型无脊椎动物样本采样点的布置
(据 Martin Griffiths, 2012, 改绘)

（3）大型底栖无脊椎动物评价参数。

1）分类单元丰富度：通常按种水平的鉴定结果进行评估，也可按照设定的分类群进行评估，如属、科、目等。丰富度参数反映了生物类群的多样性。类群多样性增加，表明生态位空间、生境及食物资源足以支持多物种的生存和繁殖。

2）种类组成参数：用特性、关键种类及相对丰度描述。

3）耐受性/敏感性参数：表现类群对干扰的相对敏感性，包括污染耐受性种类及敏感性种类数量或组成百分比。

4）食物参数或营养动态：涉及功能性摄食类群，提供大型底栖无脊椎动物类群中摄食策略均衡信息。

5）习性参数：指示大型底栖无脊椎动物生存模式的参数。

2. 鱼类调查

鱼类作为河流生态系统中的顶级捕食者，对整个生态系统的物质循环和能量流动起着重要作用。鱼类调查与监测是众多水质管理项目中不可或缺的组成部分。

（1）采样技术。采样点应选择人工景观较少的区域，并且尽可能与其他监测要素（如水质、水文、地貌等）的监测点相一致。

一般采用电鱼法或撒网法采集。电鱼法既适用于浅水的溪流区域，也适用于较深水体的沿岸地带。遇到生境复杂的河流，可以混合使用这两种方法。采样过程中，需要制作标本的鱼类，每种可取 10～20 尾，珍稀、稀有鱼类以及当地特殊物种，可适当选取作为标本，其余的应全部放归自然。

（2）样品保存和鉴定。将鱼清洗后，首先测量体长和质量，然后用 5%～10% 甲醛溶液固定。对于个体较大的，需向腹腔注射适量固定液。标本必须按照正确方法进行标记，标记包含采样点位置数据、采集日期、采集人姓名、物种鉴定（野外鉴定的鱼类样品）、物种个体总数、样品鉴定编码及位点编号。实验室接收的所有样品，应当采用样品登记程序加以追踪。采集样品不仅需要鉴定到种或亚种，而且每个样品的质量、体长等特征参数都需进行统计。鱼类种类鉴定参照《中国淡水鱼类检索》。

（3）鱼类参数评价。《欧盟水框架指令》中鱼类参数分为 3 类（Martin Griffiths，2012）：

1）物种组成。要求鱼类监测记录所有物种。

2）年龄及大小分布。所有捕获的鱼都要测量体长和质量。通过分析鱼鳞和组织，评价鱼类样本年龄结构。

3）丰度。

3. 浮游植物调查

浮游植物是一个生态学概念，包括所有生活在水中以浮游方式生存的微小植物。通常，浮游植物是指浮游藻类，而不包括细菌和其他植物。浮游植物能进行光合作用，是河流中主要初级生产者，对河流的营养结构非常重要。浮游植物对人类许多干扰行为（如径流调节，生境变更，物种入侵以及由营养盐、金属和除草剂引起的污染）较为敏感，因而常被用来进行河流生态监测与评价。

（1）采样技术。采样断面应选择人工景观较少的区域，如遇桥墩等建筑物应在其上游 200m 处设采样断面。采集浮游植物定性和定量样品的工具有浮游生物网和采水器。浮游生物网一般分为 25 号（孔径为 $64\mu m$）和 13 号（孔径为 $112\mu m$）两种。采水器一般为有机玻璃采水器，容量为 1L、2.5L 和 5L。采样调查分可涉水河流与不可涉水河流两种情况。

（2）样品的保存固定。定量样品应立即固定，按 1.5% 体积比例加入鲁哥氏液（30mL）固定，静置 24h 后虹吸到量杯中，继续沉降 24h，最后虹吸、定容到 30mL。

（3）种类的鉴定和定量分析。样品至少要区分到属，尽量鉴定到种，优势种应鉴定到种。可参考《中国淡水藻类——系统、分类及生态》《中国淡水藻志》等工具书进行分类。为进行定量分析，需按照公式计算浮游植物密度和生物量。

4. 大型水生植物调查

大型水生植物是生态学范畴上的类群，包括挺水植物、沉水扎根水生植物、浮叶扎根水生植物、漂浮植物等，是不同分类群植物长期适应水环境而形成的趋同适应的表现型。

河滨带植被调查选用的技术方法取决于调查目的。如果调查目的是为了了解河滨带概况或进行河流健康评估，则可采取踏勘法；如果为了进一步评价植物群落结构和功能，则需要采取样方调查法。一般来说，河流生态修复项目的栖息地评价，往往需要将踏勘法与样方调查法结合使用。

（1）踏勘法。踏勘法是沿河行走，使用便携式 GPS 定位，目测配合拍照，实时进行记录。如果河流较长，则选择有代表性的样带进行勘察。用 GPS 对踏勘起始点定位，并在地图上标注，为下次调查做好准备，以保证调查重复性和数据可比性。样带的长度可以根据实际情况选择不小于 100m。一般来说，100m 沿河尺度足以包含河段全部植物群落。每个样区需要重复调查 3 次，以保证数据具有统计学意义。踏勘的内容包括河滨带宽度、植被类型（乔木、灌木、草本）、优势物种、物种分布及植物高度、覆盖度以及简单描述群落结构特征。

（2）样方调查法。

1）河漫滩样方。如果河漫滩较宽，可沿踏勘路线布置若干河漫滩样方，与踏勘法相配合，收集更多的陆域植物信息。河漫滩样方的尺寸根据不同植物类型确定。以草本植物为主的植被，其样方尺寸可选 2m×2m 或 3m×3m。灌木群落的样方可选 4m×4m 或更大。乔木为主的植被样方要达到 10m×10m 或 20m×20m。

2）河流横断面样方。需要在采样河段布设一定数量沿横断面的样方（图 3.5）。样方顺河方向长度之和占采样河段长的比例应大于 5%。一个横断面上往往需要布设若干样方。在这些样方中，除了两岸附近的样方包含河滨带（如图 3.5 中的样方 1）以外，大部分样方布设在开敞水面，如图 3.5 中的样方 2～样方 5。横断面样方调查重点是大型水生植物群落。样方尺寸一般可选 10m×10m，也可以采取优化方法确定样方尺寸。具体方法如下：如果样方的面积增大 1 倍，而物种数目急剧增大，则说明样方尺寸需要扩大。每个样方尽可能有一种为主的植物类型，如图 3.5 所示，各个样方中数量较多的植物分别是挺水植物、沉水扎根水生植物、浮叶扎根水生植物等。大型水生植物生长的深度，一般在水面以下 2～3m。在 3m 水深以下，由于光合作用微弱，少有大型植物生长，因此大型水生植物实际生长边界往往小于 3m（图 3.6）。

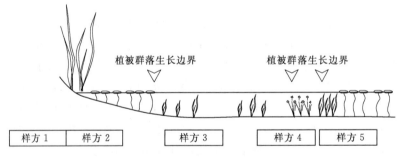

图 3.5　沿河流横断面布设的样方示意图

横断面调查集中在样方中的几种常见物种，包括挺水植物，如芦苇、香蒲等；沉水植物，如龙须眼子菜、金鱼藻、苦草等；浮叶扎根植物，如荇菜、菱、睡莲、莼菜等；漂浮植物（free floating plants），如浮萍、满江红等。调查时对主要物种在样方内的个体数直接计数，然后计算物种多度。多度（abundance）是指某一物种在某个地方或群落内的个体总数。

野外调查中物种鉴别是关键，野外调查组应配备植物学专业人员。对于现场不能识别的物种可采集标本同时进行拍照，带回实验室鉴别。物种鉴别可供使用的图书资料有《中国植物志》等。

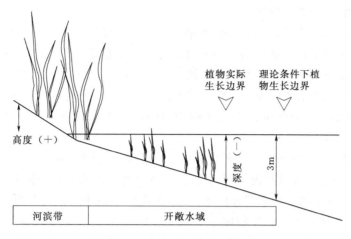

图 3.6 大型水生植物沿横断面的分布

3.2 河湖生态系统监测

我国水利行业标准《河湖生态保护与修复规划导则》（SL 709—2015）（以下简称《导则》）对河湖生态监测专门做了规定。《导则》指出："河湖水生态监测应结合规划区水生态特点和实际情况，提出包括生态水量及生态水位、河湖重要栖息地及标志性水生生物、河湖连通性及形态、湿地面积及重要生物等内容的河湖监测方案。监测方法及频次等应满足河湖水生态状况评价要求。"国外一些涉及生态修复的法律法规，如《欧盟水框架指令》（WFD）以及《欧盟栖息地指令》（*Habitats Directive*）都要求进行生态监测。

根据生态修复工程规划设计任务，项目监测有以下类型：①基线监测，指在项目执行之初，对项目区的生态要素实施的调查与监测，目的在于为项目完工后监测生态变化提供参考基准，基线监测值即修复项目的本底值；②项目有效性监测，评估项目完工后是否达到设计的预期目标；③生态演变趋势监测，考虑生态演变的长期性对监测项目的长期影响。有关基线监测详见 3.1 节。生态演变趋势监测的设计原则与项目有效性监测基本相同，只是时间尺度延长，评估方法侧重趋势性分析。本节重点讨论项目有效性监测（表 3.10）。

表 3.10   监 测 类 型 及 任 务

监测类型	目　　　的	任　　　务	作　　　用
基线监测	项目区生物、化学、物理、地貌现状	在实施修复之前调查项目区水质、地貌现状，收集动植物物种状况数据	有助于识别栖息地状况，识别修复机会，修复行动优先排序；为评估项目有效性提供对比本底值
项目有效性监测	确定河湖修复或栖息地修复项目是否达到预期效果	生态要素（地貌、水质、水温、连通性等）变化及其导致的生物响应（生物群落、多度、多样性等）	项目验收；项目绩效评估；提出管理措施，改善生态管理
生态演变趋势监测	确定河湖和生物区系变化，预测未来演变趋势	监测水生态系统长期变化，预测未来水生态系统的演变趋势	改善生态管理；科学研究

3.2.1　提出生境-生物关系假定

生物区系（biota）与生境之间存在着耦合关系，生境的变化会引起生物区系的响应。河湖生态修复的原理是通过适度的人工干预，改变某些生境因子，期望引起良性的生态响应，使生物区系的某些因子（多度、多样性、群落结构、鱼类洄游、繁殖、存活率等）得到改善，整个水生态系统得到恢复。在项目监测与评估中，重点内容是开展的修复工程造成生境因子的改变，是否会引起生物区系的响应以及响应的强度，以此评估项目的有效性。

项目的生境因子改变与生物响应关系假定，是设计监测方案的基础。例如河道蜿蜒性修复项目，监测对象可以明确是河流形态（蜿蜒度、深潭-浅滩序列等）和生物因子（鱼类、大型无脊椎动物多度和多样性等）。水库调度项目中监测对象可以明确是水文因子（如流量、水文过程等）和生物因子（鱼类产卵或植被恢复等）。河滨带植被重建项目中，监测对象是河滨带植被（河滨带范围；树木成活率；物种组成；密度和生物量；树木生长高度和直径等）及其响应因子（水温、有机物供给、岸坡稳定性、鱼类和昆虫物种多样性）。

3.2.2　确定监测范围

项目有效性评估是否反映实际情况，取决于合理的监测范围。就监测系统设计而言，可采用流域和河段两种尺度。流域面积从小型溪流的几平方千米到大型河流的几十万平方千米不等。大型流域可以再划分为次流域。"河段"是一个地理术语，其尺度可以从数百米到数千米，取决于河流的大小。另外，采用术语"位置"（site），意味着河段上或流域内的具体位置，表示生态修复发生的位置或采样位置。

在确定监测范围时有两种尺度需要界定。一种是修复项目实施的范围（或称项目区）；另一种是修复项目实际影响的范围。前者主要以行政区划为主，因为这涉及投资来源，如政府、流域机构和投资机构等，监测与评估报告主要呈送这些机构。后者则考虑修复项目实际影响的地理范围。

就鱼类和其他能够迁徙到项目区以外的动物而言，确定修复项目的影响范围是个复杂问题。例如，恢复河流纵向连通性项目包含若干在流域内不同位置拆除障碍物或增设过鱼设施子项目，目的是帮助鱼类洄游到上游栖息地。显然，监测这种项目的鱼类响应，应聚焦于拆除障碍物的上游河段，而不是在拆除障碍物现场河段。

以往大多数生态学家或生态修复专家对栖息地或生物区系的研究，经常集中在栖息地单元或河段范围内。但是越来越多的报告显示，需要考虑项目生态影响的辐射特征、鱼类和其他生物运动的不确定性、生物生存和种群的动态特征。仅仅把监测与评估局限于栖息地单元或河段尺度，往往不能全面反映生态修复的真实效果。可见，考虑在局部河段进行的修复工程对更大尺度（河流、流域、次流域）的鱼类种群的影响是确定监测范围的关键。

一些报告显示，在较大尺度上实施监测不但是可行的，而且能够发掘出更多评估项目有效性的关键信息。例如，在奥地利 Pielach & Zitek 河上建设的 11 座鱼道项目监测与评估成果表明，鱼类群落的响应出现在次流域或流域范围内，在河段尺度上进行评估明显是不可靠的。

3.2.3 选择监测设计方法

1. 前后对比设计法（BA）和综合设计法（BACI）

评估修复工程项目通常采用的方法是前后对比设计法（before-after design，BA），即监测并对比修复前后的生态参数，借以评估项目的有效性。前后对比设计法的监测范围设定在修复工程现场位置（或称修复区）。前后对比设计法的缺点是仅仅提供了修复区在修复前后的生态参数，进行时间坐标上的对比评估，缺少空间坐标上生态参数的对比评估。进一步思考，在分析监测数据时，如何考虑生态修复过程中自然力作用的影响，以及如何考虑时间易变性问题。基于这种考虑，研究者提出了综合设计法（before-after design control impact，BACI）。综合设计法要求既要监测评估修复区在修复前后的生态参数，又要监测评估同一时段不进行修复的参照区的生态参数。可以认为，综合设计法是对前后对比设计法的完善与补充。

图 3.7 显示了应用综合设计法监测银大马哈鱼（coho salmon）幼鱼多度及水塘面积年际变化曲线。竖条表示水塘面积（包括修复区和参照区两种），线段表示大马哈鱼幼鱼多度（包括修复区和参照区两种）。可以发现，在修复项目实施以后的一两年，修复区的水塘面积增加，相应幼鱼多度也明显增加。这说明生态参数（幼鱼多度）年际有了大幅度提高，反映了生态修复后明显的生物响应。而在参照区没有实施修复工程，水塘面积基本没有变化，相应的幼鱼多度也基本持平，变化曲线呈扁平状。参照区变化曲线说明了在项目执行时段内，自然状态下的幼鱼多度基本没有变化，由此可以解释该项目主要靠修复工程发挥作用，才导致修复区幼鱼多度提高，由此可以基本排除自然力影响因素。

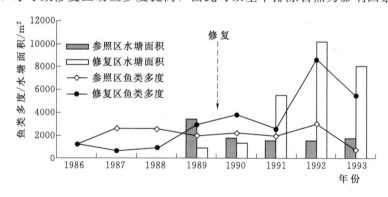

图 3.7　应用综合设计法监测银大马哈鱼幼鱼多度及水塘面积年际变化曲线

（Stewart，et al.，1991）

2. 扩展修复后设计法（EPT）

许多工程案例显示，由于项目投资方要求在短期（如数月）内开工，并且没有预拨调查监测经费，在这种情况下，无法在开工前进行生态调查，即无法收集生态要素数据。在此条件下，采用扩展修复后设计法（extensive post-treatment designs，EPT）是可行的。EPT 法要求选择合适的参照河段，参照河段与修复前的项目河段在生态特征方面具有相似性，包括生物、土地利用、植被、水文、河道形态、纵坡等要素。EPT 法通常在同一河流上选择参照河段，这是因为相邻河段与其他河段相比更具有典型相似性。通常参照河段位于修复河段的上游。

EPT 法选取多种不同位置的参照河段与相匹配的修复河段进行多项参数监测。EPT 法要求，不但项目河段与参照河段是对应的，采样位置是匹配的，而且采样参数也是成对的。依照 EPT 法，在修复项目开工后，项目区和参照区同步开始监测。监测的目的是通过分析检验参照区与修复区参数（物理类和生物类）的差别（用比值或差值表示），确认修复行动的生物响应，借以评估项目的有效性。

近年来，EPT 法广泛应用于监测栖息地变化与鱼类响应间的关系，这是因为采用 EPT 法可使生物响应与物理或其他变量关联起来。下面介绍一个采用 EPT 法监测的项目案例。这个项目通过在溪流设置结构物，扩大水塘面积，从而增加木质碎屑量（LWD）的供给，引起的生物响应是七鳃鳗（lamprey）幼鱼多度大幅增加（Roni，2003）。监测的参数分别是参照区和修复区的 LWD 值及七鳃鳗幼鱼多度 ABU 值，每种参数都是匹配成对的。监测成果绘成曲线，如图 3.8 所示。图 3.8 中横坐标为木质碎屑量（LWD）的供给变化，表示为修复区

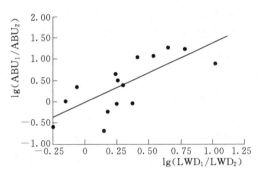

图 3.8 应用 EPT 法做相关性分析（Roni，2003）
LWD—木质碎屑量；
ABU—七鳃鳗幼鱼密度

LWD_1 与参照区 LWD_2 比值的对数 $L_1 = \lg(LWD_1/LWD_2)$；纵坐标为七鳃鳗幼鱼多度变化响应，表示为修复区七鳃鳗幼鱼多度 ABU_1 与参照区幼鱼多度 ABU_2 比值的对数 $L_2 = \lg(ABU_1/ABU_2)$。图中最大的 L_1（约 1.00）对应的 L_2（约 0.90），说明当修复区木质碎屑量增加约 10 倍时（$LWD_1/LWD_2 \approx 10$），对应的七鳃鳗幼鱼多度增加约 8 倍（$ABU_1/ABU_2 \approx 8$）。这个案例说明采用 EPT 法描述栖息地物理变量改变与生物响应的相关关系是十分有效的。

需要说明的是，采用 EPT 法需要有大量的现存项目备选，根据统计学原理，还需要有足够的数据支持。有学者认为，起码需要 10 个以上修复区和匹配参照区的采样点进行相关参数采样，以分析匹配成对数据间的差别（用比例或差值表示），进而建立起物理栖息地变化与生物响应之间的关系。栖息地物理变量的差别反映修复工程项目的直接效果，生物变量的差别则反映了对栖息地变化的生物响应。建立起二者关系，就可以评估修复项目的有效性。

尽管从理论上讲 EPT 法是可行的，但是在实际工作中可能会遇到困难，主要是因为不易选择合适的匹配参照河段。这不但意味着需要投入更多资金用于实地调查勘察工作，而且有可能根本找不到一定数量的参照河段，因此应用 EPT 法存在潜在风险。

3.2.4 选择监测参数

选择合适的监测参数是监测方案成功的关键。监测参数分为两种：一种是可简单度量的变量，如鱼类多度、水塘面积等；另一种是较为复杂的，如生物区系综合性指数。修复项目监测不同于通用的生态监测或环境监测，而有其明显的针对性。项目监测的目的在于评估修复项目的有效性。修复项目监测参数应该具备下列特征：①聚焦修复项目的目标；②对于修复行动具有敏感响应；③可开展有效的量测，数据具有可达性；④数值波动性有

限。举例来说，如果一个岸边植被保护和植树项目的目标是岸坡稳定、遮阴和水体降温，很明显就要选取岸坡稳定性、遮阴效果和水温作为监测参数。

选择监测参数涉及项目目标、采用的修复技术类型和数据的可达性等诸多参数。因此需要在诸多参数中梳理出若干关键参数。例如一个在溪流内布设结构物以改善鱼类栖息地的项目，最低限度的关键参数包括深潭、浅滩地貌以及鱼类多度。一个河滨带植树项目，关键的监测参数包括成活率、植物群落组成以及遮阴效果等。

3.2.5 河湖生态系统实时监测网络系统

河湖生态系统实时监测网络系统是实施有效的生态管理的现代化工具。它是利用通信、网络、数字化、遥感（RS）、地理信息系统（GIS）、全球定位系统（GPS）、辅助决策支持系统（ADSS）、人工智能（AI）、远程控制等先进技术，对各类生态要素的大量信息进行实时监测、传输和管理，形成的监测网络系统，如图3.9所示。

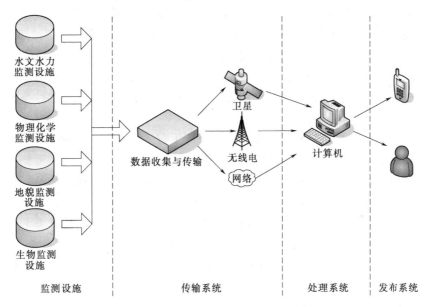

图3.9 河流生态修复工程监测网络系统示意图

监测网络系统包括监测设施、传输网络、处理系统和发布系统四大部分。监测设施包括各类生态要素监测站的测验设施、标志、场地、道路、照明设备、测船码头等设施；传输网络包括利用卫星、无线电和有线网络（光纤、微波）等，用于实现数据的传输；处理系统用于存储、管理和分析收到的监测数据；发布系统用于监测数据的分发和上报，为决策提供科学依据。

监测网络的构建应充分利用现有的水文、环境、农业、林业等监测站网，增设监测项目与设备，提高监测与信息处理水平。在河段内的典型区和水环境敏感区增设独立的监测站，站点设置与相关管理机构相一致。监测站网布设应采取连续定位观测站点、临时性监测站点和周期性普查相结合，在重点区域设立长期连续定位观测点，定量监测该段河流的生态要素。

就河湖生态修复项目而言，项目区的实施往往是在河段尺度上进行，但是应在河流廊道或流域尺度上布置生态监测系统，以长期收集水文、水质、地貌和生物数据。在项目施工过程中，对监测数据进行定期分析，当出现不合理结果时，需结合项目起始阶段的河流历史、现状数据进行对比分析，并对项目实施目标、总体设计、细部设计进行重新调整。项目完工后，生态监测系统服务于项目有效性评估。在项目运行期，生态监测系统用于生态系统的长期监测，掌握系统的演变趋势，不断改善生态管理。

3.3　河流健康评估

3.3.1　河流健康的定义和内涵

讨论河流健康的概念，需要追溯到对于"生态系统健康"概念的讨论。美国生态学家 Aldo Leopold（1941）提出了"土地健康"的概念。生态系统健康这一概念起源于 20 世纪 80 年代后期，从生态系统层面出发，认为一个健康的生态系统应该是稳定和可持续的，即生态系统随着时间进程有活力并且能维持其组织及自主性，受外界胁迫后容易恢复。Karr（1999）和 Simpson（1999）将河流生态完整性当作健康，或把河流原始状态当作健康状态。Norris（1999）和 Meyer（1997）则认为，河流生态系统健康依赖于社会系统的判断，应包括社会价值和人类福利，在河流健康的概念中涵盖了生态完整性与为人类服务价值。

河流健康不是一个严格的科学概念，因为河流生态系统并不是一种生命个体，不能用健康概念和标准来度量河流生态系统状况。之所以借用健康概念，是为了形象地表述河流生态状态，在科学家与社会公众间架起一座桥梁。可以说，河流健康评估是一种实施生态管理的有用工具（董哲仁，2005）。

河流健康的定义是：河流健康是河流生态系统的一种状态，在这种状态下，河流生态系统保持结构完整性并且具有恢复力，能够提供良好的生态服务。

水利部自 2010 年起组织开展全国重要河湖健康评估试点工作。2020 年水利部发布了《河湖健康评估技术导则》。

3.3.2　河流健康评估全指标体系

河流健康评估不同于我国现行的以水质评价作为唯一标准的河湖水体评估。河流健康评估基于生态完整性原理，对河流生态系统包括水文、水质、河流地貌形态以及生物等诸生态要素进行综合评估。采用这种评估方法能够使人们获得对河流的更为客观与完整的认识。

对全国河流健康评估而言，应确定一套具有普适性的指标体系；而对于具体的河流，需要根据其自然禀赋和开发状况对全国河流健康评估指标体系进行增删，提出其特有的指标体系。

张晶等（2011）根据生态完整性原理，全面、完整地评估河流的健康状况，建立了包含水文、水质、地貌、生物等 4 个方面要素共 29 个指标的河流健康全指标体系（表3.11）。针对某条具体河流，其健康评估指标可从这 29 项指标中挑选，建立相应的专用指标体系。表中的特殊指标是特定河流根据其具体情况需要增加的河流健康评估指标，如采砂率、底泥污染程度、河流断流概率等，视指标属性归入水文、水质、地貌、生物要素层内。表 3.11 中各项指标的具体计算公式见（张晶等，2011）。

表 3.11　　　　　　　　　河流健康评估全指标体系表

要　素　层	序　号	指　标　层
水文特性 H	1	月均流量改变因子 H_1
	2	年极值流量和持续时间改变因子 H_2
	3	年极值流量的发生时机改变因子 H_3
	4	高、低流量脉冲的频率和持续时间改变因子 H_4
	5	日间流量变化因子和变化频率 H_5
	6	最小环境需水量满足率 H_6
	7	地下水埋深 H_7
水质特性 Q	8	水质类别 Q_1
	9	主要污染物浓度 Q_2
	10	水功能区水质达标率 Q_3
	11	富营养化指数 Q_4
	12	纳污性能 Q_5
	13	水温 Q_6
	14	水温恢复距离 Q_7
地貌特性 G	15	弯曲率 G_1
	16	纵向连续性 G_2
	17	侧向连通性 G_3
	18	垂向透水性 G_4
	19	岸坡稳定性 G_5
	20	河道稳定性 G_6
	21	悬移质输沙量变化率 G_7
	22	土壤侵蚀强度 G_8
	23	河岸带宽度 G_9
生物特性 B	24	物种多样性 B_1
	25	珍稀水生生物存活状况 B_2
	26	天然植被覆盖度 B_3
	27	外来物种威胁程度 B_4
	28	完整性指数 B_5
	29	特殊指标 B_6

3.3.3　评估方法

河流健康评估方法依据生态完整性原理，对河流的生物、水质、水文和地貌状况进行综合评估。

1. 建立河流健康参照系统

为评估河流的健康状况，必须建立一套参照系统作为河流生态系统的理想状态。可以认为这种参照系统的生态结构完整，具有活力和恢复力，同时具有良好的生态服务功能。

选择河流健康参照系统的原则如下：

（1）对于人工干扰较少、尚保持一定自然属性的河段，为弥补历史资料和监测数据的不足，可以参照自然条件类似的河段数据，依靠专家经验判断，补充完善各生态指标数据。

（2）那些经过大规模人工改造并被高度控制的河流，已经远远偏离了自然状况，加之历史数据资料缺乏，所选择的参照系统不太可能是历史上曾经存在的某种状态，需要依据历史和现状调查资料，依靠专家经验，参照类似河流数据，人为建立的系统状况。可以把这种参照系统理解为"最佳生态势"（best ecological potential）或"可以达到的最佳状态"。

（3）对于以上两种情况，有一部分生态要素指标已经有相关国家和行业技术规范和对应的等级标准，这样就可以把最高等级标准作为参照系统标准。如水质类别指标、富营养化指数指标、土壤侵蚀强度指标的分级标准可分别依据《地表水环境质量标准》（GB 3838—2002）、《地表水资源质量评价技术规程》、（SL 395—2007）《土壤侵蚀分类分级标准》（SL 190—2007）确定。

选择好参照系统河流以后，就可以为表 3.11 指标层的各项指标赋值，形成理想状况下的各项指标系统。

2. 建立生态状况分级系统

依据参照系统建立生态状况分级系统。表 3.11 中每项指标又按优、良、中、差、劣五级评定。

（1）定义参照系统的指标等级为优等级，按照比例依次降低等级，分为优、良、中、差、劣五级，对应的分值分别为 5、4、3、2、1。降等比例可分别取 80%、70%、60%、50%。有了上述优等级的赋值，即可按照比例为各项指标赋值，形成生态状况分级系统。

（2）将现场调查和监测数据与生态状况分级系统对应指标比较，"对号入座"，获得特定河流当前各项指标等级（优、良、中、差、劣）。

3. 综合评估

（1）在同一要素层内，取各项指标分值的算术平均值作为本要素层的综合指标，即要素等级指数。

（2）按照加权平均值计算河段健康综合评估等级。加权系数可按以下数值选取：生物特性为 0.4，水文特性为 0.2，水质特性为 0.2，地貌特性为 0.2。

（3）按照加权平均值计算全河健康综合评估等级。加权系数按照河段长度与全河长度之比确定。

$$I = \sum_{i=1}^{n} \left(I_i \frac{L_i}{L} \right) \tag{3.1}$$

式中：I 为全河健康综合评估等级；I_i 为第 i 河段的健康综合评估等级；L_i 为第 i 河段长度；L 为河流全长；n 为河段数。

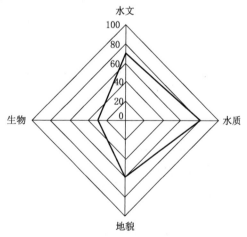

图 3.10　河流健康评估成果图

4. 评估成果展示

河流健康评估成果可采用雷达图形式展示，如图 3.10 所示。

3.4 生态要素分析计算

河流生物过程与非生物过程产生交互作用，形成了完整的生态过程。非生物过程包括水文过程、地貌过程和物理化学过程。生命支持系统的生态要素包括水文要素、水力学要素、水质要素、景观要素等。本节阐述生态水文分析、生态流量计算、生态水力学计算、环境水力学计算以及景观格局分析的技术方法，为生态水利工程规划设计奠定基础。

3.4.1 生态水文分析

生态水文学中通常用流量、频率、发生时机、延时和变化率 5 类变量反映水文情势，进而研究生物对水文变量的响应（见 2.4.1 节）。生态水文分析通常把年内流量过程划分为 3 个流量段，即基流、高流量和洪水脉冲流量，3 个流量段具有不同的生态功能（见 2.1.2 节）。

基流是指低流量，其持续时间相对较长。基流是维系水生生物生存和维持栖息地的基本条件，也是推求生态基流的主要依据。本节将讨论低流量频率计算问题。

高流量是相对于基流而言的，相当中等量级流量。高流量过程控制着包括侵蚀、泥沙输移和淤积在内的河流地貌过程。基于流量过程对河床形态影响能力的认识，高流量对应造床流量概念。造床流量是指能够长期维持河流形态的流量。本节将讨论推求造床流量的方法。

洪水脉冲流量是指高量级流量，延时较短。洪水脉冲对泥沙及营养物的输移起重要作用，也是影响河漫滩地貌构成的重要驱动力（见 2.4.1 节）。按照行洪能力设计堤防和河床断面时，需要先确定防洪标准和相应频率的洪水流量。

1. 低流量频率计算

河道内需要维持一定的最低流量，才能形成包括水深、流速及河宽在内的水文和水力学条件。最低流量也是维持必要的水温、溶解氧和纳污能力的基本条件，借以维系水生植物、鱼类、两栖动物和大型无脊椎动物的生存。因此，河流低流量频率是评价河流栖息地质量的重要要素之一。河流低流量频率通常将各年内特定连续日数的最小平均流量作为随机变量 X 进行频率分析。令 dQ_T 表示重现期为 T 年可能发生一次小于此值的连续 d 日最小流量均值。如 $7Q_{10}$ 表示重现期为 10 年的 7 日低流量均值。美国有超过半数的环保机构用 $7Q_{10}$ 作为水质管理的重要指标，$7Q_{10}$ 称为 10 年重现期 7 日低流量。

计算低流量频率采用水文频率计算方法，只是概率分布函数的定义与计算年径流量或洪峰流量频率有所不同。低流量频率问题是研究事件 $X \leqslant x$ 的概率，而不是 $X \geqslant x$ 的概率。定义概率分布函数为

$$F(x) = P(X \leqslant x) \tag{3.2}$$

式中：P 为随机变量 $X \leqslant x$ 时出现的频率。

随机变量 $x = dQ_T$，dQ_T 表示重现期为 T 年可能发生一次小于此值的连续 d 日最小流量均值。

式（3.2）表示发生一次小于或等于 dQ_T 的连续 d 日最小流量均值的重现期是 T 年，

频率 $P = 1/T$。

除概率分布函数的定义不同以外，低流量频率计算方法与年径流量的频率计算步骤相同。计算步骤如下：

（1）利用 n 年实测水文资料，逐年计算各水文年连续 d 日最低流量平均值 dQ_T，按照由小到大顺序排列，形成 n 年的 dQ_T 序列。注意排列顺序是由小到大，这与计算年径流量频率时有所不同。n 年 dQ_T 的平均值 $\overline{dQ_T}$（即 $\overline{x}$）为

$$\overline{dQ_T} = \left(\sum_{i=1}^{n} x_i \right) / n \tag{3.3}$$

式中：x_i 为各年 dQ_T 值；n 为水文系列实测年数。

（2）连续 d 日最低流量平均值 dQ_T 的经验频率为

$$P = m/(n+1) \tag{3.4}$$

式中：m 为连续 d 日最低流量平均值 dQ_T 小于或等于某特定 dQ_T 值的年数；n 为实测水文年数。

将计算结果绘制在概率格纸上，得到 dQ_T 经验频率曲线，这种曲线不同于年径流量频率曲线，而是一条递增曲线。

（3）变差系数 C_v 经验值为

$$C_v = \sqrt{\frac{\sum_{i=1}^{n} (K_i - 1)^2}{n-1}} \tag{3.5}$$

$$K_i = x_i / \overline{x}$$

式中：x_i 为各年 dQ_T 值，$\overline{x} = \overline{dQ_T}$，$n$ 为实测水文年数。

（4）偏态系数 C_s 经验值为

$$C_s = \frac{\sum_{i=1}^{n} (K_i - 1)^3}{(n-3) C_v^3} \tag{3.6}$$

（5）建议选择皮尔逊Ⅲ型曲线作为概率密度函数 $f(x)$。以 C_v 和 C_s 的经验值为初始值，对于指定的频率 P（%），用专用表格查出 φ_p 值［参见詹道江等主编的《工程水文学》（第 4 版）附录表］。用下式计算 K_p：

$$K_p = \varphi_p C_v + 1 \tag{3.7}$$

式中：$K_p = X_p / \overline{x}$，$\overline{x} = \overline{dQ_T}$；$C_v$ 为变差系数。

（6）利用下式计算出假定频率 P（%）所对应的 X_p（即 dQ_T）：

$$X_p = K_p \overline{x} \tag{3.8}$$

式中：$X_p = dQ_T$；$\overline{x} = \overline{dQ_T}$。

（7）同法，再指定另外一个频率 P（%），可计算出对应的另一个 X_p（即 dQ_T）。以此类推，可得到一组 P（%）和 dQ_T 值，据此绘制一条 dQ_T 概率曲线，目测这条概率曲线与经验频率曲线的弥合程度。

（8）调整 C_s 和 C_v 值，绘制多条最小平均流量 dQ_T 概率曲线，选择弥合良好的曲线为最终结果。

如果中小型河流的水文系列较长，计算进行到第（2）步，绘制出 dQ_T 经验频率曲线，把这条曲线延伸和适当调整，就可以作为 dQ_T 概率曲线使用，而不必进行后面步骤的繁复计算。

2. 造床流量推求

在河相学中，造床流量（channel forming discharge）是指能够长期维持河流形态的流量。造床流量的理论概念是：天然流量变化过程所形成的均衡河道形态，可以通过在河道中施放一个中等流量和相应含沙量塑造出来，这就是造床流量。决定河流形态的主要因素是泥沙的冲淤变化，除了输沙率以外，影响冲淤变化的主要水文要素是流量和延时。在本节叙述的 3 种流量段中，低流量虽然延时较长，但是流速小，输沙能力弱，对于河床冲淤影响不大。洪水脉冲过程虽然流速大，输沙能力强，但是延时短，况且发生年际大洪水的频率低，因此洪水对河流冲淤影响也不大。惟中等量级的高流量历时较长，流速较大，对于塑造河床形态作用最为明显。

造床流量是河道演变中最重要的变量，它决定河流的平均形态。因此工程中常常依据这一流量设计河流的断面和平面形态，如河宽、水深、弯道形态等。造床流量是一个概念值，只能由物理概念或输沙理论推估。推求造床流量的方法有：①取平滩流量作为造床流量；②采用某一频率流量作为造床流量；③把有效输沙流量作为造床流量（邵学军，王兴奎，2013）。

实际工作中，常选取平滩流量作为造床流量。平滩流量（bankfull discharge）是指水位与河漫滩齐平时对应的流量，该水位称为平滩水位。之所以选用平滩流量是因为河槽内水流对河床冲淤作用较大，而当洪水期水位上涨，水流漫滩后，滩区的水浅且湿周增加，水流受到植被阻力，流速较小，冲刷能力弱，塑造河床的作用较小。所以满槽水流状态是河床塑造作用最大的状态。进一步讲，平滩流量是主导流量，即在该流量下泥沙输移效率最高并且会引起河道地貌的调整。要推求平滩流量，先要确定平滩水位。按平滩水位定义，取河床附近滩区高程作为平滩水位。平滩水位需要靠现场调查和测量判定。

采用某一频率流量或重现期作为造床流量的方法，不同研究者的结论不尽相同。研究表明，造床流量的重现期取决于流域大小以及包括基质在内的河道特性。Wolman & Leopold （1957）认为造床流量的重现期为 1～2 年。Dury （1973）认为造床流量约为重现期为 1.58 年洪峰流量的 97%。Hey（1975）针对英国 3 条卵石基质的河流分析结果认为，造床流量约为重现期 1.5 年的洪峰流量。对于在不透水基质河床、小型卵石河流来说，重现期为 0.5 年，而大型河流则超过 1.5 年。Leopold （1994）对美国科罗拉多州和爱达荷州等河流的测量结果显示，造床流量的重现期为 1～2.5 年，据此，他建议将造床流量取为 1.5 年重现期的洪峰流量。

3. 水文情势变化与生态响应关系

人类社会开发利用水资源以及水库人工径流调节，引起水文情势的变化，水文情势变化是水生态系统变化的驱动力。建立水文情势变化与生态响应关系，是制定生态流量标准和兼顾生态保护水库调度方案的基础。

（1）量化水文过程的指标体系。自 20 世纪 80 年代以来，国外学者提出了多种量化自然水文过程的水文指标体系，其中以美国 Richter 等（1996）和 Mathews 等（2007）提出的 5 类 33 个水文改变指标（indicators of hydrological alteration，IHA）、澳大利亚

Growns 等（2000）提出的 7 类 91 个指标、欧洲 Fernandez（2008）依据《欧盟水框架指令》定义的 21 个河流水文改变指标和 Gao 等（2009）定义的 8 个广义指标（generalized indicator）最具代表性。为了从众多指标中寻找一种简单且各指标间相互独立的水文指标体系，Olden 等（2003）从 13 篇文献中总结出 171 个水文指标，并采用主成分法对这些指标进行冗余分析和选择。研究发现 IHA 指标能够反映这 171 个水文指标所表征的大部分信息，IHA 指标体系因其简易性和适用性而在世界范围内得到广泛应用（Richter et al.，2006；Hu et al.，2008；Yang et al.，2008）。事实上，无论是 IHA 的指标体系还是其他的指标体系，普遍存在指标冗余现象。实际应用水文指标体系量化水文过程时，可根据当地河流水文过程的特点，依据指标选择代表性强、冗余度弱的原则，从众多指标体系中选择若干可能影响当地生态系统的指标构成新指标体系。

（2）水文情势变化与生态响应关系。水文要素控制着河流的生态过程。当自然水文过程发生改变后，河流生态系统将发生一系列的生态响应。表 3.12 总结了不同的水文要素发生改变可能产生的生态响应。

表 3.12　　　　　水文指标体系及其生态响应（Richter et al.，1996）

IHA 指标组	水文指标（33 个）	生 态 响 应
月平均流量	各月平均流量 （共 12 个指标）	☆水生生物栖息地 ☆植物所需的土壤湿度 ☆陆生动物供水 ☆捕食者接近营巢地 ☆毛皮兽的食物和遮蔽所 ☆影响水体水温、溶解氧水平和光合作用
年极值流量的大小	年 1 日、3 日、7 日、30 日、90 日平均最小流量 年 1 日、3 日、7 日、30 日、90 日平均最大流量 零流量的天数 基流指数：年均 7 日最小流量/年平均流量 （共 12 个指标）	☆创造植物定植的场所 ☆植物土壤湿度压力 ☆动物体脱水 ☆植物厌氧性压力 ☆平衡竞争性、耐受性生物体 ☆通过生物和非生物因子构造水生生态系统 ☆塑造河渠地形和栖息地物理条件 ☆河流与河漫滩区的营养盐交换 ☆持续胁迫条件，如水生环境低氧和化学物质浓缩 ☆湖泊、池塘和洪泛区植物群落的分布 ☆持续高流量利于废弃物处理
年极值流量的出现时间	年最大流量出现日期 年最小流量出现日期 （共 2 个指标）	☆与生物体的生活周期兼容 ☆鱼类迁徙和产卵信号 ☆对生物体压力的可预见性与规避 ☆生活史策略和行为机制的进化
高、低流量的频率与持续时间	年低流量的谷底数 年低流量的平均持续时间 年高流量的洪峰数 年高流量的平均持续时间 （共 4 个指标）	☆植物土壤湿度压力的频率与大小 ☆洪泛区水生生物栖息的可能性 ☆河流与河漫滩区营养物质和有机物的交换 ☆土壤矿物质的可用性 ☆水鸟摄食、栖息和繁殖场所的通道 ☆影响床沙的输移、河道沉积物的结构
水流条件的变化率与频率	涨水率：连续日流量的增加量 落水率：连续日流量的减少量 每年涨落水次数 （共 3 个指标）	☆植物干旱的压力（落水线） ☆生物体滞留在岛屿和河漫滩区上（涨水线） ☆对河边低移动性生物体的脱水压力

（3）水文过程改变程度评估。

1）变化幅度法。变化幅度法（range of variability approach，RVA）由 Richter 等（1997）提出，是第一个广泛应用于水文过程改变评估的方法（Mathews et al.，2007）。它以自然条件下的水文系列作为参考，采用 IHA 的 33 个水文指标统计该水文系列的特征，以每个参数均值以上、以下标准差的范围或者 25～75 百分点的范围作为流量管理的目标。通过计算 IHA 的 33 个水文指标的水文改变因子，综合评价水文情势的改变程度。水文改变因子为

$$\sigma = \frac{f_{\text{observed}} - f_{\text{expected}}}{f_{\text{expected}}} \tag{3.9}$$

式中：f_{observed} 为干扰后水文系列统计的水文参数值落在流量管理目标范围内的频率；f_{expected} 为自然水文系列统计的水文参数值落在目标范围内的频率乘以干扰后水文系列的长度与自然水文系列长度的比值。

当 $|\sigma| \in [0.2, 0.5]$ 时，水文参数的改变中等；当 $|\sigma| \in [0, 0.2)$ 时，水文参数的改变小；当 $|\sigma| \in (0.5, +\infty)$ 时，水文参数的改变大。

2）柱状图匹配法。

a. 基本原理。柱状图匹配法（histogram matching approach，HMA）由台湾学者 Shiau 等（2008）提出并首次应用于水文过程改变评估。其核心思想是，如果自然水文过程的 33 个水文指标值的分布与干扰后水文过程的这些指标值的分布很接近，则水文过程的改变较小。该方法采用离散的频率柱状图，而不是连续的概率分布函数描述水文指标值的分布，如图 3.11 所示。通过计算自然条件下水文指标的频率柱状图与干扰后水文指标的频率柱状图之间的统计距离，衡量水文过程的变化。

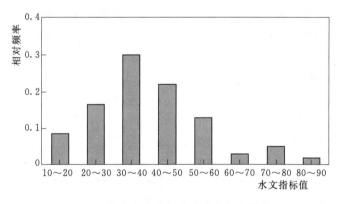

图 3.11　描述水文指标值分布的频率柱状图

b. 主要步骤。

（a）确定自然条件下水文指标的分组个数，即

$$n_{\text{c}} = \frac{r n^{1/3}}{2 r_{\text{iq}}} \tag{3.10}$$

式中：n_{c} 为分组个数；r 为水文指标的最大值与最小值的差值；n 为自然水文系列的长度；r_{iq} 为水文指标 75％ 与 25％ 的差值。

（b）计算自然条件下柱状图 H 与干扰后的柱状图 K 之间的二次距离，即

$$d_Q(H,K) = \sqrt{(\,|\,\boldsymbol{h} - \boldsymbol{k}\,|\,)^{\mathrm{T}} \boldsymbol{A} (\,|\,\boldsymbol{h} - \boldsymbol{k}\,|\,)} \tag{3.11}$$

式中：$\boldsymbol{h}$ 和 $\boldsymbol{k}$ 为柱状图 H 和 K 的频率向量；$|\,\boldsymbol{h} - \boldsymbol{k}\,|$ 为频率向量的统计距离；$\boldsymbol{A}$ 为相似性矩阵，$\boldsymbol{A} = [a_{ij}]$，$a_{ij}$ 为组 i 和组 j 的相似性，$a_{ij} \in (0,1)$。

a_{ij} 计算式为

$$a_{ij} = \left(1 - \frac{d_{ij}}{d_{\max}}\right)^{\alpha} \tag{3.12}$$

其中
$$d_{\max} = \max(d_{ij})$$

式中：d_{ij} 为组 i 的平均值与组 j 的平均值差的绝对值；α 为 $[1, +\infty)$ 的常数。

（c）柱状图的相异度为

$$D_Q = \frac{d_Q}{\max(d_Q)} \times 100\% \tag{3.13}$$

式中：D_Q 为水文指标的柱状图相异度；d_Q 为水文指标的二次距离；$\max(d_Q)$ 为 d_Q 的最大值。

$\max(d_Q)$ 计算式为

$$\max(d_Q) = \sqrt{2 + 2\left(1 - \frac{1}{n_c - 1}\right)^{\alpha}} \tag{3.14}$$

（d）根据相异度 D_Q 评价水文指标的变化程度。评价标准与变化幅度法相同。

（4）评价水文过程改变程度的商业软件。目前，已经有一些商业软件可以直接评估河流水文过程的改变程度。例如，美国大自然保护协会（The Nature Conservancy，TNC）开发的水文改变指标软件（Indicators of Hydrologic Alteration Software，IHA）、美国的国家水文评估工具（National Hydrologic Assessment Tool，NATHAT）等。

需要指出，水文过程改变程度评估，一般均以受人类干扰前的自然水文过程作为参考状态，需要长序列的历史流量数据，所以建议干扰前后的水文序列时间长度均在 20 年以上。

3.4.2　生态流量计算

1. 生态流量定义

生态流量（ecological flows）的研究始于 20 世纪 70 年代初的美国。当时为执行环境保护新法规，也为满足大坝建设高潮中生态流量评估的需求，美国一些州政府管理部门开始生态基流的研究和实践，其目标是定义河道中的最小流量，以维持一些特定鱼类（如鲑鱼）的生存和渔业生产。在其后的 30 多年，发达国家为应对人类大规模活动改变自然水文情势引起水生态系统退化的挑战，开展了多方面的研究和实践。这里所说的改变自然水文情势的人类大规模活动有以下几种：从河流、湖泊、水库大规模取水或调水，水库蓄水，通过水库实施人工径流调节（见 2.5.2 节）。科学家们认为，为保护水生态系统，有必要在人类开发水资源的背景下，确定维持河湖生态健康的基本水文条件。生态流量是一个不断发展的概念，现存生态流量定义有多种，本书给出的生态流量的定义是：为了部分恢复自然水文情势的特征，以维持河湖生态系统某种程度的健康状态并能为人类提供赖以生存的水生态服务所需要的流量和流量过程。

环境流量（environmental flow）是与生态流量类似的概念，不过比后者涉及的因素更为宽泛。在多种环境流量的定义中，受水文情势变化影响的因素除了河湖生态系统以外，还有社会经济用水、景观美学价值、文化特征等多种因素。生态流量则集中关注水文情势变化对生态系统特别是对生物的影响，更加凸显水文情势的生态学意义。欧盟国家多采用生态流量概念，而美国、澳大利亚等国较多采用环境流量概念。

一般来说，实施生态流量管理的流域或地区是水资源相对匮乏，人类社会经济用水与水生态系统需水呈现竞争态势的流域或地区。

2. 生态流量理论要点

综合分析几十年来生态流量理论的发展历程，可以归纳以下理论要点。

（1）水文情势是维系河湖生态健康的关键因素。水文过程是河湖生态系统的驱动力（见2.1.2节）。水文情势的重大改变，引起水位、流速、水温等水力学因子变化，会直接影响鱼类和无脊椎动物的生存和繁殖，也会增加生物入侵的风险。水文情势重大改变会导致栖息地数量、质量和时空分布的变化，还会直接影响河漫滩植物的构成和盖度。可见，在生境各项要素中，水文情势是关键要素。用生态流量控制改变水文情势的人类活动（取水、蓄水、径流调节）是流域管理的有效举措。

（2）生态流量不仅规定最低流量，而且规定流量过程。早期生态流量只规定枯水期最低流量，近十余年的研究和实践中，生态流量不仅规定枯水期最低流量，而且规定流量过程，包含流量、频率、时机、延续时间和过程变化率，只有考虑流量过程才能保证生态目标的实现。

（3）把自然水文情势定义为生态流量的参照系统。自然水流范式（nature flow paradigm，NFP）（Poff和Allan，1997）认为，未被大规模干扰的自然水流对于河流生态系统整体性和支持土著物种多样性具有关键意义（见2.4.1节）。在生态流量理论中，把自然水文情势作为参照系统，即定义自然水文情势为水文理想状态。在实际应用时，自然水文情势可以认为是人类大规模开发利用水资源或进行水库径流调节之前的水文情势，可以在长序列水文监测数据中经评估确定。如果缺乏长序列水文数据，可以依靠历史文献分析和专家经验确定。

（4）评估当前水文情势与自然水文情势的偏离程度。采用合适的数学方法评估当前水文情势与自然水文情势的偏离程度，借以评估人类活动的水文胁迫程度，为制定生态流量标准提供依据。

水文情势可以进一步细分为5种水文因子，即流量、频率、时机、延续时间和过程变化率。这些因子的组合不但表示流量，也可以描述整个水文过程（见2.4.1节）。自20世纪90年代以来，国外学者先后提出了多种自然水文情势的量化指标体系（见2.4.1节），其中具有代表性的是美国Richter（1996；2007）和Mathews等（2007）提出的5类33个水文变化指标IHA。为评估偏离程度，国外学者还研究了若干评估当前各项水文指标与自然水文情势的偏离率的计算方法，如RVA、HMA法（见3.4.1节）。

（5）建立水文情势改变-生态响应关系。为了回答"欲达到预期的生态目标，需要恢复什么样的水文情势？"这个核心问题，需要建立水文情势改变-生态响应定量关系。这是近十余年生态流量研究的方向。通过调查、监测获得大量数据，用统计学方法和大数据分析，建立水文改变-生态响应关系，依靠这种关系，识别水文情势改变的生态响应。所谓生态响应包括生物响应和栖息地数量、质量以及时空格局变化。在此基础上，进一步论证保证达到预期生态目标的生态流量。

《欧盟水框架指令》（EDWFD）作为欧盟立法，要求成员国水体在 2015 年的综合指标（水文、地貌、物理化学和生物）达到良好等级。《欧盟水框架指令》共同实施战略指导文件要求成员国为达到预定目标，必须制定相应的生态流量标准。其步骤包括：建立自然水文情势参照系统；评估当前水文情势与参照系统的偏离程度；建立水文情势改变-生态响应关系；通过监测分析，评估规定的生态流量能否支持达到预定的综合指标。

（6）实施生物、水文、水质和地貌的综合监测。生态流量的制定和实施必须有大量数据支持，因此建立水生态监测系统是实施生态流量管理的基础工作。水生态的监测内容应是综合的，包括生物、水文、水质和地貌（见 3.2.5 节）。

（7）生态流量评价是水资源管理的工具。在进行水资源综合配置时，对人类社会需水与维持生态健康需水要通盘考虑。与其说生态流量是一个科学概念，毋宁说它是一个管理工具。特定河流生态流量的配置，是在生活、生产、生态多种用途下，由决策者、科学家、管理者、用水户等各个利益相关者共同论证取得共识的结果，它是一种社会选择。由于涉及多方利益，公众参与尤为重要。因此，不宜把生态流量标准绝对化，对于任何一条特定河流，不存在"唯一的""正确的"生态流量方案，否则会使生态流量变成僵化概念而陷入认知误区。

（8）适应性管理。水文-生态关系是非常复杂的自然现象，科学界对其规律的掌握远远不足，所以不能认为经过论证的生态流量标准是不可改变的，相反，需要在执行过程中不断调整完善。执行生态流量方案的过程应该是一个适应性管理过程，即在执行过程中，持续进行水文、生态监测，详细分析水文、生态监测数据，评估改善水文条件后的生态效果，进一步修正生态流量标准。

（9）各种生态流量计算方法的比较。据统计，迄今为止国际上有 200 多种生态流量计算方法。如果归类的话，可以分为水文法、水力学-栖息地评价法和整体法。水文法是早期提出的生态流量方法，在国际上应用最为广泛。它主要依据长序列水文数据确定生态流量，不需要现场实地考察和监测，简单易行，成本低廉。水文法原理是基于自然水流范式（见 2.4.1 节），用折减自然水文情势因子的方法或多或少反映水文情势的自然特征。但是，这种方法没有涉及物种和生物群落指标，不能反映水文-生物关系。水力学-栖息地评价法的思路是根据鱼类生活史对水力条件（流速、水深等）需求绘制适宜性曲线。通过水力学计算获得流场分布图，进而推求有效栖息地面积，同时确定有效栖息地对应的流量范围。评价结果通常以有效栖息地面积与河流流量关系曲线的形式表示。通过这条曲线能够获得不同物种对应的适宜流量，可作为确定生态流量标准的依据。水力学-栖息地评价法的优点是建立水力学参数与鱼类生活史水力条件需求相关关系，赋予了水文情势生态学意义。但是批评者指出，水力学-栖息地评价法的生境参数仅限于水力学指标，过于单一，实际上河流地貌（蜿蜒性、河湖关系）、溶解氧、水温、食物供给、生物关系（竞争、捕食、营养等）因素都对生物产生影响。还有学者指出，仅满足指示物种的生境需求，不一定满足整个淡水生物群落的需求。自 2010 年以后，生态流量研究集中对在整体法的研究上。整体法旨在将人类社会需水和水生态系统需水合并形成一个整体评估框架。与侧重有限物种的方法不同，整体法涉及诸多生态系统因素。整体法的工作流程是通过多学科的专家团队制定生态流量标准，除生态目标以外，把社会、经济、文化目标也纳入评估框架。通过协商平台，利益相关者（诸如流域管理者、科学家和用水户）讨论协商达成共识，形成一致的生态流量标准方案。已经研发的整体法有多种，其中水文变化的生态限度框架法（ecological limits of hydrological alteration，ELOHA）最具代表性。鉴于科学界对于水文驱动与生态响应机理的认知至今还相当有限，整体法还有待发展和完善。另外，整体法评估成本相对较高，也较费时。

3. 流量历时曲线分析法（FDC）

流量历时曲线分析法（flow duration curve analysis，FDC）是通过河流低流量频率分析，确定生态流量的方法。河流低流量频率分析，通常将各年内特定连续日数的最小平均流量作为随机变量 X 进行频率分析。令 dQ_T 表示重现期为 T 年可能发生一次，连续 d 日最小流量均值。如 $7Q_{10}$ 称为 10 年重现期 7 日低流量，表示重现期为 10 年，连续 7 日最小流量均值。Q_P 法是以天然月平均流量、月平均水位或径流量 Q 为基础，用每年最枯月排频，选择不同频率 P 的最枯月平均流量、月平均水位或径流量 Q 作为基本生态流量的最小值。常采用的频率为 90％或 95％，分别表示为 Q_{95} 和 Q_{90}。这些方法在 3.4.1 节已经做过详细介绍。

流量历时曲线分析法的优点是便于操作，简单易行。dQ_T 法适用于水量较小且开发程度较高的河流，同时具备至少 20 年的日均流量资料。应用 Q_P 法时，可根据流域特征和水文资料状况确定时间步长，可以用最枯旬、最枯日代替最枯月。

我国水利行业标准《河湖生态环境需水计算规范》（SL/Z 712—2014）采用 $7Q_{10}$ 法和 Q_P 法。美国有超过半数的环保机构用 $7Q_{10}$ 作为水质管理的重要指标。英国环境部采用流量历时曲线分析法（FDC）进行水资源配置。基于 4 项敏感的河流要素（自然特征、大型水生植物、渔业和大型无脊椎动物）设置了水资源限度。定义低流量为频率 95％的流量 Q_{95}。

4. Tennant 法

Tennant 法又称为 Montana 法，是目前世界上应用最广泛的方法。它是由美国学者 Tennant 和美国渔业野生动物协会于 1976 年共同开发的。Tennant 调查了美国西北部 3 个州 11 条溪流的 58 个断面的物理、生物和化学数据，以后又扩展到 21 个州，考虑了对于鱼类至关重要的 3 个因素：水面宽度、深度和流速。Tennant 用天然流量的多年平均流量的百分数作为基流（baseflow）标准，并且假设在特定河流中维持不同量级的基流，就能维持不同质量状况的鱼类栖息地，其状况从"最佳"（年平均流量的 60％～100％）直到"严重退化"（年平均流量的 10％）共 7 个等级（表 3.13）。Tennant 法考虑了流量年内季节性变化，因此把年度分为各 6 个月的两段，10 月至次年 3 月为枯水季，4—9 月为丰水季。据此，百分数比例有所调整。Tennant 法还设置了河流暴涨状态，以体现洪水脉冲效应，维持栖息地质量。

Tennant 法的优点是快速、简便且所需数据不难满足。应用 Tennant 法需注意以下要点。

（1）Tennant 法计算基流的基准是自然水流。自然水流是指大规模开发水资源以前的水流。在计算基流时，不但需要有足够长的水文序列，而且需要在长序列中选择合理的时段。具体讲，应该选择大规模开发前的水文序列，以反映自然水流状况。如果关注的河流因开发导致流量大幅减少，计算基流时采用包括变化后时段的水文序列，据此计算的年平均流量明显偏低，当然计算出的基流也会偏低。

表 3.13　为维持栖息地不同质量水平所需基流（按年平均流量百分比）（Tennant，1976）

流量分类/栖息地质量	年平均流量的百分比/%		流量分类/栖息地质量	年平均流量的百分比/%	
	10月至次年3月	4—9月		10月至次年3月	4—9月
暴涨或最大	年平均流量的200%		好	20%	40%
最佳	年平均流量的60%～100%		中等或差	10%	30%
极好	40%	60%	差或最小	10%	10%
非常好	30%	50%	严重退化	年平均流量的0～10%	

（2）无论是枯水季还是丰水季，计算基流的基准都是天然流量的全年平均流量，而不是"同时段多年平均天然流量百分比"。

（3）Tennant 法适合小型河流，扩展到大中型河流时，需经论证和修订。

（4）需注意，Tennant 法提出的背景是根据北美温带水文气象条件，把全年划分为枯水季和丰水季，而且针对北美温带溪流的水文、地貌特征。如果用于我国，就需要通过调查、分析，对其进行校验、修正。或者初步确定基流标准，在执行后通过生物监测，分析改善栖息地质量的效果，然后调整原方案，反复这个过程，不断完善生态流量方案。

（5）预期栖息地质量等级设定，应依据当地水资源禀赋条件通过论证确定。

5. 湿周法

湿周法（wetted perimeter method）已广泛应用多年，一般适用于宽浅型中小河道。首先定义湿周：过水断面上，水流与河床边界接触的长度称为湿周，湿周具有长度的量纲。湿周法的原理是采用湿周这样简单的水力参数作为栖息地指标，满足一些重要鱼类的洄游、产卵、索饵对流量的需求。具体步骤是：首先要在浅滩急流区域选定若干代表性断面，在每个断面上测量不同流量条件下的水深、流速和断面，计算流量；然后绘制湿周与流量的关系曲线。通常，湿周随着流量的增大而增加。然而，当流量超过某临界值后，即使流量发生较大幅度增加也只能导致湿周的微小变化，表现在曲线上是一个临界点。曲线上会有多个拐点，应选择斜率最大的拐点为临界点（图3.12）。湿周法认为，临界点对应的流量条件适于鲑鱼的生长发育，因此选择临界点对应流量为生态流量。我们可以从图3.12观察到，如果低于临界点对应的水位，流量减少时，湿周会急剧下降，随之湿润栖息地数量也会急剧减少。可见，保持不低于生态流量的流量水平，就能维持一定数量的栖息地。

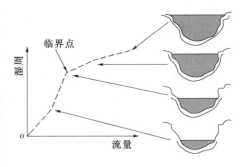

图 3.12　流量-湿周关系曲线

需要指出，湿周法计算出的生态流量数值与河道地貌形状关系密切，所以，采用湿周法需要配合一定的现场测量和勘察工作。另外，河流断面的选取应布置在蜿蜒型河道急流浅滩河段，因为这些部位对流量变化较为敏感。与经验方法相比，湿周法考虑了生物栖息地水文需求以及在不同流量条件下栖息地的有效性。可以认为，该方法是更为复杂的栖息地评价方法的先驱。

6. 河流内流量增量法（IFIM）

河流内流量增量法（instream flow incremental methodology，IFIM）是栖息地评价法的一种，由美国鱼类和野生动物服务中心（U.S. Fish and Wildlife Service）在20世纪70年代首先提出。IFIM首先应用于融雪溪流的鲑鱼保护，以后推广到其他地区和其他类型溪流，至今仍在全球被广泛应用。

IFIM的目标是确定人类活动导致的水文情势变化对栖息地的影响，它不仅考虑流量变化引起的栖息地变化，而且把这种关系与特定物种的栖息地需求相结合，以确定有效栖息地相关的流量范围。评价结果通常表示为有效栖息地面积与河流流量关系曲线，通过这条曲线，能够获得不同物种对应的适宜流量，可作为确定生态流量的参考依据。河流内流量增量法中"增量"的含义，可以理解为水文变量（如流量）增减变化对于栖息地的影响。

IFIM是一套较为完整的方法框架，从研究工作组织和现状描述开始，直至获得最后结论，所有的工作均包括在IFIM之中。IFIM也是一个解决问题的工具，它包含了很多分析方法和计算模型，以IFIM为框架，研发了商用软件包。IFIM的核心部分是"自然栖息地模拟"软件——PHABSIM（physical habitat simulation）。PHABSIM软件及其说明书可以从美国地质调查局（U.S. Geological Survey）网站（http://www.fort.usgs.gov/products/software/phabsim/phabsim.asp）免费下载。

IFIM研究对象按空间尺度分为大型栖息地（macrohabitat）和小型栖息地（microhabitat）。大型栖息地适应大尺度的纵向变化，环境变量为水文、地形、地貌特征等；而小型栖息地则关注生物个体存在的环境，环境变量为水力学要素，如流速、流态、水深和底质等。详见表3.14。

表 3.14　　　河流自然栖息地评价的尺度（据 Stewardson and Gippel，1997）

尺度		一般长度范围 /km	重要水力学特征	描　　述
大型栖息地	整体河段	>100	水文，平均河道几何尺寸	延伸很长的河段，介于河流上下游交汇点之间
	局部河段	10~100	深滩-浅滩和蜿蜒性	包括一个或多个深潭、浅滩或蜿蜒波段的河段
	地貌单元	0.1~10	河床地形	沿河床纵剖面地形的高点和低点（如深槽、浅滩、跌水）
中型栖息地		0.01~1	底质，流速，水深	河流环境中典型生物群居住区
小型栖息地		0.001~1	流速，水深，河床剪应力，底质，湍流	单一物种存在的具体位置

PHABSIM 软件中有专门模拟微栖息地加权可用面积 WUA（weighted useable area）的计算机程序，模拟河流流量与某一鱼种不同生活阶段的自然栖息地之间关系。WUA 是表征可用栖息地的数量和质量的指标，WUA 计算是 PHABSIM 的核心内容。PHABSIM 模型包含一维水力学模型和栖息地模型，模型的计算过程如图 3.13 所示。沿河布置若干断面，计算出断面的流速、水深等水力学参数 [图 3.13（a）]。基于调查和文献分析确定特定鱼类物种生活史阶段对流速、水深等生境因子的需求，绘制出单变量生境因子适宜度曲线 [图 3.13（b）]。依据适宜度曲线，计算出河流不同适宜度范围，进而求出栖息地加权可用面积 WUA [图 3.13（d）]。最后，绘制流量 Q-加权可用面积 WUA 曲线 [图 3.13（c）]。

WUA 的计算公式为

$$\text{WUA} = \sum_{j=1}^{n}\left(A_j \prod S_{i,j}\right) \tag{3.15}$$

式中：WUA 为栖息地加权可用面积；A_j 为条带单元面积；$S_{i,j}$ 为适宜性系数，下标 j 为单元面积编号，下标 i 为生境变量编号（流速、水深等）。

栖息地适宜性系数 S_{ij} 表示生物体容忍不同生境变量 i（流速、水深等）的程度。将 S_{ij} 分配给各河流条带单元 A_j，计算鱼类栖息地加权可用面积 WUA [图 3.13（d）]。有了流量 Q-WUA 曲线，就可以比较自然水流与人工径流调节对栖息地数量和质量的影响，也可以依据 Q-WUA 曲线制定改善水库调度方案。

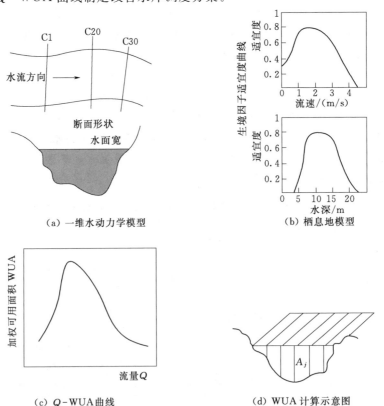

（a）一维水动力学模型　　　　（b）栖息地模型

（c）Q-WUA 曲线　　　　（d）WUA 计算示意图

图 3.13　IFIM 法 WUA 计算和 Q-WUA 曲线

尽管 IFIM 得到了广泛的应用，但是对 IFIM 的质疑持续不断，主要有以下两点：①IFIM主要以一两种物种作为目标物种，能够满足一两种物种需要的栖息地是否满足整个生物群落？②栖息地的适宜度与鱼类生物量之间是非线性关系，例如，保证50%的适宜度不能保证恢复50%的鱼类生物量，人们对这种复杂关系的认识还十分有限。

7. 基于自然水流范式的生态流量

2.4.1节讨论了自然水流范式（NFP）。NEP认为，未被干扰的自然水文情势对河流生态系统整体性和支持生物多样性具有关键意义。自然水流可以用5种水文组分表示，即流量、频率、时机、延续时间和过程变化率。

自然水文过程有其天然合理性。河流的生物过程、地貌过程、物理化学过程均高度依赖于自然水文过程。尽管近百年来由于人类活动干扰，河流的非生物过程发生了不同程度的改变，生物对此也表现出主动逃避、被动忍耐或积极适应等多种反应，然而，考虑到生物在上万年甚至上亿年进化过程中形成的对特定水流条件的偏好性，至今，自然水流对于大多数生物仍然是理想的水文情势。

由于人类大规模取水以及水库径流调节，不仅改变了自然水流流量，也改变了水文情势。现在，如果试图完全恢复未被干扰的自然水流情势已经没有可能，但是，以自然水文情势为基准确定生态流量，无疑对保护大多数生物、维持河流生态系统完整性都是合理的。许多生态流量方法，都以自然水流作为参照系，如上述 Tennant 法和下面介绍的 ELOHA 框架等。直接应用自然水流范式的生态流量方法中具有代表性的有以下2种。

（1）自然水流敏感期模拟法。自然水流敏感期模拟法的思路是，虽然现实总水量以及水文过程都发生了很大变化，无法完全恢复自然水流情势，但是可以选择对于生物群落至关重要的水文过程中的敏感期（如洪峰流量期、枯水季最低流量期、指示鱼类产卵期等），使敏感期流量接近自然水流情势量值，据此构造生态流量。具体步骤如下：①选取人类大规模取水或径流调节前的典型年水文过程作为自然水流情势，比如我国一些地区可以选取20世纪60—70年代的水文记录；②按照自然水流范式理论提出的水文过程改变程度评价方法，计算干扰前后水文指标变化，评价现实水文情势与自然水文情势的偏离程度；③依据水文指标的偏离程度，预测水文指标出现较大偏离可能产生的生态响应，即评估水文情势偏离的生态学意义；④依据水文指标的偏离程度大小以及可能产生的生态响应，修改现实水文情势过程线，修改原则是，选择水文指标偏离程度高，而且具有较高生态敏感性的指标和时机。作为示例，图 3.14 表示生态流量接近或保持自然水流的洪峰流量，维持枯水季最低流量，维持对指标物种生活史敏感期的流量等。尽管图中敏感期指标接近或达到自然水流的量值，但是相应持续时间减少，流量过程线的积分面积减少即全年总水量减少，反映了水资源开发的现实。

（2）变化幅度法（RVA）。3.4.1节已经介绍了变化幅度法（RVA）。它基于自然水文过程长序列，采用5类组分33个水文指标统计该水文系列特征。比较自然水流和改变后的水流，计算出水文变化指数 IHA，据此综合评价自然水流被干扰前后水文情势的改变程度。RVA 也是构造生态流量的重要方法。具体方法是以自然水流为基线，给出允许水文情势改变的幅度，拟定的生态流量过程线应落在允许改变范围内。实际上，水文过程变化幅度给出了水资源可持续开发的边界。一旦水资源开发或径流调节引起的水文情势变化超越了这个边界，生态退化造成的损失价值会高于水资源开发获取的利益。因此，可以把这个边界称为水资源可持续开发边界。如图 3.15 所示，中间的曲线为自然水流的流量过程线，上下两条曲线分别为生态流量的上限和下限边界。在高、低流量区，允许流量增大幅度为 $x\%$，允许减少幅度为 $y\%$。如何确定特定河流 x 和 y 的取值，需要对增减流量引发的生态响应进行风险评估。风险评估的准则是各利益相关者认为何种风险是可以接受的。例如有的案例中，通过进行流量减少对河口渔业产量的影响评估，来确定流量减少幅度。

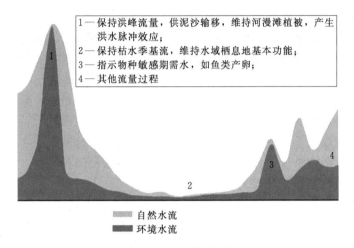

图 3.14　自然水流敏感期模拟法

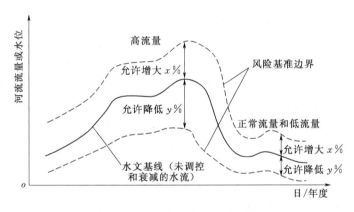

图 3.15　变化幅度法 RVA 示意图

对 RVA 的质疑者认为，水文情势变化与生态响应之间的关系不是线性而是非线性的。因此，用 RVA 确定特定河流的生态流量时，还需要持续开展生态监测，识别水文-生态关系，不断完善生态流量标准。

8. ELOHA 框架

ELOHA 框架（Ecological Limits of Hydrological Alteration，ELOHA）全称"水文变化的生态限度"，是美国大自然协会（The Nature Conservancy，TNC）于 2010 年组织19 位河流科学家完成的一份框架报告。ELOHA 框架提供了一种通过建立水文情势变化与生态响应定量关系构建环境流量标准的方法。

ELOHA 主要是针对因为从河流中大规模取水以及水库径流调节改变了自然水文情势的河流。通过应用 ELOHA 方法，建立特定河流水文情势变化与生态响应定量关系（简称水文-生态关系）。这种关系用于河流生态管理的两个方面：一方面，对于已经开发的河流，确定环境流量标准，进而制定取水标准和改善水库调度方案，达到保护水生态系统的目的；另一方面，对规划中的大坝项目或其他水资源开发项目，预测大坝建设和河流开发后的生态响应，评估大坝及河流开发的生态影响，进而优化大坝、水库的规模以及梯级开发总体布置方案（Arthington A H，2012）。

ELOHA 框架步骤包括两大部分：第一部分是科研过程，建立水文情势变化-生态响应定量关系；第二部分是决策过程，由各利益相关者评估论证，对环境流量标准进行决策。在科研过程中，要求对河流按照水文情势特征进行分类，相同类型河流的水文-生态关系具有相似性。ELOHA 要求对开发前后水文情势变化进行分析，计算现状水文条件与基准水文条件的偏离程度。ELOHA 认为水文情势变化是生态响应的主要驱动因素，提出了水文情势变化预期生态响应的若干假定，总结了一套为建立水文-生态关系采用的生态指标。为建立水文-生态定量关系，需要建立大型水文、生物数据库，运用统计学方法（如回归分析）拟合水文-生态函数关系，绘制水文-生态关系曲线。在决策过程中，各利益相关者对水文变化引起的生态风险进行评估，认定可以接受的生态风险水平，再依据水文-生态曲线，确定环境流量标准。基于水文变化-生态响应关系的 ELOHA 方法较以往方法有了很大的进步，成为环境流量理论发展的重要方向。可是至今为止，科学界对于水文驱动与生态响应机理的认知还相当有限，ELOHA 方法还有待完善。另外，在具体应用ELOHA 时，常因掌握的水文、生物数据有限，使其推广受到一定限制

9. 湖泊与湿地生态需水计算

（1）湖泊最低生态水位。

1）E_P 法，又称不同频率枯水月平均值法。如 E_{10} 指 90% 保证率对应的最枯月平均水位。以长系列（$n \geqslant 30$ 年）天然月平均水位 E 为基础，用每年最枯月进行水文频率计算，选择不同频率 P 的最枯月平均水位作为生态流量的最低水位值 E_P。

2）缺乏长系列水位资料的湖泊，可计算最近 10 年最枯月平均水位，作为最低生态水位值。

3）生物空间法。基于湖泊各类生物对生存空间的需求来确定湖泊的生态水位。各类生物对生存空间的基本需求，包括鱼类产卵、洄游、种子漂流、水禽繁殖等，一般选用鱼类作为目标物种。具体方法是，通过计算各类生物对生存空间的基本需求所对应的水位过程，计算得湖泊最低生态水位为

$$E_{\min} = \text{Max}(E_{\min}^1, E_{\min}^2, \cdots, E_{\min}^n) \tag{3.16}$$

式中：$E_{\min}$ 为湖泊最低生态水位，m；$E_{\min}^i$ 为第 i 种生物所需湖泊最低生态水位，m。

（2）淡水湿地生态需水计算。淡水湿地是指从当地降雨、地表水、地下水等途径接受淡水的低洼地貌单元，包括水塘、沼泽、河滩洼地、牛轭湖和故道等。有些淡水湿地常年蓄水并生长着大量水生植物，有些淡水湿地在潮湿与干燥环境中交替转换，相应有水生生物、湿生植物以及陆生生物交替生长。

淡水湿地按照其补水路径不同可以划分为两种类型：一种是"河流滩区湿地"，这种湿地位于滩区内，由毗邻的河流在汛期漫滩后为其补水；另一种是"河流连通湿地"，它与河流直接连通并由河流补水，这种湿地上游常有水库和闸坝设施，水库闸坝的运行，一方面会改变自然水流情势，对湿地生态系统产生压力，但是另一方面，也为保护湿地提供了调控手段。

湿地生态需水是指为实现特定生态保护目标并维持湿地基本生态功能的需水。计算湿地生态需水量，首先要建立河流-湿地水文情势关系，然后建立湿地水文变化-生物响应关系模型，最后根据保护目标确定湿地生态需水。

1）湿地水量平衡公式。湿地水量平衡关系可用一个湿地水体输入与输出平衡关系式表述，即

$$\Delta S(t) = P + Q_i + G_i - E - Q_o - G_o \qquad (3.17)$$

式中：$\Delta S(t)$ 为储存在湿地中的水量变化；P 为湿地范围内降雨量；Q_i 为流入湿地的地表水水量；G_i 为流入湿地的地下水水量；E 为湿地蒸散发水量；Q_o 为流出湿地的地表水水量；G_o 为湿地范围内土壤渗漏水量。

2）建立河流-湿地水文定量关系。式（3.17）中 $\Delta S(t)$ 项反映了湿地的水文条件，除了表示为水量，也可以转换为湿地面积和水深。Q_i 和 G_i 两项反映了向湿地补水量值。通过式（3.17）可以建立起河流-湿地水文关系。式（3.17）可以按月均值计算，各月均值形成湿地全年水量变化过程；各月均值相加可以校核全年水量平衡。向湿地输入或输出水量季节性变化，引起湿地淹没面积和水深季节性变化。另外，水文年际变化，特别是枯水年或丰水年，也会引起湿地淹没面积和水深年际变化。

计算湿地生态需水时，可以采用变化幅度法（RVA），即用两条平行曲线表示水文变量上下限范围。RVA 中水文变量可按照保护目标分别选择湿地淹没面积、水深、季节性特征（固定性淹没、季节性淹没和短暂性淹没）、水位涨落速率、洪水大小和频率、枯水期持续时间等变量。

3）RS、GIS 和 DEM 的应用。在计算湿地生态需水时，遥感（RS）、地理信息系统（GIS）和数字高程模型（DEM）是重要的技术工具。通过对遥感影像的分析，可以获得水体的分布、水深、水温、泥沙、叶绿素和有机质等要素信息。在植被监测方面，可以有效地确定植被的分布、类型、长势等信息并对植被的生物量做出估算。

针对河流连通湿地，可以利用河流水文序列和同期遥感影像，建立河流流量与湿地淹没面积的定量关系，从而获得从小流量直到大洪水条件下，对应的湿地淹没面积以及湿地植被盖度，然后利用湿地水量平衡公式进行复核。

针对河流滩区湿地，除用上述方法建立流量-湿地面积关系以外，还可以建立滩区淹没模型，以获得更多的水文过程细节。首先，应用高分辨率遥感影像和地面三维激光扫描仪，获得地面点的三维数据，构成河漫滩数字高程模型（DEM）。在此基础上，采用水动力学模型（如 MIKE 21），计算洪水漫滩后在河漫滩的传播过程，包括洪水在有障碍物条件下水体流动路径、河漫滩淹没过程、湿地与主河道连接时机和持续时间、湿地淹没面积和水深。还可以进一步分析湿地季节性特征（固定性淹没、季节性淹没和短暂性淹没）、水位涨落速率、洪水大小和频率、枯水期持续时间、湿地植被变化等。

4）湿地水文变化-生物响应关系。湿地水文变化引起湿地植物和生物群落的响应。湿地水文变化主要是指水位变化，除水位以外，也可以选用其他水文变量，诸如湿地与主河道连接时机和持续时间、水位涨落速率、枯水期持续时间等，这些变量都可以反映水文条件的适宜性。根据湿地生态保护或恢复目标（如特定生物资源、特定保护物种或群落），通过文献分析、现场调查监测、专家判断等方式，建立湿地水文变化-生物响应定量关系。

例如，McCosker（1993）研究了4种湿地植物的生态需水，他采用湿地水量平衡关系法，基于不同频率洪水，确定淹没这4种植物的河流流量过程。Briggs（1999）开发了以湿地水禽繁殖为标志的河流湿地管理指导原则，指出当地水禽完成繁殖的过程需要湿地最小淹没期为5～10个月。Peak（2011）提出了湿地临界阈值概念。临界阈值是基于生活史轨迹、耐受性、竞争优势以及植物特征分类，评估在没有发生洪水条件下，湿地植物能够坚持生存且具有恢复到基准状态能力的最大期限。Peak还把包含河漫滩植物和动物种群的地貌-生态数据库与水文模型相连接，建立濒危或退化生物群落（鱼类、鸟类、哺乳动物、两栖动物、爬行动物等）与河流洪水的相关关系，进一步评估在不能满足生态需水的情况下，单个湿地及其生物多样性风险。

有了湿地水文变化-生物响应关系以及生态风险评估成果，管理者就可以判断多大的湿地水文变化的幅度是可以接受的，再按照变化幅度法（RVA）确定湿地需水的水文变化（如水位）范围。根据河流-湿地水文定量关系，就可以确定湿地生态需水河流流量（水位）范围。

5）湿地生态需水计算和计划执行步骤。湿地生态需水计算和计划执行步骤如图3.16所示，主要步骤如下：①描述湿地水文和生态特征；②描述湿地开发状况，评估湿地生态服务价值和面临风险；③确定湿地生态保护和管理目标；④建立河流-湿地水文定量关系并用水量平衡关系式进行校核；⑤建立湿地水文变化-生物响应关系；⑥根据湿地生态保护目标以及生态风险评估结果，确定湿地水文变化幅度RVA和河流流量变化幅度RVA；⑦综合平衡生活供水、生产用水和生态需水，制定水资源配置计划；⑧运用水库、闸坝、引水渠道等调控手段，制定实现生态需水计划的管理措施和调度方案；⑨制定水文、生物监测方案，实施水文、生物监测；⑩按照适应性管理方法，分别对照湿地水文变化范围标准和生物保护目标进行评估，反馈评估结果，完善生态需水计划。

3.4.3　生态水力学计算

生物生活史特征与水力学条件之间存在着适宜性关系。特定生物对于一定类型水力条件的偏好，可以用栖息地适宜性指标表述。生态水力学计算包括两方面内容：首先是进行流场分析，获得流速、水深等物理变量的空间分布；其次，依据栖息地适宜性曲线，对栖息地质量分级，获得河流栖息地质量分区地图。

近年来，随着信息技术的快速发展，使用先进的GIS、RS、GPS、DEM以及高精度野外测量技术，可以获取地形地貌海量数据，加之生态水力学计算软件功能不断完善，使得生态水力学模拟计算已经成为河流栖息地评价的重要工具。

1. 概述

（1）生态水力学的内涵。生态水力学（Ecohydraulics）是水力学与生态学融合形成的一门新兴交叉学科。1990年国际水利学研究协会（International Association for

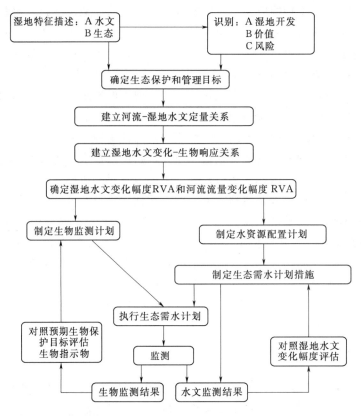

图 3.16　制定实施湿地生态需水步骤

Hydraulic Research）成立了生态水力学分会，标志着生态水力学成为一门独立学科。1992 年在挪威召开了第一届国际生态水力学研讨会。Nestler（2008）认为："生态水力学的目标，是将水力学和生物学结合起来，改善和加强对水域物理化学变化的生态响应的分析和预测能力，支持水资源管理。"生态水力学的研究尺度是河段。

　　研究表明，生物生活史特征与水力学条件之间存在着适宜性关系并符合下列原则：生物不同生活史特征对栖息地的需求可根据水力条件变量进行衡量；对于一定类型水力条件的偏好能够用适宜性指标进行表述；生物物种在生活史的不同阶段通过选择水力条件变量更适宜的区域来应对环境变化并做出响应。水力学条件包括水流特征量（流速、流速梯度、流量、含沙量）、河道特征量（水深、基质类型和湿周）、无量纲量（弗劳德数、雷诺数）和复杂流态特征量。生物生活史特征指的是生物年龄、生长、繁殖等发育阶段及其历时所反映的生物生活特点。就鱼类而言，其生活史可以划分为若干发育期，包括胚胎期、仔鱼期、稚鱼期、幼鱼期、成鱼期和衰老期，各发育期在形态构造、生态习性以及与环境的联系方面各具特点。

　　人类大规模的治河工程，包括河流渠道化、疏浚和采砂等，改变了河流蜿蜒性等特征，也改变了水流的边界条件，使水力学条件发生重大变化，可能导致生物栖息地减少或退化。水坝造成水库水体的温度分层现象。很多鱼类对水温变化敏感，一些鱼类随着水温的升高产量增加，一些则下降。另外，高坝泄水时，高速水流与空气掺混，出现气体过饱和现象，导致水坝下游长距离河道的某些鱼类患有气泡病。

综上所述，生态水力学的任务，是在河段的尺度上建立起生物生活史特征与水力学条件的关系，研究水力学条件发生变化引起的生态响应，预测水生态系统的演替趋势，提出加强和改善栖息地的流场控制对策。

（2）研究进展

1）水生生物栖息地模拟。生态水力学模拟的水生生物栖息地主要是中等栖息地（如河段的深潭-浅滩序列）和微观栖息地（如水生生物产卵等行为所利用的局部区域）。

早在1982年Bovee就提出了自然栖息地模拟模型PHABSIM（physical habitat simulation）。用以描述目标物种在其某一生命阶段由于水流变化引起微栖息地变化的生态响应。采用一维水动力学模型计算，通过单变量的栖息地适宜性曲线转换成表征可用栖息地的数量和质量的指标——栖息地权重可利用面积，输出成果是栖息地权重可利用面积与流量的关系曲线。Jorde（2000）在PHABSIM模型的基础上提出的CASIMIR模型，用基于模糊逻辑并结合专家知识的方法计算栖息地的适宜性。另外，Parasiewicz等（2000）开发了中等尺度的栖息地模拟模型（Meso - HABSIM），以解决PHABSIM在应用到更大尺度上栖息地模拟的缺陷。

我国的栖息地模拟研究起步较晚，主要是借鉴国外经验，在水动力模拟的基础上，采用单变量的适宜性评价准则，模拟某几种珍稀濒危水生生物栖息地，得出了有益的结论。

2）生态水力学模型。生态水力学模型是在理解水动力、水质、生物和生态之间的动力学机制的基础上，尽可能接近生物过程和生态系统的实际特征，采用数字计算和经验规律相结合的方法建立的计算机模型。

生态水力学模型是水动力学模型和生态动力学模型的耦合模型。水动力学模型常采用数值解法。生态模型一般也采用类似水力学的空间均质连续性方程，如水域多种群模型以及生命体运动方程等。为模拟自然界的空间异质性和许多生物过程如繁殖、捕食的非连续性，又不断有新的生态模型提出，如细胞自动化机器模型、基于个体模型、盒式模型等。

3）流场控制技术。在生物监测和实验研究的基础上，可以得出生物体适宜生长—面临威胁—面临死亡这三种状态间相互转换的阈值，如适宜的水流条件和最差可接受的水流条件。人为造出一种特定的流场环境，使某些生物生长、增殖，或使某些生物增殖受到抑制，以此帮助或诱导某些生物逃离危险环境，使濒危物种得到保护，这一措施称为生命体的流场控制技术。美国爱荷华州立大学水力研究所通过对鲑鱼生态水力学特性的系统实验研究，采用流场控制技术，诱导鲑鱼苗成功通过哥伦比亚河的7座大坝。我国采用流场控制技术，成功控制了钉螺随灌溉水流扩散，有效防止了血吸虫病在灌溉区流行（李大美等，2001）。

2. 生态水力学模型计算

（1）应用软件。目前常用的生态水力学应用软件有以下几种。

1）生物栖息地模型RIVER2D，广泛应用于生态水力学计算和河流栖息地评价。

2）河流泥沙和栖息地二维模型SRH - 2D（sedimentation and river hydraulics - two dimensions），是由美国垦务局（U. S. Bureau of Reclamation USBR）开发的软件，可以在USBR网站免费下载。SRH - 2D软件可以模拟水深和流速的空间分布格局。这个软件

还具有处理超高流量、枯水和丰水变化以及循环水流的能力。读者可以通过在 SRH - 2D 网站搜索更新的免费软件。与 SRH - 2D 配套的软件有：地表水模拟系统 SMS v. 10 (surface - water modeling system)，它是一个商业软件，具有很强的前后处理和绘图功能，通过接口与 SRH 连接；ArcGIS 是地理信息系统商业软件，具有强大的地图制作、空间数据管理、空间分析、空间信息整合能力，拥有空间可视化技术，能够灵活地将各类水流信息及分析结果展现在地图上。展现的形式包括各种等值线图、专题统计图等。ArcGIS 平台包括若干软件，其中 ArcCatalog、ArcMap、Arctoolbox 适合水力学计算空间数据管理需求。数字高程模型 DEM (digital elevation model) 是用一组有序数值阵列形式表示地面高程的实体地面模型，用于河流地貌数据管理。

（2）地形数据。为进行二维生态水力学计算，需要输入地形数据。地表高程是控制水流流速、方向和泥沙输移的基本边界条件。按照时序的系列地形图，可以反映河势演变趋势。

（3）曼宁糙率系数。曼宁糙率系数简称曼宁糙率 n (manning roughness)，是反映渠道或天然河道壁面粗糙状况的综合性系数。糙率 n 值越大，对应的阻力越大，在其他条件相同的情况下，通过的流量越小。糙率是一个无量纲经验参数，难以准确计算。自然河道不同于明渠，其水流多为非均匀流。河床基质性质、自然河流的植被类型和结构、河流形态（蜿蜒度、断面、纵坡）、断面内有无阻水障碍物等因素，都对糙率产生影响。自然河流的糙率通常由实测确定。

（4）模型校验。生态水力学模型计算成果需要校验，校验的方法是把计算值与现场实测值相比较，分析偏离程度和误差。

二维模型计算基本输出量，包括水面高程空间格局 (water surface elevation，WSE)；流速量值 v_{mag} 和方向 v_{dir}，也可以表示为流速分量 v_x、v_y。由这些基本输出量可以计算出其他水力学变量，包括水深 h、弗劳德数 Fr 和剪切力 τ。此外，还可以推算、评估所关注的生态环境问题，如发生侵蚀或淤积的可能性、满足特定物种生活阶段需求的自然栖息地质量、生物最佳迁徙路线等。

用于校验模型的指标，通常选取河流同一水流方向上的水面高程 WSE（或水深 h）和流速量值 v_{mag}。可操作的校验方法有：①计算水面高程（WSE）和流速量值（v_{mag}）观测值与计算值相比较偏离百分数统计值；②计算 WSE（或 h）和 v_{mag} 的观测值与计算值的相关系数 r（或 r^2）；③分析 WSE（或 h）和 v_{mag} 的观测值与计算值回归线坡度；④分析 WSE（或 h）和 v_{mag} 的相关断面格局，有助于识别空间关联性和误差来源；⑤h 和 v_{mag} 的拓扑空间图，比较水深与流速概率分布的共同性。

3. 栖息地适宜性分析

栖息地适宜性分析是栖息地评价的一种重要方法。它是基于河段的水力学计算成果，即已经掌握了河段的流速、水深分布，依据栖息地适宜性曲线，把河段划分为不同适宜度级别的区域，获得河段内栖息地质量分区图。栖息地适宜性曲线 (habitat suitability curve，HSC) 需通过现场调查获得。需要在现场监测不同的流速、水深条件下，调查特定鱼类的多度，建立物理变量（流速、水深等）与生物变量（多度）的关系曲线，也可以建立物理变量-鱼类多度频率分布曲线，二者都可以反映特定鱼类物种生活史阶段对流速、水深等生境因子的需求。作为示例，图 3.17 为物理变量-生物多度柱状图，x 轴为物理变量（水深、流速等），y 轴为生物多度或频率，图中曲线呈正态分布。有了物理变量-鱼类多度关系曲线，下一步就可以靠专家经验确定栖息地的阈值，即最佳栖息地指标和最差栖息地指标。高低阈值之间用曲线或直线连接，就构建了单变量栖息地适宜性曲线。对几种单变量栖息地适宜性曲线进行数学处理，就可以建立多变量的栖息地适宜性综合指标和相关曲线。

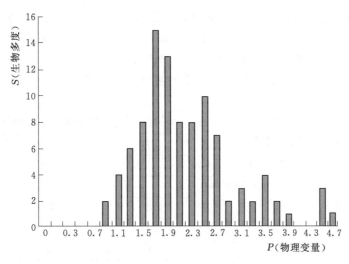

图 3.17　特定生物多度柱状图 PDF

作为示例，图 3.18 表示栖息地适宜性曲线 HSC，横坐标 P 为物理变量（如流速、水深），纵坐标 S 为栖息地适宜性指标，取值为 $0 \sim 1$，其中：1 表示栖息地质量最佳，是高限阈值；0 表示栖息地质量最差，是低限阈值。高、低限阈值端点简单用线段连接，由此构成分段函数。图中的曲线各段分别为：①阈值 1：当物理变量 $P = 0.18 \sim 0.46$ 时，栖息地质量最佳，栖息地适宜性指标 $S = 1.0$；②阈值 2：当物理变量 $P = 0 \sim 0.045$，或 $P > 0.91$ 时，栖息地不复存在，

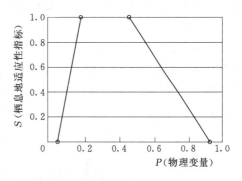

图 3.18　栖息地适宜性曲线 HSC

栖息地适宜性指标 $S = 0$；③用直线连接两个阈值端点，就构造了栖息地适宜性曲线 HSC。由 HSC 图可以查出不同等级的栖息地对应的物理变量范围。

使用生态水力学模型计算输出数据（水深、流速），通过栖息地适宜性曲线 HSC，计算网格上每个节点适宜性指标。针对水深，可以算出各节点栖息地水深适宜性指标 DHSI (depth habitat suitability index)。针对流速，可以计算出各节点栖息地流速适宜性指标 VHSI (velocity habitat suitability index)。DHSI 和 VHSI 都是无量纲数值，取值范围为 $0 \sim 1.0$。基于计算结果，可以分别绘制水深和流速的栖息地质量分区图。

为获得栖息地适宜性综合指标 GHSI (global habitat suitability index)，可以在计算

网格的每个节点上计算 DHSI 和 VHSI 的几何平均数，即

$$GHSI = \sqrt{DHSI \cdot VHSI} \qquad\qquad (3.18)$$

式中：GHSI 为栖息地适宜性综合指标；DHSI 为栖息地水深适宜性指标；VHSI 为栖息地流速适宜性指标。

例如，某节点 DHSI=0.59，VHSI=0.74，则 GHSI=0.66。

表 3.15 列出了栖息地适宜性综合指标 GHSI 分级标准，当 GHSI=0 时，栖息地不复存在；GHSI=0～0.2 时，为质量差栖息地；GHSI=0.2～0.4 时，为低质量栖息地；GHSI=0.4～0.6 时，为中等质量栖息地；GHSI=0.6～1.0 时，为高质量栖息地。可以使用不同颜色标出栖息地质量等级，建议的图例颜色见表 3.15，用这种方法绘制栖息地质量分级彩色地图。在有些情况下，不需要质量分级，定义 GHSI>0.4，即为有效栖息地，据此统计栖息地面积。

最后，讨论流量变化与栖息地质量的关系。水力学过程是一个动态过程，进入特定河段的水流，其流量始终处于变化中。不同流量条件下形成不同流场格局，包括水深和流速格局，由此就形成了栖息地的动态特征。进行生态水力学计算，需要计算不同流量条件下的水深和流速分布，进一步推算各节点栖息地适宜性综合指标 GHSI，据此评估不同流量水平下栖息地质量，绘制对应特定流量量值的栖息地质量分级彩色地图。

表 3.15　栖息地适宜性综合指标 GHSI

GHSI	栖息地质量	图例颜色
0	不复存在	白/灰
0～0.2	质量差	红
0.2～0.4	质量低	黄
0.4～0.6	中等质量	绿
0.6～1.0	高质量	蓝

作为示例，图 3.19 显示了计算的 Lower Yuba 河鲑鱼产卵栖息地质量地图。栖息地适宜性综合指标 GHSI 按照高质量、中等质量、低质量、差质量、无栖息地 5 档分级，以不同颜色分区。计算流量为 830 m³/s。为验证计算成果正确性，开展了以周为频率的产卵现场调查。发现的产卵位置用黑圆点标注在图上。可以发现，黑圆点绝大部分落在中、高质量的栖息地区域，罕见落在低质量以下区域。这个案例显示了计算与现场调查结果的吻合性。

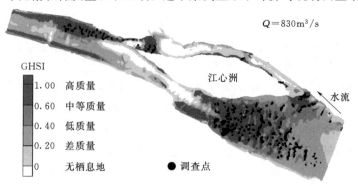

图 3.19　计算的 Lower Yuba 河鲑鱼产卵栖息地质量地图
（据 Moir 和 Pasternack，2008，改绘）

4. 水库水温计算

水库水温计算是设计大坝分层取水结构的依据，也是开展兼顾生态保护水库调度的基础。水库水温计算，可以按照大坝温度控制设计的水温分布计算方法进行。目前在大坝混凝土温度控制设计中，确定水库水温分布的主要方法有三类，即经验公式方法、数值分析方法和综合类比法。相关内容参见索丽生、刘宁主编的《水工设计手册　第 5 卷　混凝土坝》和国家能源局批准的能源行业标准《水电站分层取水进水口设计规范》（NB/T 35053—2015）。

3.4.4　环境水力学计算

污染物进入水体后经历扩散、迁移及转化等演变过程。水环境模型是在分析水体中发生的物理、生物和化学现象的基础上，依据质量、能量和动量守恒的基本原理，应用数学方法建立起来的模型。水环境模型包括水动力模型、水质模型等，其发展过程由简单到复杂，由单一到多元。

水动力模型不仅是水环境研究常用的方法，同时也是水质模型不可或缺的重要组成部分。建立于 19 世纪的圣维南方程为非恒定流提供了理论依据，随着计算机的发展水动力数学模型从一维快速发展到三维，其发展历程基本划分为 3 个时期。一维模型阶段：20 世纪 50—60 年代主要采用一维圣维南方程集中对水流运动规律的探索与研究，同时对圣维南基本方程进行简化，在此基础上提出了二维数值模拟的方法。二维模型阶段：有限差分法的半隐格式、全隐格式的差分法的出现，标志着水动力学模型研究进入到二维领域。这期间出现的破开算子法，极大地推动了水流模拟的发展。由于理论与算法的深化与发展，二维水动力数学模型很快得到了广泛的应用。从 20 世纪 1980 年代至今是三维水动力学模型快速发展与成熟的时期，30 余年间陆续开发了很多模型并在不同类型水域中得到了应用。

水质模型是描述水体中污染物随时间和空间的降解规律及其影响因素相互关系的数学表达式，近十几年来已经研究的比较广泛和深入，并已成功地应用于河流、流域的水质规划和管理。水质模型的发展经历了从零维到三维模型的 4 个阶段。第一阶段开发了比较简单的生物化学需氧量和溶解氧的双线性系统模型。典型的是 Streeter 和 Phelps 在 1925 年提出的稳态 BOD - DO 模型。第二阶段将水质模型扩展为 6 个线性系统模型。水质模拟方法从一维发展到二维，随后又出现了多参数模型，即包含多种水质指标的水质模型。第三阶段研究发展了相互作用的非线性系统水质模型，涉及营养物质磷、氮的循环系统，浮游植物、动物系统，生物生长率同营养物质、阳光、温度的关系。第四阶段除继续研究第三阶段的食物链问题外，还发展了多种相互作用系统，涉及与有毒物质的相互作用，其空间尺度发展到三维。

目前主要的水环境模型研发集中于欧美国家，主要包括 EFDC 模型、MIKE 模型、QUAL 模型、WASP 模型、OTIS 模型、BASINS 模型、CE - QUAL - W2 模型等。国外在水动力、水质模型方面的研究工作起步早，已开发多种水动力、水质模型，而且实现了模块化、软件化。我国水环境模型研究较国外起步晚，处于引进应用阶段，亟待自主研发。

常用的水环境模型中，MIKE 21 主要用于河流、海湾与海洋临近岸边区域的水流与水环境的模拟。MIKE 21 模型具备强大的前后处理功能，具有界面友好、可视化程度高等优点，能将二维水动力计算与污染物迁移计算相结合，较好地反映污染物在河流中的运动规律。其中，最核心的模块是水动力学模块（HD 模块）。MIKE 21 水动力模型的控制方程为基于 Boussinesq 和流体静压假定的二维不可压缩 N-S 方程，即浅水方程。控制方程组如下：

$$\frac{\partial h}{\partial t} + \frac{\partial h\bar{u}}{\partial x} + \frac{\partial h\bar{v}}{\partial y} = hS \tag{3.19}$$

$$\frac{\partial h\bar{u}}{\partial t} + \frac{\partial h\bar{u}^2}{\partial x} + \frac{\partial h\,\overline{vu}}{\partial y} = f\bar{v}h - gh\frac{\partial \eta}{\partial x} - \frac{h}{\rho_0}\frac{\partial p_a}{\partial y}$$
$$- \frac{gh^2}{2\rho_0}\frac{\partial \rho}{\partial x} + \frac{\tau_{sx}}{\rho_0} - \frac{\tau_{bx}}{\rho_0} - \frac{1}{\rho}\left(\frac{\partial s_{xx}}{\partial x} + \frac{\partial s_{xy}}{\partial x}\right)$$
$$+ \frac{\partial}{\partial x}(hT_{xx}) + \frac{\partial}{\partial x}(hT_{xy}) + hu_s S \tag{3.20}$$

$$\frac{\partial h\bar{v}}{\partial t} + \frac{\partial h\,\overline{uv}}{\partial x} + \frac{\partial h\bar{v}^2}{\partial y} = f\bar{u}h - gh\frac{\partial \eta}{\partial y} - \frac{h}{\rho_0}\frac{\partial p_a}{\partial y}$$
$$- \frac{gh^2}{2\rho_0}\frac{\partial \rho}{\partial y} + \frac{\tau_{sy}}{\rho_0} - \frac{\tau_{by}}{\rho_0} - \frac{1}{\rho}\left(\frac{\partial s_{yx}}{\partial y} + \frac{\partial s_{yy}}{\partial x}\right)$$
$$+ \frac{\partial}{\partial x}(hT_{xy}) + \frac{\partial}{\partial y}(hT_{yy}) + hu_s S \tag{3.21}$$

式中：t 为时间；x、y 为笛卡尔坐标系下的横纵坐标；η 表示水位；h 为静止水深；u、v 为流速在 x、y 方向上的分量；p_a 为当地的大气压；ρ 为水的密度；ρ_0 为参考水密度；f 为 Coriolis 力参数；S_{xx}、S_{xy}、S_{yx}、S_{yy} 为辐射应力分量；T_{xx}、T_{xy}、T_{yx}、T_{yy} 为水平黏滞应力项；τ_{sx}、τ_{sy}、τ_{bx}、τ_{by} 为有效剪切力分量；S 为源项；(u_s, v_s) 为源汇项水流流速；$\bar{u}$、$\bar{v}$ 为沿水深平均流速。

在水动力模块的基础上建立水质模块。简单的水质模块采用对流扩散模块（AD 模块），控制方程如下：

$$\frac{\partial C}{\partial t} + u\frac{\partial C}{\partial x} + v\frac{\partial C}{\partial y} = D_x\frac{\partial^2 C}{\partial x^2} + D_y\frac{\partial^2 C}{\partial y^2} \tag{3.22}$$

式中：C 为污染物浓度；D_x、D_y 分别为 x、y 方向上的扩散系数。

当需要进行复杂的水环境研究、分析考虑化学和生态系统的变化过程时，采用 ECO Lab 模块，将模型中的 AD 模块与 ECO Lab 模块相互结合使用，可获得更加准确的数据。

3.4.5　景观格局分析

景观格局分析是生态工程规划的重要技术工具。本节介绍了景观生态学的若干基本概念和方法，讨论了景观格局分析方法及其在水利水电工程规划中的应用。

1. 空间景观模式

（1）景观。这里讨论的景观（landscape）不同于一般意义上的风景或者通常所说的地貌概念，而是生态学意义的一种尺度，具有更深刻的内涵。生态学把生物圈划分为 11 个层次，依次是生物圈、生物群系、景观、生态系统、群落、种群、个体、组织、细胞、基因和分子，景观是在生态系统尺度之上的更大的尺度。在景观生态学（Iandscape Ecology）中，把景观定义为由不同生态系统组成的地表综合体（Haber，2004）。

（2）景观格局。景观格局（landscape pattern）是指构成景观的生态系统或土地利用/土地覆被类型的形状、比例和空间配置（傅伯杰等，2003）。它是景观异质性的具体体现，又是各种生态过程在不同尺度上作用的结果。

景观格局是在自然力和人类活动双重作用下形成的。地质构造运动、降雨、风力、日照、地表水流侵蚀和水沙运动等自然因素的长期作用，形成了大尺度的原始景观格局。而人类活动如牧业、种植业、养殖业的发展，特别是近代工业化、城市化进程，都大幅度改变着景观格局，导致土地利用方式的改变，草原、森林变成了农田，农田又演变成城镇或开发区，使原始景观格局发生了剧变。另外各种工程设施的建设，也改变了景观的空间配置。比如公路、铁路设施，对野生动物的迁徙形成致命的障碍，不设鱼道的水坝成了洄游鱼类的屏障。另外，水库淹没土地后，陆地景观变成水域，丘陵变成岛屿，造成原有陆地景观的破碎化（fragmentization）。

景观的空间格局采用斑块—廊道—基底模式进行描述，借以对于不同景观进行识别、分析。

1）斑块。斑块（patch）是景观中的基础单元，泛指与周围环境在外貌或性质上不同并具有一定内部均质性的空间单元。斑块可以是植物群落、湖泊、草地、农田和居民区等，各种斑块的性质、大小和形状都有许多区别。斑块对于景观格局的结构特征和生态功能具有基础性质。

2）廊道。廊道（corridor）是指景观中与相邻两侧环境不同的线路或带状结构。常见的廊道包括河流、峡谷、农田中的人工渠道、运河、防护林带、道路、输电线等。

3）基底。基底（matrix）是指景观中分布最广、连续性最大的背景结构，常见的有森林基底、草原基底、农田基底、城市用地基底等。

表 3.16 列出流域、河流廊道、河段和地貌单元等 4 种空间尺度的景观单元地貌类型。斑块、廊道和基底都是相对的概念，不仅在尺度上是相对的，而且在识别上也是相对的。比如在大型流域，斑块有森林、湖泊、水库、湿地、耕地、城市带、开发区等，而在中小型流域，斑块有湖泊、水库、水塘、洼地、村镇、居民点等。

斑块、廊道和基底这些要素构成了三维空间的景观格局。景观格局可以用景观镶嵌体进行定量描述。如斑块的数量、大小、形状、空间位置和性质，基底的类型、下垫面性质等，都可以通过各种测量方式进行定量描述。

景观格局依所测定的空间和时间尺度变化而异。在景观生态学中，小尺度表示较小的研究面积或较短的时间间隔。大尺度则表示较大的研究面积和较大的时间间隔。小尺度具有较高的分辨率，大尺度则相反。不同的空间尺度对应着不同的时间尺度，较大的空间尺度对应较长的时间尺度。表 3.16 列出了流域、河流廊道、河段和地貌单元等 4 种空间尺度及其对应的时间尺度。如河流廊道自然演变时间尺度是 100～1000 年，人工干预时间尺度为 1～10 年；而河段自然演变和人工干预的时间尺度分别为 1～100 年和 1～5 年。在进行景观格局分析设计时，要结合研究对象的空间尺度确定时间尺度。如进行河流廊道的景观分析，在研究河流演变过程时，起码需要几十年到上百年的时间间隔，才能掌握河流演变趋势。

1.3.4 节讨论过流域生态系统的嵌套层级结构（nested hierarchy structure），即某一级尺度的生态系统被更大尺度的生态系统所环绕。实际上，流域景观同样存在着嵌套层级结构，形成流域—河流廊道—河段—微栖息地这样多尺度的嵌套层级结构。

表 3.16　　　　　　　　　　　　景观时空尺度与景观单元

空间尺度		自然演变时间尺度	人工干预时间尺度	景 观 单 元		
				基 底	斑 块	廊 道
流域	大型流域	$10^4 \sim 10^6$ 年	$10 \sim 10^2$ 年	草原、森林、湿地、沙漠、河口三角洲	森林、湖泊、水库、湿地、耕地、城市带、开发区	河流、峡谷、道路
	中小流域	$10^2 \sim 10^4$ 年	$10 \sim 10^2$ 年	森林、草地、荒漠耕地、牧场、滩涂	湖泊、水库、池塘、洼地、村镇、居民点	河流、小溪、道路、输电线路
河流廊道		$10^2 \sim 10^3$ 年	$1 \sim 10$ 年	两岸高地、河漫滩、森林	湿地、耕地、草灌、牛轭湖、江心岛、居民区、开发区、游览休闲区	干流、支流
河段		$1 \sim 10^2$ 年	$1 \sim 5$ 年	河漫滩、森林、湿地	深潭、浅滩、池塘、河漫滩水生植物区、村镇	河流、支流、河汊
地貌单元		$1 \sim 10$ 年	1月~2 年	河漫滩、森林、灌丛	池塘、跌水、沙洲、堤坝、河床基底、古河道	支流、河汊、沟渠

（3）河流廊道。河流廊道（river corridor）是陆地生态景观中最重要的廊道之一，对于生态系统和人类社会都具有生命源泉的功能。河流廊道范围可以定义为河流及其两岸水陆交错区植被带，或者定义为河流及其某一洪水频率下的河漫滩带状区域。广义的河流廊道包括由河流连接的湖泊、水库、池塘、湿地、河汊、蓄滞洪区以及河口地区。河流廊道具有重要的生态功能。河流廊道是流域内各个斑块间的生态纽带，又是陆生与水生生物间的过渡带。河流廊道既是营养物质输送的通道，又是通过食物网传递能量的载体，也是通过水文过程传递生命信号的媒介，还是洄游鱼类等水生生物迁徙运动的通道。总之，河流廊道在陆地景观格局中，具有不可替代的重要功能。

图 3.20 是基底—斑块—河流廊道景观格局示意图。图中分布有森林、草地和农田三种基底，作为景观基础背景。河流廊道盘桓在森林、草地和农田基底之上，穿梭于池塘沼泽、植被树丛和居民村镇等斑块之间，使物质流、能量流、信息流和生物流能够顺畅通过。河流廊道在陆地景观中的作用犹如人体的动脉，是流域生态系统的生命线。

2. 景观空间异质性

空间异质性（spatial heterogeneity）是指某种生态学变量在空间分布上的不均匀性及其复杂程度（见 1.3.2 节）。空间异质性是空间斑块性（patchiness）和空间梯度（spatial gradient）的综合反映。空间斑块性分为生境斑块性和生物斑块性两类。生境斑块性包括气象、水文、地貌、地质、土壤等因子的空间异质性特征。生物斑块性包括植被格局、繁殖格局、生物间相互作用、扩散过程等。空间梯度指沿某一方向景观特征变化的空间变化

图 3.20　基底—斑块—河流廊道景观格局示意图

速率，在大尺度上可以是某一方向的海拔梯度，在小尺度上可以是斑块核心区至斑块边缘的梯度。也有学者把空间异质性按照两种组分定义，即系统特征及其变异性。系统特征包括具有生态意义的任何变量，如水文、气温、土壤养分、生物量等。变异性就是系统特征在空间和时间上的复杂性。

在空间尺度上河流景观的空间异质性表现为：顺水流方向，靠河流廊道连接上下游斑块。水流保持连续性，使洄游鱼类能够完成其生活史的迁徙活动，也能使泥沙和营养物质得到有效输移而不受到阻隔。在河流侧向水陆交错带兼有陆地和水域特征，分布有多样的水生、湿生和陆生植物，呈现出丰富的多样性特征。河流的横断面具有几何形状多样性特征，形成深槽、边滩、池塘和江心洲等多样结构，适于鸟类、禽类和两栖动物生存。河流廊道的平面形态具有蜿蜒性，形成深潭-浅滩序列。从时间尺度分析河流景观的空间异质性可以发现，河流景观随水文周期变化，反映了河流景观的动态特征（dynamics）。洪水季节形成洪水脉冲，淹没了河漫滩，营养物质被输移到水陆交错带，鱼类在主槽外找到了避难所和产卵场。洪水消退，大量腐殖质进入主槽顺流输移。总之，在河流景观的自然格局中，各个景观要素配置形成复杂结构，使河流景观在纵、横、深三维方向上都具有多样性和复杂性。水文周期又导致河流景观随时序变化，形成河流景观的动态特征。

3. 景观分类

景观分类是景观格局分析的基础。不同类型的景观是景观单元在地貌、地形、土壤、气候、水文、生物等因子综合作用下的产物。从遥感调查与解译来看，土地分类系统最为成熟。《中华人民共和国土地管理法》中，土地包括农用地、建设用地和未利用地三大类，对应的国家标准《土地利用现状分类》（GB/T 21010—2007）采用一级、二级两个层次的分类体系，其中一级类共分 12 个类别，包括耕地、园地、林地、草地、商业服务用地、工矿仓储用地、住宅用地、公共管理与公共服务用地、特殊用地、交通运输用地、水域及水利设施用地、其他土地。二级类共分 56 个类别，其中，将一级类中的水域及水利设施用地分为：河流水面、湖泊水面、水库水面、坑塘水面、沿海滩涂、内陆滩涂、沟渠、水工建筑用地、冰川及永久积雪。从中可以看出，河流水面、湖泊水面和水库水面分别属于二级类中的一个次级类别。这样，应用现有土地分类系统容易忽略江心洲、边滩、牛轭湖、故道和冲积扇等景观单元，而这些景观单元在河流廊道尺度下的栖息地结构中具有重要地位。为进行河流廊道的景观分析，需要将土地分类系统进一步细化（赵进勇，2010）。具体方法是：综合考虑河流廊道形态、地貌单元特点和生物特征，结合土地利用现状以及遥感图像的可判程度，将河流廊道景观类型分为耕地、有林地、疏林地、灌木林、草地、建设用地、水体、江心洲、边滩九大类别。河流廊道尺度景观类型分类体系见表 3.17。

表 3.17　　　　　河流廊道尺度景观类型分类体系（赵进勇，2010）

一级		二级		含　义
编号	名称	编号	名称	
1	耕地	1-1	耕地	指无灌溉水源及设施，靠天然降水生长作物的耕地；有水源和浇灌设施，在一般年景下能正常灌溉的旱作物耕地；以种菜为主的耕地，正常轮作的休闲地和轮歇地
2	林地	2-1	有林地	指郁闭度大于 30% 的天然林和人工林，包括用材林、经济林、防护林等成片林地
		2-2	疏林地	郁闭度小于 30% 的稀疏林地
		2-3	灌木林	指郁闭度大于 40%、高度在 2m 以下的灌木丛
3	草地	3-1	草地	城镇绿化草地、岸边草地
4	水体	4-1	水体	指天然形成或人工开挖的河流水域
5	边滩	5-1	边滩	天然卵石边滩、采砂废弃卵石岸边堆积体
6	江心洲	6-1	江心洲	自然江心洲、河道采砂废弃卵石堆积体
7	建设用地	7-1	建设用地	指大、中、小城市、县镇以上建成区用地及农村居民点

4. 景观格局分析方法

景观格局分析的目的是通过对景观格局的识别来分析生态过程。生态过程包括生物多样性、种群动态、动物行为、种子或生物体的传播、捕食者-猎物相互作用、群落演替、干扰传播、物质循环、能量流动等。因为生态过程相对较为隐含，而景观格局较为直观，可以用测量、调查或遥感、地理信息系统等技术工具记录和分析，如果能够建立起景观格局与生态过程之间的相关关系，那么，通过对景观空间格局的分析，就可以认识生态过程并进行生态评价。

景观格局分析通常利用遥感影像实现。遥感技术的原理是利用遥感器从空中探测地面物体性质，它根据不同物体对波谱产生不同响应的原理，识别地面上各类地物。遥感数据相对于传统的图片资料有较高的时空分辨率和易于存储的优点。随着高性能的卫星遥感器、数码相机和摄像机的出现，可得到河谷、水系等流域地貌全景。中小河流的遥感数据甚至可通过手携式遥感器获取。空间数据的管理可以通过地理信息系统（GIS）实现。作为示例，图 3.21 为鄱阳湖湿地遥感图，反映出湖泊、入湖河流、湿地和植被的空间格局。

景观格局量化分析方法可分为三大类：①景观空间格局指数法；②空间统计学方法；③景观模型方法。这些分析方法为建立景观格局与生态过程的相互关系以及预测景观变化提供了有效手段。

5. 景观格局分析在水利水电工程规划中的应用

（1）流域生态系统演变分析。

1）流域土地覆被遥感监测分析。流域/区域的土地覆被分析，需要对比分析较大时间尺度的覆被遥感数据，以掌握土地覆被的变化趋势。比如，可以按照 5～10 年的时间间隔，30 年以上的时间尺度，通过解译相关

图 3.21 鄱阳湖湿地遥感图
（原图彩色）（2005 年 10 月）

遥感监测数据，同时结合收集历史上土地覆被数据和野外调查，综合分析土地覆被变化。土地覆被变化分析内容包括：识别研究区内土地覆被变化显著的子区域；按照时段分析不同覆被类型增减的变化幅度；按照时段分析土地覆被变化趋势，特别关注湿地/水域、森林、耕地和城镇面积的消长变化。

2）水土流失遥感监测分析。流域/区域水土流失遥感监测分析的任务是利用地形图、土地覆被图和植被盖度图，按照不小于 30 年的时间尺度，参照《土壤侵蚀分类分级标准》（SL 190—2007），对研究区水土流失强度分级，进而进行水土流失变化趋势分析。分析内容包括：不同时期侵蚀面积增减状况，侵蚀面积占总面积的比例（微侵蚀不列入）；不同水土流失强度级别面积所占比例；各级侵蚀强度升降转化（如强度转化为中度），列出侵蚀强度转化矩阵；基于不同年代水土流失监测结果，通过土壤侵蚀强度各像元相减方法，得到不同时期土壤侵蚀强度变化图，进一步分析侵蚀强度变化趋势；根据侵蚀强度变化，划分恶化、不变、好转 3 类区域，确定分区位置和面积。

3）生态演变的社会经济驱动分析。自然力和人类活动是流域生态系统长期演变的双重驱动力。在人类活动方面，工业化和城市化进程，强烈影响了流域/区域生态系统过程，造成生态系统不同程度的退化。针对特定流域/区域生态系统演变格局，分析资源-人口-生态环境之间的依存与制约关系，具体分析人口与土地资源矛盾、产业发展与资源环境的矛盾、城镇化与自然生态格局的矛盾。在此基础上，识别社会经济驱动主导性因素。

（2）流域生态安全评价。

1）生态敏感性评价。生态敏感性是指流域/区域内发生生态问题的可能性和程度，以期反映人类活动产生的影响。各个地区的典型生态问题各异，包括水土流失、荒漠化、石漠化、酸雨、地质灾害、草场退化、盐碱化、水污染、土壤污染、地下水超采、河流断流、湖泊干涸等。对于特定流域/区域，需要遴选若干典型生态问题，对每类生态问题分别进行评价。根据评价指标体系，划分敏感性等级，即不敏感、轻度敏感、中度敏感、敏感、极度敏感 5 等，进一步确定不同敏感等级子区域的具体位置和面积。对于各类生态问题分别赋予权重，构建生态敏感性综合评价体系，最后，进行生态敏感性综合评价。

2）生态系统服务功能重要性综合评价。生态系统服务功能重要性评价的目的是明确生态系统服务功能类型及其空间格局。2.3 节已经讨论了水生态系统服务类型，列出了包括供给、支持、调节、文化等 4 大类水生态系统服务功能（表 2.3）。对于特定的流域/区域，应选择若干项重点服务功能进行评价。按照单项生态服务功能对于流域/区域生态安全的重要程度，可分为极重要、重要、中等重要、一般重要 4 个等级。最后，汇总所选择的若干单项重点生态服务功能（如水源涵养、水土保持、洪水调蓄、生态流量、栖息地保护、地下水补给、自然景观等）重要性空间分布图，然后进行叠置分析，从而得到全流域/区域中不同重要程度的空间分布。计算各等级的面积、所占比例百分数、生态服务定量值等，进行生态系统服务功能综合评价。

（3）河流生态修复项目数据库。利用地理信息系统（GIS）构建河流生态修复项目数据库。河流生态状况调查数据往往表现出多类别、多形式、多时空尺度等特点。利用 GIS 技术可以把上述数据整合到一个 GIS 平台上。GIS 系统采用分层技术，即根据地图的植被覆盖、水文、地貌、水质、生物、工程设施、社会经济、自然景观、文化等特征，把它分成若干层，整张地图是所有图层叠加的结果。利用 GIS 采集、存储和分析功能，将各种零散数据进行整合，建立河流生态修复工程空间数据库，并根据展示要求进行专题图或综合图的制作。在 GIS 平台上，可基于 DEM 数据利用三维仿真功能进行三维单点飞行、路径飞行、绕点飞行等河流生态修复工程的空间数据展示。

6. 常用软件简介

3S 技术是指遥感（RS）、全球定位系统（GPS）和地理信息系统（GIS）。近十余年，国内外 3S 商业软件技术突飞猛进，开发出多种功能强、方便用户、适应多种环境的软件。以下简要介绍几种在水利行业常用的软件。

（1）GIS 商业软件。

1）ArcGIS。ArcGIS 是由 ESRI（Environmental Systems Research Institute，Inc.）研发的一套完整的 GIS 平台产品，具有较强的地图制作，空间数据管理，空间分析，空间信息整合、发布与共享的能力。在水利行业，ArcGIS 可以为防汛抗旱、水资源管理、水环境、水土保持、水库移民、农田水利、流域管理等方面提供技术支持。

2）SuperMap GIS。SuperMap GIS 系列产品分 GIS 平台软件、GIS 应用软件与 GIS 云服务 3 类。GIS 应用软件包括 SuperMap SGS（共享交换平台）、SuperMap FieldMapper（野外专业数据采集软件）等。在水利行业应用方面，开发有 SuperMap WaterMapper（水利专业野外调查系统）。

3）MapInfo Pro。MapInfo Pro 是桌面端地理信息系统软件，主要功能包括图层叠加、空间分析、矢量编辑、文字标注、SQL 查询，并提供 MapBasic 进行二次开发，还有 Geo PDF 工具，可将图层导出为 PDF 文件并显示图层属性及坐标信息。MapInfo Pro 是水生态保护与修复规划的有用技术工具。

4）GRASS GIS。GRASS GIS（geographic resources analysis support system，地理资源分析支持系统）是一个免费、开放源代码的地理信息系统，可用于处理栅格、拓扑矢量、影像和图表数据。GRASS 可实现以下功能：①显示器和纸质地图及图像的打印显示；②操作栅格、矢量或点数据；③处理多光谱图像数据；④创建、管理和存储空间数据。GRASS 支持图形界面和文字界面。

（2）遥感图像处理软件。

1）PCI 遥感图像处理软件。PCI GEOMATICA 系列产品具有遥感影像处理、摄影测量、GIS 空间分析、专业制图等功能，用户可以方便地在同一个应用界面下完成工作。

2）ENVI 遥感图像处理平台。ENVI（the environment for visualizing images）是采用交互式数据语言 IDL 开发的一套功能较强的遥感图像处理软件，具有快速、便捷、准确地从影像中提取信息的功能。

（3）景观结构数量化软件包（FRAGSTATS3.3）。FRAGSTATS3.3 软件包中所有指数计算都是基于景观斑块的面积、周长、数量和距离等几个基本指标进行。计算的指数包括 3 个等级，即景观斑块、景观类型、景观整体以及连接关系。需要关注 8 个类别的景观特征，包括面积/密度/边界、形状、核心面积、隔离/邻近、对比、蔓延/散布、连通性和多样性。

思 考 题

1. 河湖生态系统实时监测网络系统包括哪几个部分？每个部分包括哪些设备？

2. 河流健康的定义是什么？河流健康评估与河流水体水质评价有何不同？河流健康评估的生态要素是什么？生态状况分级系统是如何构成的？

3. 在低流量频率计算中 dQ_T、$7Q_{10}$ 的含义是什么？

4. 简述水文情势变化与生态响应的关系。

5. 生态流量的定义和内涵是什么？

6. 为什么把自然水文情势定义为生态流量的参照系统？

7. 生态流量有哪几类计算方法？各有什么优缺点？

8. 什么是生态水力学模型？它具有什么功能？

9. 水质模型的功能是什么？

10. 什么是景观格局？景观格局采用什么模式进行描述？河流景观空间异质性的特征是什么？在水利水电工程规划中景观格局分析有哪些应用？

第4章 河流廊道自然化工程

河流廊道的地貌单元包括河道、河滨带和河漫滩。人类活动对河流的干扰和改造，极大改变了河流的自然面貌，削弱了河流廊道的生态功能，也使大量生物栖息地遭受损失。河流廊道自然化工程是通过工程措施和管理措施，使已经人工化、渠道化的河流廊道恢复原有的自然特征和生态功能。本章介绍了河道自然化修复设计方法，用植物和天然材料构建自然型岸坡防护技术，河道内栖息地改善工程，河漫滩与河滨带生态修复方法。

4.1 概　　述

4.1.1 河流廊道修复的目标和任务

河流廊道修复的目标是实现自然化，即通过适度的工程措施，使已经人工化、渠道化的河流廊道恢复原有的自然特征。河流廊道自然化既不是原有河流的完全复原，更不是创造一条新的河流，而是恢复河流廊道的自然属性和主要生态特征。

1. 生态功能与社会功能一体化

河流廊道修复是河道和滩区综合治理工程，实施生态功能恢复与社会功能加强的一体化治理。生态功能包括供给功能（淡水供应、水生生物资源、纤维和燃料）、支持功能（生物栖息地、初级生产、养分循环）、调节功能（水文情势、水分涵养及洪水调节、水体净化、调节气候）和文化功能（美学与艺术、运动、休闲、娱乐、精神生活与科研教育）。社会功能主要指清除行洪障碍物，保障行洪、排涝通道的通畅。完善蓄滞洪区，堤防加固达标，确保防洪安全。通航河道要通过生态型疏浚，保障航道安全。河道治理也需保证河道的输水输沙能力，完善输水、供水、灌溉功能。河流廊道的自然景观是宝贵的自然遗产。河流蜿蜒的形态，灵动活泼的水流，五色斑斓的河滨带，生机勃勃的鸟类、水禽和鱼类，使得每一条河流都具有高度的美学价值，给人带来无与伦比的愉悦和享受。充分发挥河流的美学价值，是河流廊道自然化的重要目标之一。河流廊道不仅具有旅游观光的社会经济价值，也是当地居民休憩、垂钓、娱乐以及划船、游泳、漂流等水上运动的公共空间。沿河布置的绿色步道或自行车道，更是天然绿色运动场。

2. 河流地貌三维结构自然化修复

河流地貌修复的基本原则是恢复河流廊道自然特征，增强地貌的空间异质性和复杂性。在河流廊道尺度上的地貌结构，可以从以下3个维度进行分析：

（1）平面形态。自然河流的平面形态表现为蜿蜒性、多样性以及河道与河漫滩之间的连通性。河道修复设计需将裁弯取直的河道重新恢复其蜿蜒性。

（2）河道纵坡。自然河流具有深潭-浅滩交错分布的特点，河道纵坡呈现出沿程变化的特征。此外，为保持河道泥沙冲淤平衡，经过试验分析后，可调整河道纵坡增加水动力以提高河道输沙能力。

（3）河道断面。渠道化的河段需要恢复多样的非几何对称断面，还需采用可透水、多孔的护岸工程结构，保证地表水与地下水交换通道，并利于鱼类产卵。

通过景观要素的合理配置，使河流在纵、横、深三维方向都具有丰富的景观异质性，形成浅滩与深潭交错，急流与缓流相间，河滩舒展开阔，河湖水网连通，植被错落有致，水流消长自如的景观空间格局。

3. 河流廊道修复的任务

河流廊道自然化工程规划设计的任务有：①河道纵坡、河道平面形态和断面设计；②自然型河道护岸工程设计；③岸坡稳定性校核分析；④河道内栖息地加强工程设计；⑤河滨带植被重建设计；⑥河漫滩修复设计。

图 4.1 表示修复一条渠道化河流设计工作的内容和部位。针对图中已被改造成的直线型河流，自然化设计工作包括：根据河段上下游衔接以及水动力条件确定纵坡；参照原来河流蜿蜒性形态再经过计算分析确定蜿蜒性参数、断面宽高比和断面形状；确定开挖线和深潭与浅滩断面开挖深度；进行河道基质设计，铺设河床卵石；在河道顶冲部位布置岸坡防护结构；布置控导结构（丁坝），在洪水时减缓流速为鱼类和其他水生动物提供庇护所，平时形成静水区，创造多样的生境；根据鱼类习性设计河道内栖息地工程，铺设大卵石和大漂石，形成湍流；沿河滨带设计乔灌草多层次的植被；恢复或重建河湾带湿地。

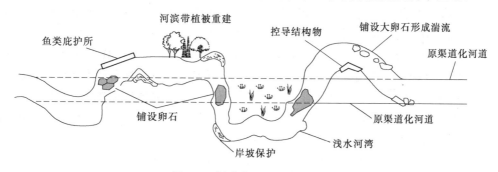

图 4.1　渠道化河流的综合治理

4.1.2　基本设计方法

1. 流域尺度上确定重点修复河段

在流域尺度上，通过遥感图像历史与现状的对比分析，评价河道发展演变的过程和趋势。通过分析流域降水与气候变化、水资源开发利用状况、土地利用方式变化、水土保持作用、泥沙冲淤变化等因素，分析河道演变的成因。通过河道人工干扰前后变化，评价对水生生物群落的影响。综合自然条件变化和人类活动影响，根据河流廊道生态系统退化程度，确定重点修复河段并进行优先排序。

2. 自然河道设计方法

自然河道设计与明渠设计有很大不同。明渠水力学设计以明渠均匀流理论为基础，假定水流是恒定流，流量沿程不变，无支流汇入或分出；明渠为长直的棱柱形渠道，糙率沿程不变，纵坡为正坡。而自然河流沿程的断面形状、几何尺寸、纵坡、糙率都会发生变化，难以形成均匀流，很难应用传统水力学方法进行分析。再考虑自然河流的泥沙输移和河道演变过程，以及植被、障碍物对水流的影响，分析会更为困难。实际上，自然河流的河道设计目前多采用经验方法和数值分析方法，这些方法可归纳如下。

（1）类比法。类比法有两种途径。其一是建立参照河段。参照河段可选在待修复河段的上下游，或者具有类似地貌特征的其他流域。参照河段与待修复河段具有相似的水文、水力学和泥沙特征，河床及河岸材料粒径也具有相似性。特别是参照河段的自然形态未遭受人工改造且河势稳定。其二是根据参照河段的历史状况，通过文献分析、遥感信息解读和野外勘探取样等手段，重现河段未被改造的蜿蜒地貌形态。有了用以类比的河段，就可以结合待修复河段的具体地形、地貌、纵坡和水文特征，以参照河段为模板设计河道地貌参数。在此基础上，利用水力学数值分析软件进行计算校验。

（2）水文-地貌经验关系式。河流地貌过程是一个动态过程。在长期演变过程中，河流径流、泥沙输移与地貌形态处于相对平衡状态，河流流量与河流地貌形态特征具有明显的相关关系，河流地貌特征是对特定河流水文、泥沙过程的响应。因此，可以通过河流地貌特征野外调查，收集对应的水文情势数据，运用统计学方法建立水文-地貌经验关系式。目前已有若干这样的关系式，应用时需要根据当地水文、地貌调查数据，确定关系式各项参数。同样，初步确定各项参数以后，还需要利用水力学数值分析软件进行计算校验和调整。

（3）河道演变数值分析。河床演变过程可以利用数值方法进行仿真分析。应用数值方法，能够模拟动床的泥沙输移、淤积过程，预测河床形态变化（包括河床轮廓、河宽变化、弯曲河段次生流作用引起沙质河床再造以及河道侧向位移）。例如软件 SSIM（sediment simulation in intakes with multiblock option），能够计算具有复杂河底地貌的动床泥沙输移问题，模拟蜿蜒型河流和造床过程，研究床沙和悬移质运动问题以及进行河流栖息地评价。在河道生态修复工程设计中，利用河道演变数值分析技术，可以模拟在河道现状基础上增加控导工程（如丁坝）后河道演变过程，检验恢复蜿蜒性的效果，还可以预测设计方案的河道泥沙输移和淤积过程，评价河势稳定性。需要指出，河道演变数值分析需要有足够的泥沙和地貌数据支持，必须对模型进行校验和调整。

4.2　河道自然化修复设计

4.2.1　河道纵剖面设计

如果不考虑河流基准面在长时间内的变化，河流总坡降是一个常数。但是由于流域地形和河流形态特征不同，河流的纵坡降沿程是不均匀的。河段的纵坡降决定了水流能量、泥沙输移以及地貌变化等。如河段坡降太小，有可能产生泥沙淤积问题，反之则可能导致河床下切问题。因此，需要根据修复河段的蜿蜒度变化和泥沙冲淤关系，来调整、确定其坡降。

在不同尺度上，河道纵剖面显现的地貌特征不同。尺度越小，显现的地形地貌的细节越多，而尺度越大，越能反映河流演变的趋势。如图 4.2 所示，在局部河段尺度，河流纵剖面能反映河床地貌（如深潭、浅滩和江心洲等）特征，也包含人工建筑物（如堰、闸和桥梁等）信息。在整体河段尺度，河流纵剖面能够反映水库蓄水引起的景观变化和泥沙淤积,可以获取河流总体下切侵蚀或淤积信息。在流域尺度,河流纵剖面反映河流的总坡降,总坡降将根据河流基准面(海平面、湖平面)的变化和地壳上升速度进行调整。

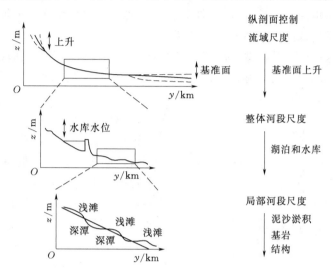

图 4.2　基于不同尺度的河流纵剖面控制

确定河段坡降有如下途径:

(1) 如果在修复工程附近存在一段天然河道,并且具有相似的流量和泥沙特征,可以参考该河段进行修复设计。

(2) 根据待修复河段附近的河谷坡降和蜿蜒度确定河道坡降。

不同尺度下的纵剖面测量方法也不相同。在流域尺度下,可以从大比例尺地形图上获得纵剖面资料,但对于修复工程,应沿河道进行实地测量。测量点的选择有一定的要求,若要选择横断面上深泓位置作为测量点,测量范围要扩展到待修复河段的上下游,要包括深潭、浅滩和工程结构。

4.2.2　蜿蜒型河道平面形态设计

1. 水文-地貌经验关系式

蜿蜒型河道的宽度、深度、坡降和平面形态是相互关联的变量,其量值取决于河流流量和径流模式、泥沙含量以及河床基质与河岸材料等因素。

一般认为,水文过程的关键变量是平滩流量 Q_b。平滩流量(bankfull discharge)是指水位与河漫滩齐平时对应的流量。可以认为,平滩流量就是造床流量,在该流量作用下泥沙输移效率最高并且会引起河道地貌的调整,对塑造河床形态具有明显作用。换言之,平滩流量 Q_b 决定河流的平均形态。基于这种认识,生态工程中常依据 Q_b 设计河流的断面和河道平面形态,如河宽、水深以及弯道形态等。通过大量河段样本调查和统计分析,得到了如下河流地貌参数与平滩流量之间的经验关系式:

$$W = \phi_1 Q_b^{n_1} \tag{4.1}$$
$$D = \phi_2 Q_b^{n_2} \tag{4.2}$$
$$S = \phi_3 Q_b^{n_3} \tag{4.3}$$

式中:W 为河段平均宽度;D 为河床平均深度;S 为河段平均纵坡;Q_b 为平滩流量;ϕ_1、

ϕ_2、ϕ_3、n_1、n_2、n_3 为参数。

一般认为，宽度公式可信度较高，深度公式其次，纵坡公式可信度最低。此外，有学者还建议了计算蜿蜒河道波长 L_m、弯曲曲率半径 R_c、弯曲弧线长度 Z 等的经验公式。式中的参数值可依据当地河流的调查分析来确定。

需要注意，这些公式是根据特定河段样本数据统计归纳得到的。如果用于别的流域，就需要论证水文、泥沙、河床材料的相似条件。即使具备应用条件，也需要结合本地的具体情况进行校验，采用合适的参数。

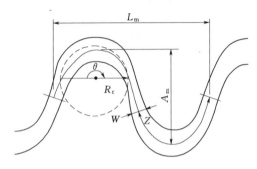

图 4.3　蜿蜒型河道地貌参数

2. 蜿蜒型河道平面形态参数计算

设计蜿蜒型河道，首先需要确定河道的主泓线。反映蜿蜒型河道主泓线特征的地貌参数包括蜿蜒河道波长 L_m（相邻两个波峰或波谷点之间距离）、蜿蜒河道波振幅 A_m（相邻两个弯道波形振幅）、曲率半径 R_c（河道弯曲的曲率半径）、河道弧线中心角 θ 和半波弯曲弧线长度 Z，参见图 4.3。计算蜿蜒型河道参数常采用水文-地貌经验公式。计算出平面形态参数后，即可试绘出河道主泓线。

（1）蜿蜒河道波长 L_m。蜿蜒河道波长 L_m 与平滩流量 Q_b 间的关系为

$$L_m = aQ_b^{k_1} \tag{4.4}$$

式中：a 和 k_1 为参数，L_m 和 Q_b 的单位分别为 m 和 m^3/s 时，根据 Bravard（2009），$a=54.3$，$k_1=0.5$；根据 Ackers 和 Char（1973），$a=61.21$，$k_1=0.467$；根据 Nunnally 和 Shields（1985），$a=38$，$k_1=0.467$。

蜿蜒河道波长 L_m 与河道平滩宽度 W 间的关系为

$$L_m = k_2 W \tag{4.5}$$

式中：k_2 为参数，根据 Soar 和 Thorne（2001），$k_2 = 11.26 \sim 12.47$；根据 Mitsch（2004），$k_2=11$；根据 Newbury 和 Gaboury（1993），$k_2=12.4$。

（2）曲率半径 R_c。

Mitsch（2004）认为

$$R_c = \frac{L_m}{5} \tag{4.6}$$

$$R_c = 2.2W \tag{4.7}$$

Newbury（1993）认为

$$R_c = (1.9 \sim 2.3)W \tag{4.8}$$

美国陆军工程兵团（USACE）（1994）认为

$$R_c = (1.5 \sim 4.5)W \tag{4.9}$$

（3）半波弯曲弧线长度 Z。半波弯曲弧线长度 Z 约等于相邻两个浅滩的曲线距离（图 4.3），与河床基质粒径、河道纵坡、河道宽度有关。根据野外调查结果的统计分析，Z 与河道平滩宽度 W 的关系可表示为

$$Z = k_3 W \tag{4.10}$$

式中：k_3 为系数，对于砂砾石河床（$d_{50} > 3$mm），$k_3 =$（3～10）（Keller，1978；Hey，1986）或 $k_3 =$（4～10）（Hey，1986）；对于岩基河床，$k_3 = 6$（Keller，1978；Hey，1986）。

【例 4.1】 某砂砾石河床的蜿蜒型河流，平滩流量 $Q_b = 50\text{m}^3/\text{s}$。各项参数取值分别为 $a = 54.3$，$k_1 = 0.5$，$k_2 = 12.47$，$k_3 = 10$。计算该蜿蜒型河道的平面形态参数。

解： 由式（4.4），蜿蜒河道波长 $L_m = aQ_b^{k_1} = 54.3 \times 50^{0.5} = 383.96$（m）。

由式（4.5），河道平滩宽度 $W = L_m/k_2 = 383.96/12.47 = 30.79$（m）。

由式（4.6），曲率半径 $R_c = L_m/5 = 383.96/5 = 76.79$（m）。

由式（4.10），半波弯曲弧线长度 $Z = k_3 W = 10 \times 30.79 = 307.9$（m）。

计算出蜿蜒型河道形态各项参数后，即可参照图 4.3，绘制蜿蜒型河道主泓线。

4.2.3 自然型河道断面设计

1. 河道断面设计原则

自然河流的断面具有多样性特征，大多是非对称的，深浅不一，形状各异。在空间分布上，河道断面形状沿河变化。特别是蜿蜒型河流，呈现深潭-浅滩序列交错布置格局。河流形态多样性是河流生物多样性的重要支撑。人工改造过的河流，往往采取梯形、槽型等几何对称断面，沿河形状保持不变。这样无疑损害了栖息地的多样性，导致河流生态系统不同程度的退化。河道断面设计应以自然化为指导原则，同时也应保证河道的行洪功能。

渠道化河道蜿蜒性修复断面设计如图 4.4 所示。图 4.4（a）是用调查数据复原的原自然河流的断面。图 4.4（b）表示历史上人工渠道化改造的河道标准断面，所示断面为梯形，河床边坡用混凝土衬砌，岸坡无植物生长，景观受到很大破坏。图 4.4（c）是河道蜿蜒性修复后的断面。河宽不变，采用复式断面，低水位时水流在深槽流动，深槽以上平台可以布置休闲绿道和场地。汛期水位超过深槽，水流漫溢，促进河滨带水生生物生长。通过开挖形成不对称的深潭断面。岸坡采用干砌块石护坡，并配置以乡土植物为主的植物。保留原有管理道路。图 4.4（d）是理想断面。理想断面是指如果空间有可能，则可以扩展河宽，扩大河漫滩，并采用复式断面，开挖形成不对称的深潭断面。汛期和非汛期随水位变化形成动态的栖息地特征。优化配置水生植物和乔灌草结合的岸坡植物，形成更为自然化的景观。

河道断面设计原则如下：①河道断面应能确保行洪需要，特别是设有堤防的河道，应保证在设计洪水作用下行洪安全；②尽可能采用接近自然河道的几何非对称断面，即使采取对称断面也应采取复式断面；③选择适宜的断面宽深比，防止淤积或冲刷；④蜿蜒型河道布局设计，应符合深潭-浅滩序列规律，形成缓流与急流相间，深潭与浅滩交错的格局；⑤根据河流允许流速选择河床材料类型和粒径；⑥断面设计应与河滨带植被恢复或重建综合考虑；⑦通过文献分析和野外调查获得的数据资料是断面设计的重要依据。

2. 断面宽深比

河流断面的宽深比是一个控制性指标。适宜的宽深比具有较高的过流能力，还可以防止泥沙冲淤。断面宽深比与河床基质材料和河岸材料类型有关，不同类型材料如砂砾石、

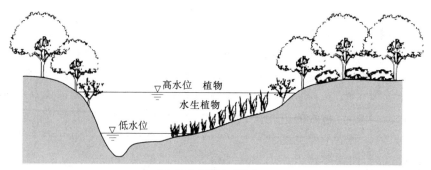

（a）原自然河流的断面

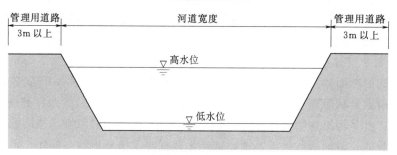

（b）渠道化混凝土衬砌标准断面

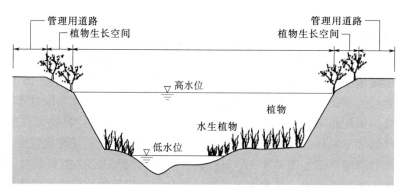

（c）河道蜿蜒性修复后的断面

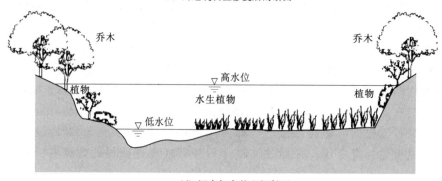

（d）河床加宽的理想断面

图 4.4　渠道化河道蜿蜒性修复断面设计示意图

（据杨海军、李永祥，2005，改绘）

砂、泥沙-黏土、泥炭对应的宽深比见表4.1。河岸植被具有护岸作用，有植被的岸坡可将表4.1中宽深比值降低22%。

表 4.1   河床基质和河岸材料对宽深比的影响（National River Authority，1994）

材料种类	自然河道宽深比	改造后河道宽深比	材料种类	自然河道宽深比	改造后河道宽深比
砂砾石	17.6	5.6	泥沙-黏土	6.2	3.4
砂	22.3	4.0	泥炭	3.1	2.0

蜿蜒型河流断面宽深比沿河变化，这与深潭-浅滩序列格局相适应。如图4.5所示，蜿蜒型河道 X—X 断面为深潭断面，具有窄深特征，宽深比相对较小；Y—Y 断面为浅滩断面，具有宽浅特征，宽深比相对较大。河道经过疏浚治理后，改变了自然断面形状。图4.5（b）表示浅滩断面经过疏浚后，宽度过大，宽深比偏高，其后果是流速下降，导致河床淤积。图4.5（c）表示深潭断面经过疏浚后，深度过大，即宽深比偏低，其后果是断面环流发展，引起河床的冲刷，可能导致坍岸和局部失稳。由此可见，河道疏浚设计应尽可能以稳定的自然河道为模板，选择适宜的宽深比。

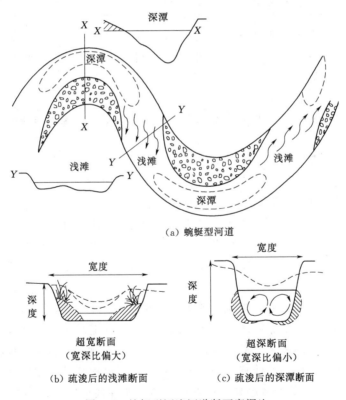

（a）蜿蜒型河道

超宽断面
（宽深比偏大）

超深断面
（宽深比偏小）

（b）疏浚后的浅滩断面　　　　（c）疏浚后的深潭断面

图 4.5　蜿蜒型河流河道断面宽深比

（据 Andrew Brookes，Shields Jr，1996 改绘）

深潭与急流交错的格局对于河流泥沙输移也具有重要意义。深潭作为底流区，其功能是使泥沙在这里储存起来，而在洪水期间，泥沙则被急流搬运到下游邻近的深潭中。在深潭中的泥沙逐渐集中在内侧一岸（凸岸）形成沙洲，这又进一步加强了深潭与急流交错的格局形态，这导致对外侧一岸（凹岸）的冲刷加剧，蜿蜒性进一步发展。

3. 断面尺寸

早在 1953 年，Leopold 和 Maddock 就根据美国西南部河流调查和统计，建议了用幂函数表示的河宽与流量的经验关系式，其后一些学者对公式参数进行了建议和补充。平滩流量 Q_b 与平滩宽度间的关系式如下：

$$W = \beta Q_b^{k_4} \tag{4.11}$$

式中：W 为平滩宽度，m；Q_b 为平滩流量，m^3/s；β、k_4 为统计参数，见表 4.2。

表 4.2　　式（4.11）中的统计参数 β 和 k_4

河床材料	河　道	样本数	β	k_4
沙质河床	沙质河床河道	58	4.24	0.5
砾质河床	北美砾质河床河道	94	3.68	0.5
	英国砾质河床河道	86	2.99	0.5
	树或灌木的覆盖率小于 50%，或草皮（英国河流）	36	3.70	0.5
	树或灌木的覆盖率大于 50%（英国河流）	43	2.46	0.5

实际上，式（4.11）是把式（4.1）进一步细化，按照河床基质材料和植被条件具体给出参数 β 和 k_4 值。结合式（4.4）和式（4.5）也给出了 W 与 Q_b 间的关系。读者可用不同公式计算 W，相互对照，最终选择合适的 W 值。

4. 深潭-浅滩序列格局特征

自然蜿蜒型河流地貌格局与河流水动力交互作用，形成了深潭与浅滩交错、缓流与湍流相间的景观格局。

深潭具有以下特征：

（1）位于蜿蜒河道的顶点，水深相对较深，流速缓慢。

（2）断面形状多为非对称，通常比浅滩断面狭窄 25% 左右。

（3）深潭河床由松散砂砾石构成，当流量较低时显露出砂砾石浅滩及沙洲。

（4）深潭周期性被泥沙充填，特别是当上游河岸因侵蚀崩塌形成的大量泥沙输移到下游时，泥沙会充满深潭，但当下次洪水到来后，泥沙又会被冲刷到下游邻近的深潭中，原有深潭得到恢复。

（5）深潭对于大型植物和鱼类至为重要。深潭面积占栖息地总面积的 50% 左右。当水流通过河流弯曲段时，深潭底部的水体和部分基底材料随环流运动到水面，环流作用可为深潭内的漂浮生物和底栖生物提供生存条件。对于鱼类而言，深潭-浅滩序列具有多种功能，深潭里有木质残骸和其他有机颗粒可供食用，所以深潭里鱼类生物量最大。卵石和砾石河床具有匀称的深潭-浅滩序列，粗颗粒泥沙分布在浅滩内，细颗粒泥沙分布在深潭中，不同的基质环境适合不同物种生存。

（6）纵坡比降较高的山区溪流也有深潭依次分布格局，但是没有浅滩分布，水体从一个深潭到下一个深潭之间靠跌水衔接，形成深潭-跌水-深潭序列，这种格局有利于水体曝气，增加水体中的溶解氧。

浅滩具有以下特征：

（1）浅滩段起点位于蜿蜒河流的弯段末端，其长度取决于纵坡，纵坡越大浅滩段越短。浅滩段河道横断面形状大体是对称的。

（2）浅滩段水深较浅，流速相对较高，枯水期表现出紊流特征。

（3）浅滩河床是由粗糙而密实的卵石构成。修复时可在浅滩段布置大卵石，其目的是在枯水季节水流冲击大卵石形成紊流。

（4）浅滩地貌是一个动态过程。洪水过后，浅滩段河床被上游冲刷下来的泥沙所充满，这些多余的泥沙将由随后的洪水输移到下游的深潭中。

（5）浅滩段占河流栖息地的 $30\% \sim 40\%$。幼鱼喜欢浅滩环境，在这里可以找到昆虫和其他无脊椎动物作为食物。浅滩段湍流有利于增加水体中的溶解氧。砾石基质的浅滩有更多新鲜的溶解氧，是许多鱼类的产卵场。贝类等滤食动物生活在浅滩能够找到丰富的食物供应。粗颗粒泥沙分布在浅滩内，成为许多小型动物的庇护所。

5. 深潭与浅滩断面参数计算

计算蜿蜒型河道断面参数，首先需根据蜿蜒河段宽度的沿程变化进行分类，然后再确定河道断面几何尺寸。

Brice（1975）把蜿蜒型河道断面做了以下分类：

（1）等河宽蜿蜒模式（T_e 型）：沿蜿蜒河道宽度变化很小。其典型特征为宽深比小，河岸抗侵蚀能力强，河床材料为细颗粒（砂或粉砂），推移质含量少，流速低，河流能量低。

（2）有边滩蜿蜒模式（T_b 型）：弯曲段河宽大于过渡段，边滩发育但深槽少。其典型特征为中度宽深比，河岸抗侵蚀能力一般，河床材料（砂和砾石）粒径为中等，推移质含量中等，流速和河流能量不高。

（3）有边滩和深槽的蜿蜒模式（T_c 型）：弯曲段河宽远大于过渡段，边滩发育，深槽分布广。其典型特征为宽深比较大，河岸抗侵蚀能力弱，河床材料为中等粒径颗粒或粗颗粒（砂、砾石或鹅卵石），推移质含量高，流速和河流能量较高。

在实际工程设计中，当蜿蜒度大于 1.2 时，河道断面的几何参数可参考图 4.6，按下式计算：

弯曲顶点：
$$\frac{W_a}{W_i} = 1.05T_e + 0.30T_b + 0.44T_c \pm u_1 \qquad (4.12)$$

深槽：
$$\frac{W_p}{W_i} = 0.95T_e + 0.20T_b + 0.14T_c \pm u_2 \qquad (4.13)$$

式中：W_a 为弯曲顶点河道宽度（$C—C'$ 断面）；W_i 为拐点断面河道宽度（$A—A'$ 断面）；W_p 为最大深槽断面河道宽度（$B—B'$ 断面）；T_e、T_b 和 T_c 为系数；u_1 和 u_2 为河宽变化偏差。

实际计算时，假设河道拐点断面宽度 W_i 近似等于平滩宽度 W。对三种蜿蜒模式，$T_e = 1$；对 T_e 型蜿蜒模式，$T_b = T_c = 0$；对 T_b 型蜿蜒模式，$T_b = 1.0$，$T_c = 0.0$；对 T_c 型蜿蜒模式，$T_b = T_c = 1.0$。置信度分别为 99%、95% 和 90% 的 u_1 分别为 0.07、0.05 和 0.04，u_2 分别为 0.17、0.12 和 0.10。

弯曲段最大深槽的深度上限 D_{max} 可按下式估算：

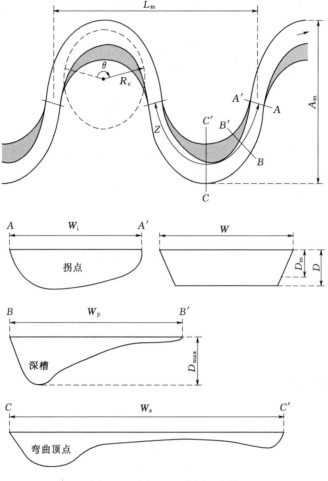

图 4.6　蜿蜒型河道断面参数

$$\frac{D_{max}}{D_m} = 1.5 + 4.5 \left(\frac{R_c}{W_i}\right)^{-1} \tag{4.14}$$

式中：D_{max} 为最大深槽断面处深度，m；D_m 为平均深度，m；R_c 为曲率半径，m；W_i 为拐点断面河道宽度，m。

对于不允许摆动的河段，要在深槽河段进行边坡抗滑稳定分析，以保证河岸的整体稳定。

【例 4.2】　已知一条砂砾石河床，T_c 型蜿蜒模式，平滩流量 $Q_b = 50 m^3/s$，曲率半径 $R_c = 76.79 m$，宽深比为 17.6。式（4.11）中的参数取 $\beta = 3.68$，$k_4 = 0.5$。求各断面参数。

解：（1）平滩宽度 W。由式（4.11）得，平滩宽度 $W = \beta Q_b^{k_4} = 3.68 \times 50^{0.5} = 26.02$（m）

（2）弯曲顶点。由式（4.12）得

$$\frac{W_a}{W_i} = 1.05 T_e + 0.30 T_b + 0.44 T_c \pm u_1$$

$$= 1.05 \times 1.0 + 0.30 \times 1.0 + 0.44 \times 1.0 + 0.07$$

$$= 1.86$$

令 $W_i = W$，$W_a = 26.02 \times 1.86 = 48.39$（m）

（3）深槽。由式（4.13）得

$$\frac{W_p}{W_i} = 0.95 T_e + 0.20 T_b + 0.14 T_c \pm u_2$$

$$= 0.95 \times 1.0 + 0.20 \times 1.0 + 0.14 \times 1.0 + 0.17$$

$$= 1.46$$

令 $W_i = W$，$W_p = 26.02 \times 1.46 = 38.0$（m）

（4）平均深度 $D_m = W/17.6 = 26.02/17.6 = 1.48$（m）。

（5）最大深槽断面处深度 D_{max} 按式（4.14）计算：

$$\frac{D_{max}}{D_m} = 1.5 + 4.5 \left(\frac{R_c}{W_i} \right)^{-1}$$

$$\frac{D_{max}}{D_m} = 1.5 + 4.5 \left(\frac{76.79}{26.02} \right)^{-1} = 3.02$$

$$D_{max} = 1.48 \times 3.02 = 4.48 \text{（m）}$$

6. 河床基质铺设

一般来说，待修复河道的河床需铺设基质材料，特别是当目标河段位于水库大坝下游时，由于水库拦水拦沙，下游河道的来沙（包括悬移质和推移质）大幅减少。这种情况下，有必要重新铺设河床基质材料。铺设河床基质设计的原则是：①具有足够的稳定性，保持河道泥沙冲淤平衡，竣工后经长期运行，河段纵坡和横断面都不会发生重大变化；②提高河流栖息地质量，为保护物种提供良好的栖息地条件；③提高美学价值，创造优美的水景观环境。

基质铺设设计的一般步骤如下：①调查评估河床基质现状，包括河床材料构成、材料类型（卵石、砂砾石、沙质土、砂黏土、淤泥等）、河床材料特征（粒径、角状、嵌入程度等）；②调查河段基质的历史状况和发生的变化，如渠道化、泥沙淤积、建筑垃圾倾倒，调查评估河床稳定性和河势稳定性，主要是河段的冲刷和淤积状况；③选择同一流域未被干扰的河段，其河床稳定且河道地貌具有多样性特征，比照参照河段设计基质材料类型、级配；④列出目标河段生物种群清单，明确保护物种及其栖息地需求，按照物种的生活习性，选择适宜的基质构建相关栖息地，如鱼类产卵栖息地、滤食动物栖息地以及水禽自由漫步的鹅卵石条件；⑤当地砂卵石资源评估，包括化学成分、粒径、级配、资源规模以及开发可能性等；⑥明确河段的修复目标。

深潭-浅滩序列是自然蜿蜒性河流的主要特征。深潭和浅滩的基质有所不同，深潭的基质是颗粒较细的泥沙，浅滩河床的基质是粗糙而密实的卵石。修复时，浅滩急流段宜铺设砂砾石和卵石，以混合型的砂砾石为主，其中具有尖角的砂砾石需占有相当比例，以利于砂砾石之间互相咬合。在急流河段布置大卵石、大漂石可以形成一系列小型堰坝，创造鱼类适宜栖息地。鱼梁高度不宜超过 30cm，以不影响鱼类局部洄游。在浅滩铺设基质材料时，要求浅滩相对高出平均纵坡线，使得在纵剖面上，形成深潭-浅滩地形起伏的纵断面（图 4.2）。

4.2.4　城市河道修复设计

城市河道修复有其特殊性。因为城市建筑林立，道路纵横，各类管线密集，使河道修复设计布置空间受到很大限制。如果是城市新区规划，完全可以按照河道自然化的标准设计。即使是城市郊区，空间相对也要大些。但是对于多数人口密集的市区，实现自然化目标存在相当大的困难。在这种情况下，需要因地制宜地采取措施，利用有限的空间增添更多的自然因素，实现一定程度的自然化目标。

1. 城市河道设计要点

城市河道的治理目标是统筹河道的行洪、排涝、景观与休闲等多种功能，利用有限的城市空间，增添、恢复更多的自然因素，避免渠道化、商业化和园林化，使充满活力的河流成为城市的生态廊道，使生活在闹市中的市民能够享受田园风光和野趣，创造绿色生态的宜居环境。

城市河道治理规划设计要点如下：

(1) 要与城市总体规划和城市功能定位一致，并与防洪、水污染防治、城市交通、绿化和各类管线建设等规划相协调。

(2) 明确城市河道功能定位，确定河流空间总体布局，形成河道-湖泊-湿地连通的河流廊道完整系统。在河流廊道系统中布置景观节点，形成各具特色的自然景观。

(3) 防洪排涝、防污治污、生态保护修复和自然景观修复一体化的综合治理。应满足城市防洪规划的要求，对堤防稳定性进行复核，对堤防安全隐患进行加固处理。实现污水的深度处理，完善污水处理管网建设，治理黑臭水体，实行雨污分流，实现水功能区达标。

(4) 恢复城市水面。恢复河湖改造前的水面，把改造成地下涵管的河道恢复成地面河道，以及恢复原有的湖泊湿地。需要按照当地水资源禀赋，统筹规划生活、生产、生态和景观用水，论证确定河湖水面面积占城市国土面积的适宜比例。恢复水面势必增加蒸发损失，水资源短缺地区应持谨慎态度，需要经过充分论证确定方案。

(5) 采用多样化的河道断面。根据现场空间可能性，布置自然断面或非几何对称断面。可以采用复式断面，以便在非汛期利用更多的河滨带空间布置绿化带和休闲场所。同时，沿岸布置亲水平台和栈道等亲水设施。

(6) 采用活植物及其他辅助材料构筑河湖堤岸护岸结构，实现稳定边坡、减少水土流失和改善栖息地等多重目标。选择能迅速生长新根且具耐水性能的木本植物。采用生态型岸坡防护结构，如生态型挡土墙、植物纤维垫、土工织物扁袋、块石与植物混合结构等。

(7) 植物修复设计。以乡土植物为主，经论证适量引进观赏植物，防止生物入侵。选择具有净化水体功能的植物如芦苇、菖蒲等。按照不同频率洪水水位，确定乔灌草各类植物搭配分区。植物搭配需主次分明，富于四季变化，营造充满活力的自然气息。

(8) 通盘考虑道路、交通、停车场布置。特别注意绿色步道和自行车道的沿河、沿湖布置，把景观节点和休闲林带串联起来。

(9) 提高水动力性。通过疏浚、通畅河道，拆除失去功能的闸坝，改善闸坝群调度方式，提高水动力性。在小型河流局部河段，可用水面推流器强化水体流动，保持紊流区流态，增加溶解氧含量，抑制藻细胞生长速率，防止水华发生。需要指出，目前不少缺水的北方城市采取橡胶坝蓄水，试图增加水面面积，提高景观效果，但是总体看是弊大于利。橡胶坝降低了水体流动性，夏季容易引发水华；几米高的橡胶坝阻断了短途洄游鱼类的通道，一般认为，超过30cm的河道障碍物会对鱼类洄游造成阻碍；静水的溶解氧低，会降低水生生物的生物量。

2. 城市河道断面设计

（1）仿自然断面。城市河道自然化断面设计的关键是，在周围现有道路、管线、建筑物的约束下，对原有渠道化河道断面进行改造，尽可能增加自然因素，又不降低防洪功能，达到仿自然的目标。

【工程案例4.1】　北京北护城河修复工程。

图4.7是北京北护城河修复的河段断面。原有浆砌石护坡保留，用疏浚淤泥覆盖，表层进行营养土、腐殖土改良或铺设种植土。常水位以上铺设100%过筛种植土，土体表面覆盖梢条栅栏，并采用扦插柳枝条等方式种植灌木或小乔木，形成覆盖层遮挡下层浆砌石护坡。覆土下部设置格栅石笼起抗滑和防护作用。格栅石笼下部与土体接触部位铺设土工无纺布作反滤层，防止石笼下部土层在波浪、水流和渗流作用下发生冲刷侵蚀破坏，保证防护结构的整体和局部稳定。土工无纺布应满足保土性、透水性和防堵性的要求。沿水边线铺设生态袋护岸。生态袋用聚丙烯材料制成，袋内装土，可形成坡度任意变化的岸坡，在生态袋上播种黑麦草、高羊茅等草种，长势良好，郁闭度达到95%以上。生态袋护岸为水生动物如鱼类、青蛙螺蛳、蚌等提供了栖息地。该河段内，原来河道两侧设有步道，高程较高，缺乏亲水功能。自然化设计的步道贯穿在岸坡中，迂回曲折，高程降低在常水位附近，拉近了人与水面的距离。步道采用透水砖、嵌草青石板、汀步石等透水路面，透水性能好，雨后不积水，也能增加行走趣味。河段内布设的亲水平台和滨水栈道，均为钢筋混凝土结构，在其上采用透水铺装，钢筋混凝土结构预留排水孔，使平台面和栈道面不积水。

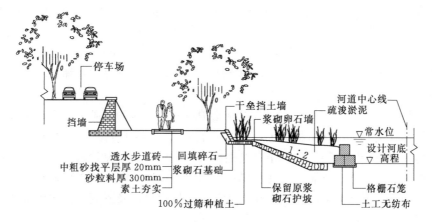

图4.7　北京北护城河修复的河段断面
（据北京市水利规划设计研究院邓卓智，改绘）

（2）复式断面。复式断面能充分利用河道空间，水位在非汛期常水位以下时，水流控

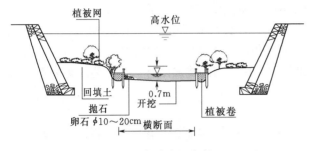

图 4.8　复式断面实例

材和植物等。图 4.8 显示一个复式断面的实例。下部为深槽，在非汛期常水位下水流控制在深槽内，深槽用抛石护脚。与深槽边坡衔接为 1∶3 缓坡，用植物卷技术种植植物，缓坡以上为平坦滩地，可以布置亲水平台、栈道、绿色步道和休闲空地。滩地外侧陡坡为混凝土挡土墙，挡土墙内侧临水面布置石笼垫，石笼垫表面做覆土处理，内种植物插条。植物生长以后起固土作用，并形成多样的自然景观。

（3）覆土工法。对于已经渠道化的城市中小型河流，一般情况下不太可能拆除混凝土或浆砌块石等硬质衬砌，比较现实的方法是把开挖、疏浚的土方铺设在硬质衬砌上面，以创造植物生长条件，构建自然河岸景观环境，这种技术称为覆土工法。覆土工法既可以改善生态环境，创造栖息地条件，促进近岸的食物网发育和生物多样性，也可以有效改变原来单调的景观，形成自然的绿色宜居环境。从功能上分析，防洪安全主要靠覆土下面的硬质衬砌承担，植被可以起固土、防止冲刷的作用。覆土类型有：①利用原有表土，当地表土内含乡土植物根或种子时，可较快恢复植被，发挥固土作用；②移植草皮，移植矮草草皮，在施工后即可发挥耐冲功能，其后任其自然演替，发生植物物种更替；③覆土上用卵石类材料覆盖，目的在于提高抗冲刷能力；④填缝型覆土，在铅丝笼或石笼垫的块石缝隙中填土，以促进植物生长。如果原有护坡坡度为 1∶1.5～1∶2.0，覆土坡度一般缓于 1∶3。覆土厚度应考虑植物成活性，满足不同植物生长对土壤厚度的要求，通常矮草为 15cm，草坪为 30cm，小灌木为 45cm，大灌木为 60cm，浅根性乔木为 90cm，深根性乔木为 150cm。当地表土对植物生长至关重要。开挖表土厚度为 20cm 左右，可以包含大部分种子。在施工过程中，要分层开挖表土，每层表土要在指定位置存放，铺设时按照顺序运送到铺设位置。

图 4.9 显示覆土工法实例，在原有混凝土护坡和挡土墙的基础上，将河道疏挖的土方回填到岸坡并夯实。表层回填种植土，厚度大于 1m。回填土上种植灌木和小乔木，用连柴栅栏、柳枝栅栏构筑植物护坡，用以遮挡混凝土硬质衬砌。堤顶附近铺设麻椰毯具有水土保持功能，还能增强土壤肥力。在坡脚布置铅丝笼填装卵石，下部用厚铅丝笼护底。铅丝笼起防止冲刷及土体滑坡的作用。在土体与铅丝笼边界以及不同土体接触部位均用无纺布做反滤层。

（4）亲水平台和滨水栈道。河湖沿岸的亲水平台和滨水栈道能够拉近人与河湖水面的距离，给人们融入大自然提供便利。亲水平台和滨水栈道适合设置在小型河流城市河段、湖泊和湿地，属环境景观滨水工程构筑物，一般布置在景观节点，需考虑周围水流、水

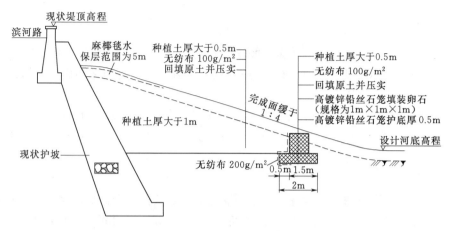

图 4.9 覆土工法实例

（据北京市水利规划设计研究院邓卓智，改绘）

深、植物、遮阴、风向、阳光等多种环境因素，还要方便休憩和拍照。设计时要考虑周边河底高程和常水位水深，周边常水位水深一般不超过 70cm，平台面或栈道面高程一般高出常水位 50cm 以上。平台面或栈道面高程应与附近道路高程衔接。

4.3 自然型岸坡防护技术

河道岸坡防护的目的是防止水流对岸坡的冲刷、侵蚀，保证岸坡的稳定性。自然型岸坡防护技术是在传统的护岸技术基础上，将活体植物和天然材料作为护岸材料，既能满足护岸要求，又能提供良好的栖息地条件，改善自然景观。

4.3.1 天然植物护岸

1. 维护自然河岸

岸坡植被系统可降低土壤孔隙压力，吸收土壤水分。植物根系能提高土体的抗剪强度，增强土体的黏结力，使土体结构趋于坚固和稳定。岸坡植被系统具有固土护岸，降低流速，减轻冲刷的功能，同时为鱼类、水禽和昆虫等动物提供栖息地。自然生长的芦苇一般处在纵坡较缓和流速较低的部位。河道行洪时芦苇卧倒覆盖河岸，其茎和叶随水漂曳，有降低流速和护岸的功能。通航河道岸边芦苇有降低航行波的功能，如果芦苇地在横断面上宽度达到 8m 时，航船的航行波能量能削减 60%～80%。水边柳树生长茂盛，河道行洪时，其枝叶顺流倒伏，降低流速。柳树发达的根系对土壤有很强的束缚作用，能保持岸坡稳定。河道和河漫滩生长的竹子，有明显消能和降低流速的功能，在高程较高的滩地上生长的竹林能有效降低流速，较河槽流速可降低 60%～70%，防冲刷护岸功能十分明显。

如果河道地形地貌、地质、水流和天然植被条件允许，河岸不需要做人工护坡工程，而采取维护现有天然植被的方法，充分发挥生态系统自设计、自组织功能，达到维持岸坡稳定和保育栖息地的目的。下列河道部位可以考虑不做岸坡人工防护工程：①坚硬完整岩石裸露的山脚；②河道凹岸缓流部位；③高程较高的河滨带；④天然植物茂盛的部位，可以发挥防冲刷作用；⑤V形河谷。通过野外调查与评估，划分出不进行人工护岸的河段并列入规划。

2. 芦苇和柳树的种植

芦苇适合生长在流速较缓、断面边坡较缓的河岸以及水位变动不大的湖沼。种植芦苇的边坡缓于 1∶3，水深为 30cm 左右，距地下水 40cm 为宜。种植地的表土为约含 80％细沙的土质，易于芦苇成活生长。

柳树适宜河流缓流河段以及凹岸等不易受冲刷部位。地表高出平均水位 0.3～2.0m 为宜，3.0m 左右是高度上限。常年泡水会使根部腐烂。适宜土壤包括细沙、粗砂、砾石等混合土壤。

3. 联排条捆

（1）构造。联排条捆是由木桩、联排条捆主体和竖条捆组合而成的结构。木桩采用小头直径为 12cm、长 2.5m 的松木原木。条捆直径为 15cm，长 2m，采用橡树、枸树、柞木等富于韧性的树枝，用 12 号铅丝每隔 15cm 扎绑而成。竖条捆用长约 1.2m，小头直径为 6mm 的柳枝制作，柳枝选用发芽前的枝条。将木桩沿水边线按照 0.6～1.0m 的间隔打入土中，打入深度约 1.5m，桩木露出河床约 1m。用 12 号铅丝将联排条捆绑在木桩上，在其背后铺设柳枝竖条捆，然后在竖条捆背后填入 30cm 厚的砾石粗沙作为反滤层（图 4.10）。

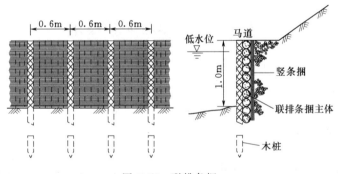

图 4.10　联排条捆

（2）功能。联排条捆是整体、多孔结构，既可护岸，也可以把雨水排入河道。柳树群成长迅速，繁茂的柳树群成为良好的栖息地。

（3）适用范围。联排条捆适宜在水深 1.0m 左右的水边，桩木的寿命为 2～6 年，故有赖于柳树根系长成后发挥护岸作用。

4. 植物纤维垫

（1）构造。植物纤维垫一般采用椰壳纤维、黄麻、木棉、芦苇、稻草等天然植物纤维制成（也可应用土工格栅加筋），可结合植物一起应用于河道岸坡防护工程，如图 4.11 所示。防护结构下层为混有草种的腐殖土，植物纤维垫可用活木桩固定，并覆盖一层表土，在表土层内撒播种子，并穿过纤维垫扦插活枝条。

（2）功能。植物纤维腐烂后能促进腐殖质的形成，增加土壤肥力。草籽发芽生长后穿过纤维垫的孔眼形成抗冲结构体。插条会在适宜的气候、水力条件下繁殖生长，最终形成植被覆盖层，可营造出多样性的栖息地环境，并增强自然景观效果。

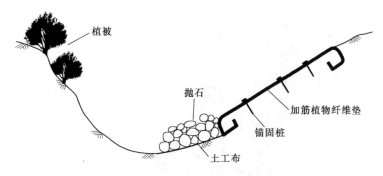

图 4.11 植物纤维垫岸坡防护结构

（3）适用范围。植物纤维垫适用于水流相对平缓、水位变化不太频繁、岸坡坡度缓于 1∶2 的小型河流。

（4）设计要点。

1）制订植被计划时应考虑到植物纤维降解和植被生长的速率，应保证植物降解时间大于形成植被覆盖所需的时间。

2）植物纤维垫厚度一般为 2～8mm，撕裂强度大于 10kN/m，经过紫外线照射后强度下降不超过 5%，经过酸碱化学作用后强度下降不超过 15%；最大允许等效孔径 O_{95} 可参考表 4.3，结合实际情况选取。

3）草种应选择多种本土草种；扦插的活枝条长度为 0.5～0.6m，直径为 10～25mm；活木桩长度为 0.5～0.6m，直径为 50～60mm。

表 4.3　　　　　　　　　　　　　植物纤维垫设计参数

土壤特性	岸坡坡度/(°)	最大允许等效孔径 O_{95}		
		播种时间距发芽时间很短	播种时间距发芽时间在 2 个月内	播种时间距发芽时间超过 2 个月
黏性土	<40	—	—	—
	>40	—	$4d_{85}$	$2d_{85}$
无黏性土	<35	$8d_{85}$	$4d_{85}$	$2d_{85}$
	>35	$4d_{85}$	$2d_{85}$	d_{85}

注　d_{85} 表示被保护土的特征粒径，即小于该粒径的土质量占总质量的 85%。

5. 土工织物扁袋

（1）构造。土工织物扁袋是把天然材料或合成材料织物，在工程现场展平后，上面填土，然后把土工织物向坡内反卷，包裹填土制作形成。土工织物扁袋水平放置，在岸坡上呈阶梯状排列，土体包含草种、碎石、腐殖土等材料。在上下层扁袋之间放置活枝条。土工织物扁袋下部邻近水边线处采用石笼、抛石等护脚，防止冲刷和滑坡（图 4.12）。

（2）功能。扁袋土体内掺杂植物种子，生长发育后形成植被覆盖。上下扁袋层之间的活枝条发育后，其顶端枝叶可降低流速和冲蚀能量，并可最终形成自然型外观，提供多样性栖息地环境。土体内部的根系具有土体加筋功能，可发挥固土作用。在冲刷较严重的坡脚部位，采用石笼或抛石可保持岸坡稳定。

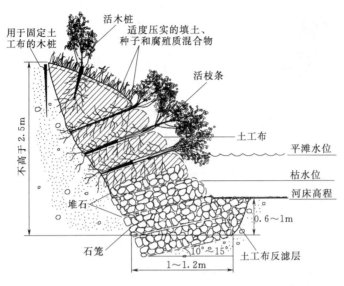

图 4.12　土工织物扁袋

（3）适用范围。土工织物扁袋主要适用于较陡岸坡，能起到防护侵蚀和增加边坡整体稳定性的作用，与常规的灌木植被防护技术相比，可抵御相对较高流速的水流冲击。土工袋具有较好的挠曲性，能适应坡面的局部变形，形成阶梯坡状，特别适用于岸坡坡度不均匀的部位。

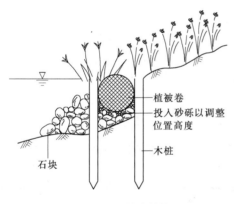

图 4.13　植被卷护坡

6. 植被卷

（1）构造。用管状植物纤维织成的网或尼龙网做成圆筒状，中间填充椰子纤维等植物纤维，形成植被卷。在植物卷中栽植植物（如菖蒲），形成植被后能够发挥固土防冲功能并防止土体下滑（图 4.13）。

（2）功能。植被卷内填充的植物纤维，成为栽植植物生长的基质，能促进植物生长。植被卷在水下的部分，其空隙可作为水生生物的栖息地。植被卷可弯曲变形，适合构造曲折变化的岸线。在常年不淹水部位，经过几年运行，植物纤维已经分解并被植物吸收，栽植的植物成活并在河岸扎根，形成的植被具有护岸功能。

（3）适用范围。植被卷适用于流速较缓的小型河流、冲刷力不高的河段。

4.3.2　石笼类护岸

1. 铅丝笼

（1）构造。铅丝笼是用铅丝编成六边形网目的圆筒状笼子，笼中填块石或卵石，置于岸坡上，用以护岸。

（2）功能。铅丝笼具有柔性，能够适应地基轻微沉陷。其多孔性特征使得水下部分成为鱼类和贝类的栖息地。笼内填土后可以种植植物，形成近自然景观。

（3）适用范围。铅丝笼用途广泛，其坡面坡度适用范围为 $1:1\sim1:2$，优先考虑易于获取卵石材料的河段。为防止铅丝严重锈蚀，pH 值小于 5 的河段、Cl^- 浓度达 450mg/L 以上的河段或土壤为黑色有机质混合土壤的河段，不宜使用铅丝笼。

2. 石笼垫

（1）构造。石笼垫是由块石、铁丝编成的扁方形笼状构件，铺设在岸坡上抵抗水流冲刷，常用尺寸为长（4m，5m，6m）×宽（2m）×厚（17cm，23cm，30cm）。石笼垫底面设置反滤层，表层覆土，石缝中插种植物活枝条，也可在覆土上撒播草种。坡脚处通常设置一单层石笼墙，为石笼垫提供支承并能抵抗坡脚处的水流冲刷。石笼墙通常由长方形石笼排列而成，其在河床下面的埋设深度根据冲刷深度确定，如图 4.14 所示。

（2）功能。石笼垫属柔性结构，整体性和挠曲性均好，能适应岸坡出现的局部沉陷。与抛石比较，石笼垫能够抵御更高的流速，抗冲刷性好，内外透水性良好，块石间的空隙能为鱼类、贝类及其他水生生物提供多样栖息地。在石块之间间插枝条，生长出的植被能减缓水流冲击并能促进泥沙淤积，最终形成近自然景观。

（3）适用范围。石笼垫具有护坡、护脚和护河底的作用，适用于高流速、冲蚀严重、岸坡渗水多的缓坡河岸。在雨量丰沛或地下水位高的河岸区域，可利用其多孔性排水。

（4）设计要点。石笼垫在坡脚处水平段的铺设长度为 L_3，主要受该处最大冲刷深度 Z 和石笼垫沿坡面抗滑稳定性的影响，满足 L_3 最小取值在 $1.5Z\sim2.0Z$ 之间，且石笼垫沿坡面的抗滑稳定系数不小于 1.5 二者要求的较大值（图 4.15）。

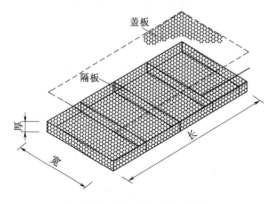

图 4.14 石笼垫结构示意图

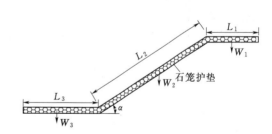

图 4.15 石笼垫稳定分析计算简图
［引自《水工设计手册（第 2 版）第 3 卷》］

1）计算坡脚处最大冲刷深度 Z，详见《堤防工程设计规范》（GB 50286—2013）。

2）石笼垫抗滑稳定分析。石笼垫护坡不允许在自重作用下沿坡面发生滑动，且抗滑稳定安全系数 $F_s\geqslant1.5$，即

$$F_s=\frac{L_1+L_2\cos\alpha+L_3}{L_2\sin\alpha}f_{cs}\geqslant1.5 \tag{4.15}$$

$$f_{cs}=\tan\varphi$$

式中：L_1、L_2 和 L_3 分别为石笼垫堤顶段、斜坡段和水平段的长度；α 为岸坡角度；f_{cs} 为石

笼垫与边坡之间的摩擦系数；φ 为坡土的内摩擦角。

3）石笼垫厚度的确定。石笼垫厚度 D 主要由水力特性确定，其值一般为 $17\sim30\text{cm}$，取考虑以下水力因素影响的计算值的较大者。

a. 考虑水流冲刷影响。

$$D = 0.035 \times \frac{0.75v_c^2}{0.07K_s 2g} = \frac{0.1875v_c^2}{K_s g} \tag{4.16}$$

$$K_s = \sqrt{1 - \sin^2\alpha / \sin^2\phi}$$

式中：v_c 为平均流速，m/s；g 为重力加速度；K_s 为坡度参数；ϕ 为石笼垫内填石的内摩擦角。

b. 考虑波浪高度及岸坡影响。

$$D \geqslant cH_s \tag{4.17}$$

式中：H_s 为波浪设计高度；c 为系数，$c = (1/2)\cos\alpha$（$\tan\alpha \geqslant 1/3$ 时）或 $c = (1/4) \times \sqrt[3]{\tan\alpha}$（$\tan\alpha < 1/3$ 时）。

3. 抛石

（1）功能。抛石护脚是平顺坡护岸下部固基的主要方法，也是处理崩岸险工的一种常见、优先选用的措施。抛石护脚具有就地取材、施工简单的特点，其护脚固基作用显著。抛石群的石块有许多间隙，可成为鱼类以及其他水生生物的栖息地或避难所。

（2）适用范围。在水深和流速较大以及水流顶冲部位，通常采用抛石护岸。抛石也是崩岸险工处理的主要手段。

（3）设计要点。

1）抛石护脚范围的确定。在深泓线逼进河岸段，抛石应延伸到深泓线，并满足河岸最大冲刷深度的要求。从岸坡的抗滑稳定考虑，应使冲刷坑底与岸边连线保持较缓的坡度，并使抛石深入河床并有所延伸。在主流逼近凹岸的河段，抛石范围应超过冲坑最深部位（图 4.16）。在水流平顺段，抛石上部应达到原坡度为 $1:3\sim1:4$ 的缓坡处。抛石护脚工程的顶部平台，一般应高出枯水位 $0.5\sim1.0\text{m}$。

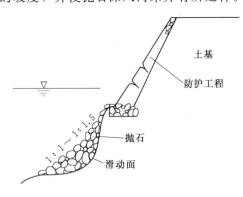

图 4.16　抛石护脚示意图

2）抛石粒径的选择。抛石部位水流条件不同，所需抛石粒径应有所不同。

3）抛石堆积厚度和稳定性坡度要求。抛石堆积厚度应不小于抛石粒径的 2 倍，水深流急处为 $3\sim4$ 倍，一般可为 $0.6\sim1.0\text{m}$，重要堤段为 $0.8\sim1.0\text{m}$。抛石护岸坡度，枯水位以下可根据具体情况控制在 $1:1.5\sim1:4$。

4）抛石区反滤层设置。可采用砂砾料反滤层，也可采用土工合成材料，依据相关技术标准设计。

4.3.3 多孔透水混凝土构件

1. 铰接混凝土块护坡

（1）构造。铰接混凝土块护坡是一种连锁型预制混凝土块铺面结构，由多组标准的预制混凝土块用钢缆或聚酯缆绳连接，或通过混凝土块相互连接构成（图4.17）。结构底面铺设土工布或碎石作反滤层和垫层。

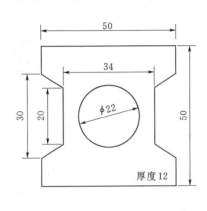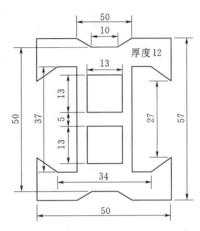

图 4.17 两种混凝土自锁块结构（单位：cm）

（2）功能。混凝土块为空心构件，其孔洞面积率满足充填表土或砾石材料的要求。这种具有多孔和透水特点的结构，允许植物生长发育，能够改善岸坡栖息地条件，提升自然景观效果。

（3）适用范围。铰接混凝土块适用于流速较高和风浪淘刷侵蚀严重、坡面相对平整的河道岸坡。

（4）材料。混凝土标号可选用C20，最大水灰比为0.55，坍落度为3～5cm，掺20%～30%粉煤灰和0.5%的减水剂，以降低用水量和水泥用量。为了提高混凝土耐久性，宜掺用引水剂，控制新拌混凝土含气量。在混凝土搅拌时可加入适量的醋酸木质纤维，醋酸可中和混凝土的碱性，以利于植物生长。木质纤维在保证混凝土碱性降低的情况下增加构件强度，经过一段时间后，会开始分解产生酸类物质再次中和混凝土碱性，并形成微孔通道。

2. 生态砖和鱼巢砖

（1）构造。生态砖和鱼巢砖具有类似的结构型式，常将二者组合应用。生态砖是由水泥和粗骨料胶结而成的无砂大孔隙混凝土制成的块体，并在块体孔隙中充填腐殖土、种子、缓释肥料和保水剂等混合材料，为植物生长提供有利条件。

鱼巢砖用普通混凝土制成，在其底部可充填少量卵石、棕榈皮等，以作为鱼卵的载体。鱼巢砖上下咬合排列成一个整体。前、左、右三个面留有进口，顶部敞开。生态砖和鱼巢砖底部需铺设反滤层，以防止发生土壤侵蚀。可选用能满足反滤准则及植物生长需求的土工织物作为反滤材料（图4.18）。

（2）功能。生态砖和鱼巢砖具有抵御河道岸坡侵蚀的功能，能够为鱼类提供产卵栖息地，促进形成自然景观。植物根系通过砖块孔隙扎根到土体中，能提高土体整体稳定性。

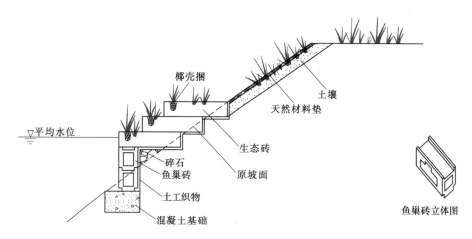

图 4.18　生态砖与鱼巢砖构件护岸

（3）适用范围。生态砖和鱼巢砖经常组合应用，适用于水流冲刷严重，水位变动频繁，而且稳定性要求较高的河段和特殊结构的防护，如桥墩处和景观要求较高的城市河段岸坡防护。

（4）材料。生态砖混凝土的粗骨料可以选用碎石、卵石、碎砖块、碎混凝土块等材料，粗骨料粒径应为 5～40mm，水泥通常采用普通硅酸盐水泥。生态砖的抗压强度主要取决于灰骨比、骨料种类、粒径、振捣程度等，一般为 6.0～15.0MPa。如果在冬期施工，可适当加入早强剂。有报告显示，在鱼巢砖内填入当地大小混合的卵石，有助于吸引不同类型的鱼类进入鱼巢砖内产卵。

（5）设计要点。图 4.18 显示生态砖与鱼巢砖组合使用的河道断面。在最下部用混凝土基础护脚，预防淘冲。混凝土基础上面，自下而上叠放鱼巢砖，高度至多年平均水位。鱼巢砖与岸坡土体接触部分，设置土工布作反滤层。鱼巢砖与岸坡之间的楔形空间用碎石填充。鱼巢砖上面叠放生态砖，块体孔隙中充填腐殖土、种子、缓释肥料和保水剂等混合材料并设置植被卷（如椰壳捆）。在岸坡顶部坡面铺设植物纤维垫。

4.3.4　半干砌石

（1）构造。在岸坡施工现场浇筑混凝土格栅，在其上放置卵石或块石。石料间的空隙一半用混凝土填筑，一半填入土壤、插枝植物（如柳枝），如图 4.19 所示。

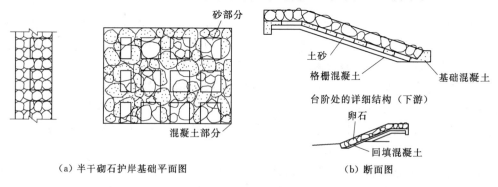

（a）半干砌石护岸基础平面图　　　　　　　　（b）断面图

图 4.19　半干砌石结构

（2）功能。半干砌石既具浆砌石结构的优点，整体性强能够抗冲刷，又具干砌石结构的优点，空隙多可以填土生长植物，为鱼类和昆虫栖息创造条件，同时营造自然景观，避免浆砌石结构的单调化。

4.3.5 组合式护岸结构

在护岸工程设计中，常灵活应用各种护岸技术构成组合式护岸结构。这样能够因地制宜，全面考虑工程现场流速、水深、冲刷、滑坡风险、材料来源等多种因素。图 4.20 显示的组合结构，需要进行冲刷侵蚀分析和抗滑稳定计算。岸坡坡度 1∶3，岸坡防护结构由阶梯式土壤扁袋、砂砾石反滤层、块石护脚、植物种植组合而成。块石护脚基础的功能是防止淘冲以及保证抗滑稳定，块石护脚向河床内延伸，深度应达到预计水流淘冲深度。砂砾石反滤层布置在防护结构与岸坡之间，其功能是当水位急剧下降时，可通过砂砾石层排水。

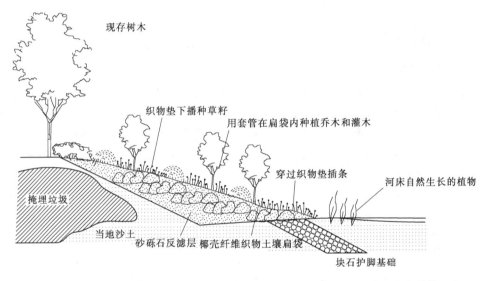

图 4.20 块石护脚—砂砾石反滤层—阶梯式扁袋—植物种植组合式护岸结构

采用可以生物降解的椰壳纤维织物垫材料，用两层椰壳纤维织物垫包裹土壤形成扁袋，高约 50cm。现场施工时，将两层织物垫展平后上面填土，然后把织物垫向坡内反卷包裹填土形成扁袋。扁袋水平铺设，在岸坡上呈阶梯状。扁袋之间需重叠搭接（图4.21）。外层为纤维缠绕的较厚椰壳纤维织物垫，网孔约 6mm。这层织物垫抗剪强度高，其功能是保持护岸结构的整体性。内层织物垫是用聚丙烯网连接的椰壳纤维无纺布，其功能是防止细小泥沙颗粒被水流带走引起管涌。扁袋的作用是促进坡面植物生长。整个坡面均进行植物培育。植物配置需进行现场植物群落调查，在此基础上确定不同植物物种沿河岸分布的高程范围。坡面顶部附近，播撒草籽到扁袋上层织物垫下面的土壤表层。坡面中部用套管在扁袋内土壤中种植乔木和灌木。坡面下部用插条法将活枝条穿过织物垫种植，并使上部枝叶露在坡面。据估计，椰壳纤维织物垫的预期寿命为 5～7 年，在此期间坡面植物已经生长茂盛，足以发挥护坡作用。长成植物的根系具有固土作用，暴露的茎叶具有减缓流速、抵御冲刷的功能。

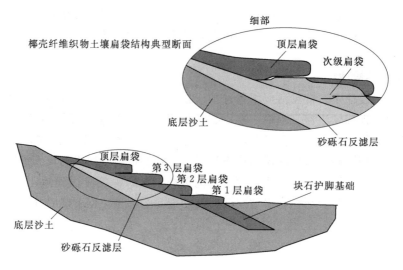

图 4.21　椰壳纤维织物扁袋—块石护脚—砂砾石反滤层护岸结构断面细部

4.3.6　反滤层设计

河道岸坡防护的一个技术关键是采用土工织物或碎石作为反滤层和垫层，防止河道岸坡土体颗粒在水流、波浪或坡面渗流的作用下通过防护面层空隙流失发生侵蚀，损坏防护结构整体稳定性。碎石反滤技术相对比较成熟，这里不再赘述，只讨论土工织物滤层设计问题。

土工织物滤层的设计应综合考虑被保护土性质、滤层材料性质、渗透水流特性，以及被保护土与滤层关联性质，并遵循以下准则：

（1）保土性准则。土工织物的孔径须满足一定的要求，防止被保护土土粒随水流流失。一般按土工织物有效孔径 O_{95} 与土的特征粒径 d_{85}（即土中小于该粒径的土质量占总土质量的 85%）之间的关系表征，应符合：

$$O_{95} = nd_{85} \tag{4.18}$$

式中：n 为与被保护土的类型、级配、织物品种和状态有关的经验系数，按表 4.4 采用。当预计土工织物连同其下部被保护土体会产生一定位移时，n 应采用 0.5。表中 C_u 为土的不均匀系数，$C_u = d_{60}/d_{10}$，其中 d_{60} 和 d_{10} 分别为小于该粒径的土质量占总土质量的 60% 和 10%。

表 4.4　　　　　　　　　　　　式（4.18）中的经验系数 n 的建议取值

被保护土细粒（$d \leqslant 0.075\text{mm}$）含量	土的不均匀系数或土工织物类型		n 值
≤50%	$0 \leqslant C_u \leqslant 2$		1
	$2 < C_u \leqslant 4$		$0.5C_u$
	$4 < C_u < 8$		$8/C_u$
>50%	有纺织物	$O_{95} \leqslant 0.3\text{mm}$	1
	无纺织物		1.8

（2）透水性准则。土工织物的渗透系数应大于土的渗透系数（具有适宜的透水能力），保证渗流水通畅排走。可首先利用式（4.19）和式（4.20）计算出土工织物提供的透水率

ψ_a 和要求的透水率 ψ_r，然后利用式 (4.21) 进行判定。

$$\psi_a = \frac{k_v}{\delta} \tag{4.19}$$

$$\psi_r = \frac{q}{\Delta h A} \tag{4.20}$$

$$\psi_a \geqslant F_s \psi_r \tag{4.21}$$

式中：k_v 为土工织物的垂直渗透系数，cm/s；δ 为土工织物厚度，cm；q 为流量，cm^3/s；Δh 为土工织物两侧水头差，cm；A 为土工织物过水面积，cm^2；F_s 为安全系数，应不小于 3。

（3）防堵性准则。土工织物应具有高孔隙率，且分布均匀，适宜水流通过，多数孔径应足够大，允许较细的土颗粒通过，防止被细粒土堵塞失效。土工织物防堵性要求其孔径符合以下条件：

1）当被保护土级配良好、水力梯度低、流态稳定、维修费用小且不发生淤堵时，则

$$O_{95} \geqslant 3d_{15} \tag{4.22}$$

式中：d_{15} 为被保护土的特征粒径，mm；即小于该粒径的土质量占总土质量的 15%。

2）当被保护土易发生管涌、具有分散性、水力梯度高、流态复杂、维修费用大时，若被保护土的渗透系数 $k_s \geqslant 10^{-5}\,cm/s$，则

$$GR \leqslant 3 \tag{4.23}$$

式中：GR 为梯度比，指水流垂直通过土工织物与 25mm 厚土层的水力梯度与通过上覆 50mm 厚土层的水力梯度的比值。

若被保护土的渗透系数 $k_s < 10^{-5}\,cm/s$，需应用现场土料进行长期淤堵试验，观察其淤堵情况。

（4）强度准则。土工织物应具有足够的强度，以抵御施工干扰破坏。上述准则中有三个与被保护土的粒径有关，因此土的级配是设计的基础数据。

在河流生态修复工程设计中，除了对土工织物的保土性、透水性、防堵性及强度有所要求外，对于土工织物的可栽种性或可扎根性也有所要求。土工织物的可植根性是由许多不同因素决定的，它不仅与土工织物的等效孔径、厚度、构造等特性有关，而且还与使用地点的气候条件、降水、土壤湿度、养分含量等因素相关。从防堵性、渗透性和可植根性等方面综合考虑，一般选用等效孔径较大的土工织物。

4.4　河道内栖息地改善工程

河道内栖息地（in-stream habitat）是指具有生物个体和种群赖以生存的物理化学特征的河流区域。河道内栖息地按照空间尺度可大致分为 3 种类型，即宏观栖息地（macro-habitat），指河流系统本身，可能达到数千千米；中观栖息地（meso-habitat），指河段范围，尺度范围为几十米到 1km 左右；微观栖息地（micro-habitat），指尺度为几米甚至更小的微栖息地结构。这里以中观和微观栖息地为对象，介绍小型河流（这里指在漫滩水位时河宽小于 12m 的河流）栖息地修复加强技术。

2.4.2 节曾经阐述了河流地貌景观空间异质性-生物群落多样性关联子模型，指出河流形态的多样性决定了沿河栖息地的有效性、总量以及栖息地复杂性。河道内栖息地改善结构（instream habitat improvement structure）主要指利用木材、块石、适宜植物以及其他生态工程材料在河道内局部区域构筑的特殊结构，这类结构可通过调节水流及其与河床或岸坡岩土体的相互作用而在河道内形成多样性地貌和水流条件，例如水的深度、流速、急流、缓流、湍流、深潭、浅滩等，创造避难所、遮蔽物以及通道等物理条件，从而增强鱼类和其他水生生物栖息地功能，促使生物群落多样性的提高。河道内栖息地改善结构可以分为卵石群、树墩和原木构筑物、挑流丁坝和堰。

4.4.1　卵石群

卵石群是最常见的河道内遮蔽物。水流通过卵石群时，受到扰动消耗能量，使河段局部流速下降，卵石周围形成冲坑。在河道内布置的单块卵石（巨砾）或卵石群有助于创建具有多样性特征的水深、底质和流速条件；卵石是很好的掩蔽物，其背后的局部区域是生物避难和休息场所；卵石还有助于形成相对较大的水深、湍流以及流速梯度，曝气作用能够增加溶解氧。这些条件有益于诸多生物，包括水生昆虫、鱼类、两栖动物、哺乳动物和鸟类的生存。除鱼类之外，卵石所形成的微栖息地也能为其他水生生物提供庇护所或繁殖场所，比如卵石的下游面流速比较低，河流中的石蛾、飞蝼蛄、石蝇等动物均喜欢吸附在此处（图 4.22）。

图 4.22　卵石区流场及生物栖息示意图

在卵石群的设计中，不仅要考虑栖息地改善问题，还要考虑淘刷、河岸稳定等水力学和泥沙问题。如果细颗粒泥沙含量很高，卵石下游的冲坑很可能被淤积。在设计中应分析卵石自身的稳定、泥沙淤积所造成的卵石被掩埋等问题。如果河流主槽摆动，会因主槽偏离而使卵石群丧失栖息地功能。当卵石群安放在相对较高的河床位置时，最可能引起洄水问题。因此，设计中应对可能出现的淘刷、淤积、洪水和河岸侵蚀等问题进行分析。

卵石群的栖息地加强功能能否得到充分发挥，取决于诸多因素，例如河道坡降、河床底质条件、泥沙组成和水动力学等问题。卵石群一般比较适合于顺直、稳定和宽浅的河道，而不宜在细沙河床上布置，否则会在卵石附近产生河床淘刷现象，并可能导致卵石失稳后沉入冲坑。设计中可以参考类似河段的资料来确定卵石的直径、间距、卵石与河岸的距离、卵石密度、卵石排列模式和方向，并预测可能产生的效果。图 4.23 为卵石群的几种典型排列示意图。排列形式包括三角形、钻石形、排形、半圆形和交叉形。在平滩断面上，卵石所阻断的过流区域不应超过 1/3。一个卵石群一般包括 3～7 块卵石，取决于河道规模。卵石群之间的间距一般为 3～3.5m。卵石要尽量靠近主河槽，如深泓线两侧各 1/4 的范围，以保证枯水期仍能发挥其功能。

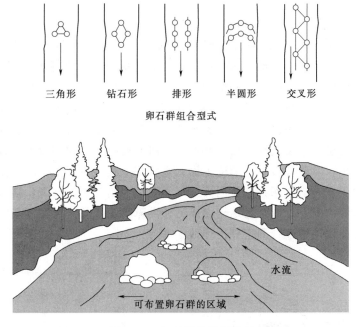

三角形　钻石形　排形　半圆形　交叉形

卵石群组合型式

图 4.23　卵石群的平面排列

图 4.24 显示一种卵石群连续 V 形布置方案。左侧上游第一块卵石用坐浆法施工，成为这组卵石群的基石。在第一块卵石下游布置一对卵石，然后布置一组由 3 块卵石组成的上游 V 形卵石群，再由 4 块小卵石以链条状连接下游 V 形卵石群，形成 V 形组-链条- V 形组布局。卵石间弯曲的缝隙，提供了一条低流速流路，如虚线所示。监测数据显示，这条低流速轨迹成为一些物种喜爱的通道。

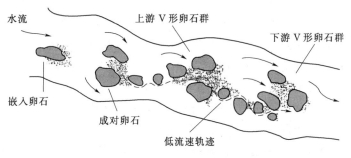

图 4.24　V 形卵石群布局

4.4.2　树墩和原木构筑物

1. 半原木掩蔽物

半原木掩蔽结构是河底的架空结构，在河道中顺长设置，为鱼类提供掩蔽物（图4.25）。用直径 20～30cm 的原木顺长劈开制成半原木，下部用方木支撑，方木间隔为1.5m。用钢筋把半原木和支撑方木连接并锚固在河底砂砾石层中。半原木掩蔽结构与水流平行或稍有角度布置，并且毗邻主泓线。半原木掩蔽结构一般布置在浅滩湍流区域，但是要求下部有足够的水深，能使掩蔽结构处于淹没状态。

2. 鱼类避难所

用原木、木桩和块石构筑的掩蔽物，为鱼类提供了遮阴环境，也成为鱼类躲避食肉鱼类和高速水流的避难所（图 4.26）。由原木或半原木搭建的平台靠木桩或钢筋混凝土桩支撑，木桩或钢筋混凝土桩牢固地夯入河底。在缓坡河道断面，支撑桩长度不小于 2m。为提高结构的耐久性，可用混凝土基础护脚。平台上放置块石和土壤，在土壤表层播撒草籽或在块石缝隙中插枝。其目的是增加结构物自重以防被水流冲走，也可提高景观美学价值，并且为岸坡植物重建提供机会。避难所结构下部岸坡放置大卵石防止基础冲刷，以稳固平台结构。鱼类避难所设置在河道外弯道，与河道控导构筑物和堰坝联合作用。控导构筑物应布置在对岸，以改善避难所结构下面水流流态，并且防止淤积。在低水位条件下，河岸掩蔽物下面要有一定水深，这是因为如果原木平台始终处于水下，则木材的耐久性要高得多。在高水位情况下，掩蔽物结构会成为行洪障碍物，同时存在掩蔽物被洪水冲走的风险，这就需要在设计中进行周密分析评估。

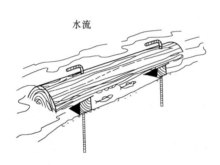

图 4.25　半原木掩蔽物

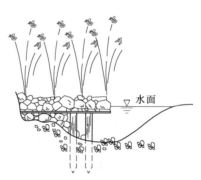

图 4.26　鱼类避难所结构

3. 树墩护岸

树墩护岸结构能够控导水流，保护岸坡抵御水流冲刷；形成多样的水力学条件，为鱼类和其他水生生物提供栖息地。树墩护岸结构使用的自然材料提供了坚实表面，有利于水生植物生长，也有利于营造自然景观。2.1.2 节讨论过山区溪流树木的残枝败叶和木质残骸是水生生物和大型无脊椎动物重要的食物来源，河流完整食物网就是所谓"二链并一网"的食物网结构。置于河道中的树墩结构，就是按照这种自然法则，利用树墩和木质残骸增加水生生物的食物来源，完善溪流食物网。

树墩护岸结构一般布置在受水流顶冲比较严重的弯道外侧，树根盘正对上游水流流向。树墩结构设置高程在漫滩水位附近，树根盘的 1/3～1/2 处于漫滩水位以下（图 4.27）。一般而言，树墩根部的直径为 25～60cm，树干长度为 3～4m，联成一排使用。树墩下部布置若干枕木，方向与其垂直。树墩与枕木用钢筋连接，钢筋下部牢固锚入河底。如需要，可在树墩上部布置若干横向原木，用钢筋与树墩连接，以增加结构的整体性。在枕木上部布置大卵石或漂石作为压重，并起基础护脚作用。树墩护岸结构以上布置土工织物或椰子壳纤维垫包裹的直径 10～15cm 碎石和砾石作反滤层。反滤层以上沿岸坡布置土工织物扁袋，即用土工织物和植物纤维垫包裹表土和开挖土混合物。每 30cm 在包裹土层之间扦插 15 枝处于休眠期的活枝条，并用表层土覆盖，充分洒水和压实。在土壤表层播撒乡土草种籽或利用表土内原有的草籽。

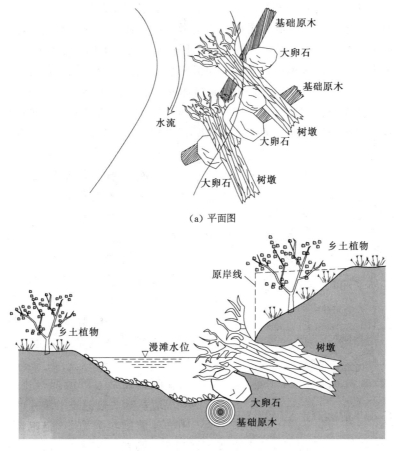

（a）平面图

（b）横断面图

图 4.27　树墩护岸结构

（据 Rosgen，1996，改绘）

树墩护岸结构可用插入法施工，使用施工机械把树干端部削尖后插入坡脚土体，为方便施工，树根盘一端可适当向上倾斜。这样对原土体和植被的干扰小，费用较低。此外，还可用开挖法施工。首先依据树墩尺寸开挖岸坡，然后进行枕木施工。枕木要与河岸平行放置，并埋入开挖沟内，沟底要位于河床以下，然后把树墩与枕木垂直安放。在树干上钻孔，用钢筋把树墩和枕木固定在一起，钢筋下部牢固锚固在河床内。最靠近树墩上部表面放置土工布或椰子壳纤维垫包裹的碎石和砾石制作的反滤层。树墩安装完成后，将开挖的岸坡回填至原地表高程。为保证回填土能够抵御水流侵蚀并尽快恢复植被，可用土工织物或植物纤维垫包裹土体，逐层进行施工，在相邻的包裹土层之间扦插活枝条。

4.4.3　挑流丁坝

1. 丁坝的功能

在传统意义上，挑流丁坝是防洪护岸构筑物。挑流丁坝能改变洪水方向，防止洪水直接冲刷岸坡造成破坏，也具有维持航道的功能。在生态工程中，挑流丁坝被赋予新的使命,成为河道内栖息地加强工程的重要构筑物(杨海军、李永祥,2005)。除了原有的功能之外,挑流丁坝能够调节水流的流速和水深,增加水力学条件的多样性,创造多样化的栖息地。挑流丁坝还能促使冲刷或淤积,形成微地形,特别在河道修复工程中,通过丁坝诱导,河流经多年演变形成河湾以及深潭-浅滩序列。在洪水期,丁坝能够减缓流速,为鱼类和其他水生生物提供避难所,平时能够形成静水或低流速区域,创造丰富的流态。连续布置的丁坝之间易产生泥沙淤积,为柳树等植物生长创造了条件,丁坝间形成的静水水面,利于芦苇等挺水植物生长。丁坝位置的空间变化,使生长的植被斑块形态多样,自然景观色调丰富。因此,城郊河流的挑流丁坝附近常成为居民休憩游玩和欣赏自然的场地。

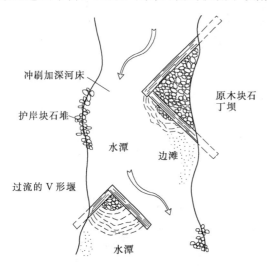

图 4.28　原木框-块石导流丁坝布置图

2. 丁坝的布置

挑流丁坝一般布置在河道纵坡较缓,河道较宽且水流平缓的河段。通常沿河道两岸交错布置,也可以成对布置在顺直河段的两岸(图 4.28)。迄今为止,挑流丁坝还没有严格的设计准则和通用标准。挑流丁坝布置方案和具体尺寸,应通过论证或参考类似工程经验确定,有条件的工程可以开展水力学模型试验。当然也可以参照现有文献的案例数据,但是这些案例中,因河道条件不同,有时参数的差别较大。有文献提出,上下游两个挑流丁坝的间距至少应达到 7 倍河道平滩宽度;丁坝向河道中心伸展缩窄河宽,缩窄后河道宽度约为原宽度的 70%~80%;挑流丁坝顶部高程不超过低水位的 0.15~0.3m,且顶部高程必须低于平滩水位或河岸顶面,以确保汛期洪水能顺利通过,洪水中的树枝等杂物不至于被阻挡而堆积,否则很容易造成洪水位异常抬高导致严重的河岸淘刷侵蚀。也有文献指出,丁坝的长度为河宽的 1/10 以内;高度为洪水水深的 0.2~0.3。还有文献认为,丁坝的长度起码达到河宽的 1/2,才能发挥创造栖息地的作用。挑流丁坝轴线与河岸夹角,其上游面与河岸夹角一般在 30°左右,以确保水流以适宜流速流向主槽;其下游面与河岸夹角约60°,以确保洪水期间漫过丁坝的水流流向主槽,从而避免冲刷该侧河岸。另有文献称,挑流丁坝方向与水流的夹角,上、下游均采用 45°。为防止丁坝被冲刷,可在挑流丁坝的上下游端与河岸交接部位堆放块石,并设置反滤层。

3. 丁坝的种类

传统意义上的丁坝按照坝顶高程与水位的关系,可分为淹没式和非淹没式两种。按照功能可分为控导型和治导型两种。在生态工程中,按照功能可分为栖息地改善的丁坝、调节河势的丁坝等。本书按照结构材料性质,将丁坝分为原木框-块石丁坝、块石丁坝和混凝土块体丁坝,下面分别予以介绍。

(1)原木框-块石丁坝。原木框-块石丁坝是由原木制作的三角形框架内放置块石构成。原木框-块石丁坝结构和平面布置如图 4.29 所示。图 4.29 中上游布置三角形原木框-块石导流丁坝。经丁坝挑流，水流转向对岸，对岸河床底部被淘冲逐渐形成水潭。为防止对岸的岸坡冲刷破坏，在对岸偏下游部位堆放块石以防护坡脚。丁坝原木下游毗邻部位形成水潭，其下游与边滩衔接。图4.29中下游右岸布置 V 形堰，为原木框-块石结构。堰顶高程低于上游丁坝，顶部常年过流。 V 形堰的作用是进一步缩窄水流，同时挑流使主流导向左岸。左岸靠下游侧堆放块石以防护坡脚。 V 形堰本身的下游方，形成近于静水的水潭。如上述通过多次挑流，使水流呈现紊动的复杂流态，形成了多样化的水力条件，为鱼类及其他水生动物创造了多样化的栖息地。

丁坝施工时，首先要平整场地，为原木就位做准备。用钢索和锚筋将原木牢固锚固在河床或岸坡，根据原木受力状况和河床地质条件，计算确定锚固深度。根据水深和丁坝顶部高程，确定叠放原木的层数，各层原木用锚筋或钢索连接固定以保证结构的整体性。挑流丁坝上游端或外层的块石直径要满足抗冲稳定性要求，一般可按照当地河床中最大砾石直径的1.5倍确定。上游端大块石应至少有两排，选用有棱角的块石并交错码放，互相咬合。如果当地缺少大直径块石，可采用石笼或圆木框结构修建丁坝。

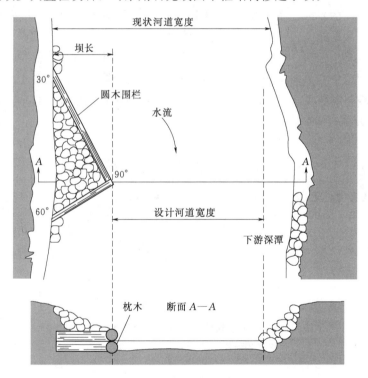

图4.29 原木框-块石丁坝结构和平面布置图

（2）块石丁坝。块石丁坝是用毛石干砌或浆砌的不透水丁坝，一般适用于砂砾石河床且流速相对较高的河段（图4.30）。块石丁坝施工方法有3种：干砌、浆砌和混合法。其中混合法是指丁坝表面用浆砌，内部填料用干砌。为防止河床砂砾石被水流冲刷流失，应在河床砂砾石表面铺设土工布反滤层。另外，在丁坝坝根部位块石缝隙中填土，用插枝方法种植柳树等乔木，即可发挥柳树根部固土作用，也可营造多样的自然景观。块石丁坝头部流态复杂，流速较高，需要采取相应措施加固。这些措施包括丁坝头部用粒径较大的块

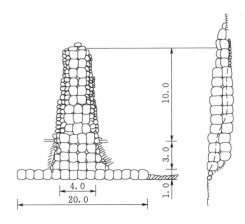

图 4.30　块石丁坝（单位：m）

石；使块石相互咬合连接紧密；丁坝头部砌筑平整，减少表面凹凸起伏；用水泥砂浆灌缝、勾缝，以增强整体性；用木工沉排或铅丝笼护脚；逐渐降低丁坝头部纵断面的高度，减少垂直流的影响。

（3）混凝土块体丁坝。构筑丁坝用的混凝土预制块，其尺寸按照抗冲稳定性设计，或者按照现场河段最大粒径砾石的 1.5 倍确定。混凝土预制块应制成不规则形状，以利于相互咬合加强整体性。丁坝伸入河道部分，可采用 Y 形预制块，目的是利用预制块之间的大孔隙可以形成鱼巢。图 4.31 为混凝土块体、块石及石笼组合的丁坝结构。结构按照整体设计，使丁坝结构与护坡结构有机结合，丁坝是护坡结构向河道中心方向的延伸。图 4.30 中丁坝顶部高程在平均水位以下，年内大部分时间处于淹没状态。丁坝的施工过程如下：河道土体坡面平整后铺垫碎石或铺设土工布作为反滤层，其上铺设混凝土板块，然后安放混凝土预制块，坡脚用浆砌块石保护。混凝土预制块从丁坝根部向河道中心方向延伸，丁坝最前端采用铅丝笼防冲刷。混凝土预制块的水中部分用抛石和当地材料覆盖，水上部分覆盖当地表土，利用乡土草籽培育草本植物。在表土上扦插柳树，培育芦苇生长。

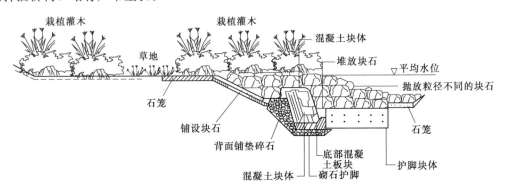

图 4.31　混凝土块体、块石、铅丝笼组合式丁坝
（据杨海军、李永祥，2005，改绘）

4.4.4　堰

生态工程的堰（weir）是指利用天然块石（卵石）在小型河流上建造的跨河构筑物。堰的功能是创造异质性强的地貌特征，形成多样的水力学条件，改善鱼类和其他水生生物栖息地。此外，堰还具有减轻水流冲刷、保护岸坡的功能。

堰的设计以自然溪流的跌水-深潭地貌为模板。山区溪流自然形成的跌水-深潭地貌具有多种功能。首先，跌水-深潭具有曝氧作用，可有效增加水体的溶解氧。通过跌水-深潭的水流受到强烈扰动，具有显著的消能作用。同时跌水-深潭形成多样的水力学条件，能够满足不同生物的需求。跌水-深潭的固体表面有利于苔藓、地衣和藻类生长，这些自养生物作为初级生产者在食物网中成为异养生物的食物。特别是数量巨大的硅藻是溪流大型无脊椎动物最重要的食物来源（见2.1.2节）。

堰作为一种重要的栖息地加强结构，其作用表现为：①上游的静水区和下游的深潭周边区域有利于有机质的沉淀，为无脊椎动物提供营养；②因靠近河岸区域的水位有不同程度的提高，从而增加了河岸遮蔽；③堰下游所形成的深潭有助于鱼类等生物的滞留，在洪水期和枯水期为鱼类提供了避难所；④深潭平流层是适宜的产卵栖息地；⑤枯水季堰能够缩窄水流，以保证生物存活的最低水深。

堰一般布置在纵坡陡峭、狭窄而顺直的溪流上，具体部位设在溪流从陡峭到平缓，纵坡发生变化的河段。在这样的河段设置堰，可以用多级小型跌水方式调节纵坡，发挥堰的消能作用，创造多样化的水力学条件，营造自然景观。

堰应满足鱼类游泳通过的需求，高度不能超过30cm。其原因是鱼类跳跃能力有限。表4.5为台湾石宾鱼类跳跃隔板通过率与水位关系的观测数据。

表4.5 台湾石宾鱼类跳跃隔板通过率与水位关系

水位差 Δh/cm	通过率	水位差 Δh/cm	通过率
27	34%	45	10%
35	32%	55	

堰的溢洪口应设在河流主泓线附近，保持自然河道的洪水路径。堰的上游侧铺设块石形成倒坡，既有利于堰的稳定，也能引导水流平稳通过堰顶。堰的下游侧河床应铺设卵石，可起消能作用，减少对岸坡侵蚀。在较大的溪流上设计堰时，要注意避免出现水流翻滚现象，防止强水流对游泳者造成伤害。

构筑堰的材料包括块石、卵石、原木、铅丝笼等。具有纹理和粗糙表面的块石和卵石，是无脊椎动物的理想避难所。块石或卵石砌筑物的设计，外观线条力求流畅，以提高景观美学价值。筑堰块石直径应满足抗冲要求，建议按照启动条件计算块石直径（Costa，1983），即

$$D_{min} = 3.4V^{2.05} \tag{4.24}$$

式中：D_{min}为块石的最小直径，cm；V为断面平均流速，m/s。

在工程应用中，建议按照$D_{50} = 2D_{min}$和$D_{100} = 1.5D_{50}$筛选筑堰材料。

如果当地溪流河床缺乏大粒径块石或卵石，可以选择铅丝笼构件。为弥补铅丝笼结构外观欠佳的缺点，可填充表土扦插植物，增加植物覆盖。原木是一种天然材料，既是生物栖息地，又能提供木屑残渣，经数量巨大的碎食者、收集者和各种真菌和细菌破碎、冲击后转化成为细颗粒有机物，成为初级食肉动物的食物来源（见2.1.2节）。用原木材料构筑堰时，根据原木尺寸、水深、河宽等条件，可选择单根或多根原木组合。

根据不同的地形地质条件，堰可以选择不同结构型式，在平面上呈I形、J形、V形、U形、W形和圆木堰等，本节主要介绍W形堰和圆木堰。

（1）W形堰。图4.32为W形堰结构示意图。堰顶面使用较大尺寸块石，满足抗冲稳定性要求。下游面较大块石之间间距约20cm，以便形成低流速的鱼道。堰上游面坡度1∶4左右，下游面坡度1∶10～1∶20，以保证鱼类能够顺利通过。堰的最低部分应位于

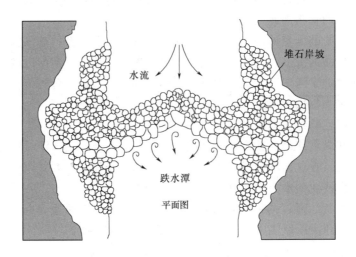

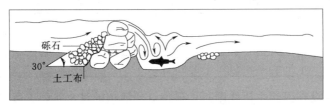

图 4.32　W 形堰结构示意图

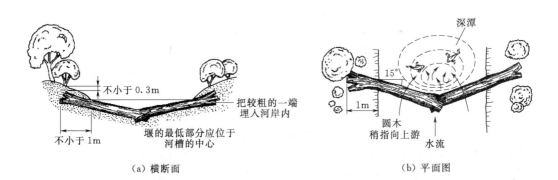

（a）横断面　　　　　　　　　　　　（b）平面图

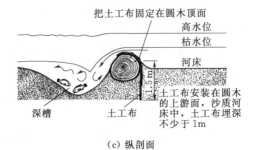

（c）纵剖面

图 4.33　圆木堰

河槽的中心。块石要延伸到河槽顶部，以保护岸坡。堰中部设置豁口作为溢洪口，汛期引导洪水进入主泓线。堰主体采用较大尺寸块石，大块石上游侧铺设块石，既有利于堰的稳定，也能引导水流平稳通过堰顶。上游堆放块石与大块石之间铺设土工布。堰构筑后次年，堰的上游侧出现泥沙淤积，以后便趋于稳定。

（2）圆木堰。在沙质河床中，不适宜采用砾石材料构筑堰，可以应用大型圆木作为构筑材料，如图4.33所示。圆木堰的高度以不超过0.3m为宜，以便于鱼类通过。左右两根圆木做成榫接头再用钢构件锚固连接。用圆木桩或钢桩固定圆木，并用大块石压重，桩埋入沙层的深度应大于1.5m。应在圆木的上游面铺设土工织物作为反滤材料，以控制水流侵蚀和圆木底部的河床淘刷，土工织物在河床材料中的埋设深度应不小于1m。

4.5 河漫滩与河滨带生态修复

河漫滩既是行洪通道，也是重要的水生生物栖息地。河滨带是水体边缘与河岸岸坡交汇的水陆交错带，具有多种生态功能。河漫滩与河滨带因人类开发和侵占，导致萎缩和水生态系统退化，修复的主要任务是确保行洪安全，加强岸线管理和划定水域岸线保护红线；重建河漫滩栖息地，恢复缓冲带功能，重建河滨带植被。

4.5.1 调查与评估

规划河漫滩与河滨带修复项目，需要做好前期的调查与评估。调查内容如下：

（1）现状调查。包括河漫滩与河滨带的地形地貌、水文信息；水资源开发利用情况；泥沙测验和计算；水质状况监测与评价。生物调查包括大型底栖无脊椎动物、鱼类、浮游植物和大型水生植物的调查（见3.1.1节）。

（2）历史状况调查。主要靠收集地图、遥感影像资料，掌握河漫滩空间格局的演变过程，特别是河漫滩退化萎缩过程；收集河滨带植被以及河漫滩生物群落历史状况资料，借以评价河漫滩与河滨带生态系统演变和退化状况。

河漫滩与河滨带受人类活动影响情况调查，是评价河漫滩与河滨带生态状况的基础，本书建议的调查内容详见表4.6。

表4.6　　　　　　　　　　　　人类活动对河漫滩与河滨带干扰调查表

要素	项目	调查科目	开发/改造/干扰	指　标
地貌形态	河漫滩	挤占河漫滩范围	农田、道路、房地产开发情况	宽度、面积，开发类型
		景观多样性	滩区开发和水文情势变化情况	洲滩、湿地、沼泽、水塘的数量、面积、连通性
		鱼类栖息地	滩区开发情况	"三场"减少数量、面积
		采砂生产	影响河势和底质结构	范围、水下地形变化
		矿区塌陷	滩区地貌变化出现水塘洼地	塌陷范围、面积、新增水面数量、面积
	河滨带	植被	人为损害情况	覆盖度、物种组成和密度
		缓冲带功能	截污、拦沙作用削弱情况	缓冲带完整性
		岸坡稳定	植被破坏造成岸坡滑塌情况	滑塌范围、纵深

要素	项目	调查科目	开发/改造/干扰	指　标
水文气象	气象	降雨、蒸发、气温		多年平均降雨量、多年平均蒸发量、多年平均气温
	径流	年、月径流系列		年、月径流值，径流年际变化及年内变化特性
	洪水	洪水序列		历史洪水调查，实测洪水系列，洪水成因、发生时间、洪水组成
水环境	污染源	点污染源、面污染源	水环境恶化程度	董哲仁（2019）附录 I-3、I-4、I-6、I-7
	水产养殖	规模化养殖污染	水环境恶化程度	董哲仁（2019）附录 I-5
生物	滩区植被	滩区植被	滩区开发，人为损坏情况	植被覆盖比例，物种组成和密度
	生物群落	特有物种、乡土物种、保护物种	滩区开发，捕捞，生物入侵情况	鱼类的物种组成、年龄及大小分布、丰度
	生物资源	鱼类、其他生物资源	捕捞、采集情况	鱼类类型、年龄及大小分布、丰度
工程设施	防洪	堤防		堤防等级、高程、宽度、两侧边坡，堤顶路况、两侧护坡工程，迎水侧滩涂，堤防险工段、崩（坍）岸段现状及治理
		防洪标准		河段的防洪标准、防洪设计水位、主要特征水位及相应流量
		河道治理		河道疏浚、整治、清障、控导的现状和效果
	综合利用	航运及码头	占用岸线情况	航道等级、航道保证水位、最小航运流量、各类码头数量，码头前沿长度（占用岸线长度）
		跨河建筑物	占用岸线情况	三级以上公路桥梁、铁路桥、重要输气、输电等跨河管线数量、规模、占用岸线长度
		供水与排水	占用岸线情况	取水口、排水口数量，引、排水工程规模、占用岸线长度

在历史状况调查的基础上，以大规模开发改造河漫滩前的历史状况作为参照系，建立河漫滩生态状况分级系统。分级系统的指标可以根据项目数据可达性从表4.6中选取。将现状指标与参照系指标比较，可以掌握现状指标与历史状况的偏离程度，对于河漫滩与河滨带生态状况退化做出定量评估。

4.5.2　水域岸线保护红线

1. 生态保护红线

《中华人民共和国环境保护法》和《中华人民共和国国家安全法》均提出"国家完善

生态环境保护制度体系，加大生态建设和环境保护力度，划定生态保护红线""在重点生态功能区、生态环境敏感区和脆弱区等区域划定生态保护红线"，从法律层面提出了划定生态保护红线的要求。

水生态空间保护红线需依据国家法律法规并基于生态空间评估，进行合理划定，其目的是实现水生态空间合理开发利用和保护，保障国土空间均衡和经济社会可持续发展，维护生态系统良性循环。

水生态空间（aquatic ecosystem space）是指水文-生态过程发生的物理空间。广义的水生态空间包括河流、湖泊、水库、运河、渠道、湿地、水塘等水域以及水源涵养、水土保持和蓄滞洪区所涉及的区域。水域岸线是水生态空间最重要的组成部分。

水生态保护红线是指水生态空间范围内具有特殊重要生态功能，必须强制性保护的核心生态区域。水域岸线保护红线是指具有重要行洪功能和重要生态功能，必须强制性保护的岸线区域。

2. 水域岸线

（1）岸线管理的重要性。随着我国经济社会的不断发展和城市化进程的加快，河漫滩的开发活动和临水建筑物建设日益加剧。特别是长江中下游地区、淮河中下游地区、珠江三角洲地区和城市河段等经济发达、人口稠密、土地资源紧缺地区，对河漫滩的开发强度不断上升。长期以来，由于河流湖泊岸线范围不明，功能界定不清，管理缺乏依据，部分河段岸线开发无序和过度开发严重，对河道湖泊行蓄洪带来不利影响，也严重破坏了河流生态环境。岸线管理是河漫滩保护和修复的重要举措。依据法律法规正确划定岸线，确权划界，依法拆除行洪障碍和非法建筑设施，依法审查开发项目和临水建筑物，是河漫滩保护的主要内容。

（2）岸线控制线。岸线控制线是指沿河流水流方向和湖泊沿岸周边，为加强岸线资源的保护和合理开发而划定的管理控制线。岸线控制线包括临水控制线和外缘控制线。水域范围是指河道两岸临水控制线所围成的区域。岸线范围是指外缘控制线和临水控制线之间的带状区域。

临水控制线是指为保障河道行洪安全、稳定河势和维护河流健康的基本要求，在河岸的临水一侧顺水流方向划定的管理控制线。

3. 水域岸线保护红线

在水域岸线中识别具有重要行洪功能和重要生态功能，必须强制性保护的岸线区域作为水域岸线保护红线区。对于水域岸线保护红线区以外的岸线区，也要根据相关法律法规，合理划定，确权划界，严格管理，保障行洪安全和生态安全。

4.5.3 河漫滩生态修复

首先，应在划定水域岸线生态保护红线的基础上，明确河漫滩的所有权和管理权，依法清除河漫滩行洪障碍物，包括各类建筑物、道路、游乐设施，退田还河，退渔还河。

人类活动对河滨带和河漫滩的侵占，破坏了河流廊道自然形态，造成大量湿地和栖息地丧失。重建河漫滩栖息地有两种方法：一种方法是开挖河道侧槽，重建河流湿地（见第5章）；另一种方法是利用河漫滩现有的卵石坑、凹陷区、水塘和洞水区，通过相互连通及与主河道连通，达到恢复湿地和重建鱼类栖息地的目的。施工方法除了开挖、爆破以外，还可以利用丁坝控导结构，形成深潭、水塘等地貌单元。这些湿地能够成为多种鱼类的索饵场，也为食鱼鱼类提供避难所。

4.5.4　河滨缓冲带修复

河滨带是河道水流与陆域的衔接带，对于来自流域的污染负荷，河滨带发挥缓冲带的重要作用。

1. 缓冲带结构

从流域管理角度出发，可以把河滨带视为河滨缓冲带（riparian buffer strips）。与宽阔的河漫滩不同，缓冲带是沿河道的狭窄条带。因为直接涉及河流水质问题，所以人们更注重对缓冲带的管理和改善。

缓冲带的结构一般为岸边草地与乔木、灌木相结合的形式。欧洲推荐了若干类型自然或近自然植被组合式缓冲带，如图 4.34 所示。图中第 1 类表示岸坡附近区域不施化肥的狭长缓冲带；第 2 类表示岸坡附近区域不施化肥且具有适宜植物的缓冲带，植物包括农作物、灌木、草、树林；第 3 类表示岸坡附近区域不施化肥，具有适宜地貌元素的缓冲带，包括生长草本植物的缓坡沼泽缓冲带、生长水生植物的水域缓冲带、自然芦苇缓冲带、生长树林的缓坡沼泽缓冲带。在美国，大多数农区流域的州推荐将河滨缓冲带分为 3 个分区的，如图 4.35 所示。缓冲带从农田或牧场向主槽方向分为 3 个分区：①草地过滤缓冲带（径流控制）；②经营林（managed forest），即幼龄林缓冲带；③成熟林缓冲带。

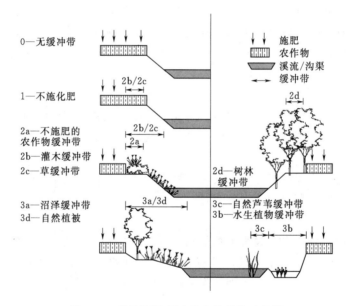

图 4.34　欧洲河滨缓冲带多种结构示意图

（据 Hefting，2003，改绘）

2. 缓冲带功能

缓冲带具有以下重要生态功能：

（1）过滤和净化水质功能。缓冲带植被通过过滤、渗透、吸收、滞留、沉淀等作用使流入河道的城镇污水和农田排水的污染物毒性减弱。研究表明，缓冲带植被平均污染物去

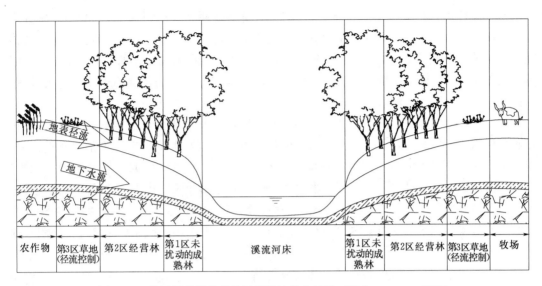

图 4.35　美国部分州推荐的河滨缓冲带分区图（据 Lawrance，2001）

除率约为：悬浮固体物为 70%，重金属为 20%～50%，营养盐为 10%～30%（Belt 等，1992）。缓冲带生长的水生植物如菖蒲、芦苇、菰等植物，既能从水中吸收无机盐类营养物，吸附和富集重金属和其他有害物质，而且这些植物茎和根系还是以生物膜形式附着的大量微生物的良好介质，进一步提高了净化水体的功能。大量研究表明，河滨生态系统能够有效地减少地表水和地下水氮和磷的聚集。从机理分析，有 3 种生物过程可以去除氮：①植物摄取和储存；②微生物固定、储存土壤中的有机氮；③由微生物通过反硝化作用（denitrification）、硝化作用（nitrification）和氨化作用（ammonification）把氮转化为气态氮。图 4.36 显示缓冲带的水文过程、营养物质转化过程和营养负荷环境压力间的关系。

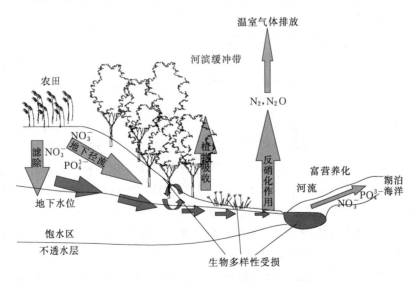

图 4.36　缓冲带污染物去除机理示意图

（2）防止冲刷、固土护岸。用芦苇和菖蒲等植物护岸，植被覆盖率达 30% 以上时，能承受小雨冲刷；植被覆盖率达 80％时，能承受暴雨冲刷（潘纪荣等，2006）。研究表明，在南方湿润地区，河岸地表采取乔灌草植物措施覆盖一年后，无明显水土流失现象出现。由于植物群落根系密集、纵横交错盘踞在土体中，能够增加土体的坚固和稳定性。根系吸收土壤水分，降低土壤孔隙压力，增强土壤颗粒间的黏聚力，提高土体的抗剪强度，抵御洪水、风力、船行波对岸坡造成的波浪冲刷，稳定河道边坡。

（3）树冠遮阴作用。河流两岸树冠的遮阴作用，是维系河道水生生物的重要因素。树冠遮阴作用能降低水温，保持河水中的溶解氧。溶解氧是水生生物生存的基本条件之一，如果鱼类和其他水生生物长期暴露在溶解氧浓度为 2mg/L 或更低的条件下时则会死亡。此外，树冠遮阴作用可抑制河道大型水生植物的光合作用和代谢作用，有助于去除河道中茂密的大型水生植物。有报告显示，溪流表面遮阴率 S_n 与河道大型水生生物生物量 B 之间有明显的相关关系。遮阴率 S_n（shading rate）定义为遮阴的水面光强度与无遮阴水面光强度之比。报告显示，采取适中的遮阴方案，将光强度减少一半，即 $S_n \approx 0.5$ 是适宜的，对应的大型水生植物生物量（干重）$B \approx 300 \text{g/m}^2$（Dawson，1979）。另外，茂密树冠散落的残枝败叶、木质碎屑，是水生生物的食物来源（见 2.1.2 节）。

（4）调节功能和美学价值。河滨带植被具有调节局地气候功能。河滨带多样的植物群落和蜿蜒曲折的河岸环境，具有很高的美学价值，成为居民户外运动和休闲的理想场地，也是人们接近大自然的亲水空间。

4.5.5　河滨带植被重建

植被重建是河滨带生态修复的一项重要任务。植被重建要遵循自然化原则，形成近自然景观。河滨带植被重建设计包括植物调查、植物种类选择、植物配置与群落构建、河滨带植物群落评价。有关河滨带植物调查已在 3.1.1 节中介绍，本节重点介绍植物种类选择问题。

1. 植物种类选择原则

河滨带植被重建需优先选择乡土植物（aboriginal plant）。所谓乡土植物是指某地理区域所固有的且广泛分布的物种。乡土植物适应当地土壤气候条件，成活率高，病虫害少，维护成本低，有利于维持生物物种多样性。与此相反，某些外来物种具有超强的环境适应性和竞争力，加之缺乏天敌，使其得以蔓延生长，形成失控局面，如凤眼莲、喜旱莲子草等。所以，要优先选择乡土植物，慎重引进外来物种，防止生物入侵。

针对不同恶劣环境，选择抗逆性强的植物，有利植物成活生长。如平原河道，汛期退水缓慢，植物淹没时间较长，这就需要选择耐水淹的植物，如水杉、池杉等；山地丘陵区溪流水位暴涨暴落，土层薄且贫瘠，需选择耐贫瘠植物，如构树、盐肤木等；沿海地区河道土壤含盐量高，需选择耐盐性强的植物，如木麻黄、海滨木槿等；在北方风沙大的沙质河滨带，可选择具有防风固沙作用的沙棘、紫穗槐、白蜡等；在常水位以上的部位易受干旱影响，可选择耐旱植物如合欢、野桐等。

选择河滨带植物要遵循经济适用原则，注意选择当地容易获取种子和苗木，发芽力强，育苗容易，抗病虫害能力强，造价便宜的植物，以降低植物养护成本，争取达到种植初期少养护，植物生长期免养护的目标。

2. 植物选择应适应河道主体功能

河道具有行洪排涝、航运、灌溉供水、自然景观等多种功能，但是一般有起主导作用的主体功能。选择植物时，要优先选择适应河道主体功能的物种（韩玉玲等，2009）。

行洪排涝河道对植物的要求是不阻碍河道泄洪，抗冲性能强。这种河道汛期水流湍急，应防止植物阻流，造成植物连根拔起，导致岸坡坍塌、滑坡等。因此，应选择抗冲性强的中小型植物，而且植物茎秆、枝条具有一定柔韧性，例如选择低矮柳树、木芙蓉等。

航运河道的特点是行船产生船行波，船行波传播到岸坡时，波浪沿着岸坡爬升破碎，使岸坡受到较大的冲击。在船行波频繁作用下，岸坡受到淘刷会引起坍塌。在通航河道岸坡常水位以下，宜选择耐湿树种和水生草本植物，如池杉、水松、香蒲以及菖蒲等，利用植物消浪作用减少船行波对岸坡的直接冲击。

为保证灌溉供水河道满足相关技术标准，河滨带植物宜选择具有去除污染物能力的物种，如水葱、池杉、芦竹、薏苡等植物，利用其吸收、吸附和降解作用降低水体的污染物含量。

对生态景观河道，在满足固土护坡、降解污染物含量的前提下，可以选择观赏性较强的植物，增强自然景观效果，如木槿、乌桕、蓝果树、白杜、美人蕉等植物，既有固土护坡功能又具观赏价值。其他物种如黄菖蒲、睡莲、荇菜等，可以选择用于构建优美的水景观。

3. 不同水位的植物选择

河流岸坡土壤含水率随水位变化呈现规律性变化。据此，应依据不同水位高程选择岸坡植物种类。从岸坡顶部（堤顶）向下可划分 3 个高程区间：岸坡顶部（堤顶）到设计洪水位；设计洪水位到常水位；常水位以下区间。各区间植物类型分别为中生植物、湿生植物、水生植物，其中水生植物又区分为沉水植物、浮叶植物和挺水植物（图 4.37）。柳树自古就是我国河流岸坡广泛种植的植物。柳树具有耐水、喜水、成活率高的特点，其发育的根系固土作用显著。柳树品种繁多，适合在河流不同高程和不同部位生存。

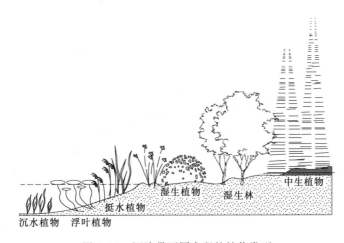

图 4.37 河滨带不同高程的植物类型

思　考　题

1. 河流廊道修复的目标和任务是什么？
2. 自然河道设计方法有哪些？
3. 什么是河流地貌三维结构自然化修复？
4. 简述蜿蜒型河道设计要点。
5. 简述城市河道断面设计要点。
6. 自然型岸坡防护技术有哪些类型？
7. 简述河道内栖息地改善结构的类型和典型布置。
8. 河滨缓冲带具有哪些生态功能？
9. 选择河滨带植物种类应遵循哪些原则？

第5章 湖泊、湿地与水库生态修复工程

湖泊生态系统与河流相比，其结构、功能和过程有许多不同的特征（见2.2节）。湖泊的演化不仅受自然力影响，也极大地受到人类活动的胁迫，主要问题包括：由于入湖氮、磷和其他污染物大幅增加，湖泊水质急剧下降，导致大量湖泊处于富营养水平；湖泊围垦使湖泊面积及容积严重减少，大量栖息地丧失；湖泊生物资源退化，生物多样性下降；湖泊与江河的水力连通性受到阻隔，生态功能降低。湖泊生态修复目标主要包括：湖泊富营养化治理；水体污染控制；水文地貌条件修复以及生物多样性维持。

水库是靠筑坝蓄水形成的人工湖泊，水库的许多生态特征与湖泊类似。二者的重大区别在于水库的水文条件由水库调度确定，而湖泊则受自然水文情势控制。另外，水库的湖滨带一般较湖泊狭窄，这是因为水库大多建在山区丘陵地区所致。水库受到的外界主要胁迫作用是泥沙淤积和水体污染。因水体污染引起的水库富营养化防治问题，可以参照湖泊生态修复方法（见5.1.2节）。本章专门讨论库区消落带植被重建、水库分层取水和下泄水流过饱和气体控制问题。

湿地具有保持水源、净化水质、调洪蓄水、储碳固碳等多种生态服务功能，被誉为地球之肾。由于人类活动对湿地的侵占和污染，湿地面临萎缩和生态系统退化。湿地修复与重建工程规划设计的基本原则是充分发挥生态系统自设计、自修复功能，实施最低人工干预，实现生态修复目标。

5.1 湖泊生态修复工程

在对湖泊生态系统调查与评价的基础上，识别湖泊的主要胁迫因子，有针对性地制订生态修复目标。对于大多数湖泊来说，生态修复的关键任务是降低来自流域外部的污染负荷，只有当污染负荷削减到预定的目标值，才能创造出控制富营养化的前提条件。在此基础上，在湖泊内采取物理、化学、生物等技术措施控制内污染源。同时，修复湖滨带，从恢复地貌、重建植被、维持生物多样性等方面入手，改善湖泊生态系统的结构和功能。

5.1.1 湖泊调查评价与修复目标

1. 我国湖泊面临的重大压力

近几十年来，伴随着我国经济的快速发展，湖泊的开发利用规模空前，对湖泊生态系统形成了重大压力，表现为：①水污染严重，富营养化加剧。随着湖泊流域和周边地区人口增长和经济高速发展，污水废水直接排放入湖，加之围网养殖和农业面源污染，导致入湖氮、磷和其他有机污染物不断增加，湖泊水质急剧下降，富营养化成为湖泊头等生态问题。②过度捕捞和生物入侵。过度捕捞引起湖泊生物资源退化，生物多样性下降。集中表现在鱼类资源种类减少、数量大幅度下降。高等水生维管束植物与底栖生物分布范围缩

小，而浮游藻类大量繁殖聚集形成生态灾害。水生态系统结构破坏引起外来物种入侵。
③湖泊围垦、建闸、筑堤导致湖泊萎缩，湿地退化，不但丧失大量栖息地，而且造成调蓄
能力下降，加重流域洪水风险。④工程设施建设，导致湖泊与江河水力联系阻隔，鱼类洄
游受阻，产卵场、越冬场和索饵场消失。河湖阻隔使湖泊成为封闭水体，水体置换缓慢，
湿地萎缩。⑤湖滨带开发和非法占用，导致湖滨带功能显著下降。周边新城、开发区建设
以及开辟旅游、娱乐设施，非法侵占湖滨带，引起湖滨带结构遭到严重破坏，栖息地大量
丧失。⑥西部地区湖泊总体呈萎缩消亡态势。近几十年受气候变化和冰川快速消融等因素
影响，西部地区湖泊水量和面积呈明显波动变化，总体呈萎缩态势，不少湖泊甚至干涸消
失。湖泊生态系统受到的这些外界压力，引发出一系列生态响应，这些生态响应以及可能
导致的后果见表 5.1。

表 5.1　　　　　　　　　湖泊生态响应及可能导致的后果（据李小平，2013）

序号	生态响应	可能导致的后果
1	藻类水华	透明度大幅降低，藻毒素增加，大量消耗溶解氧，栖息地被破坏，危及人体健康
2	水草疯长	漂浮植物和挺水植物覆盖水面，有机沉积物增加，大量消耗溶解氧，栖息地受损
3	有毒有害物质	农药、化肥、养殖场废物、重金属进入湖泊，破坏栖息地，危及人体健康
4	病原体	过量的细菌、病毒及其他病原体进入湖泊，危及水生生物和人体健康
5	非藻类色度和浊度	水色改变，悬浮颗粒物增多，透明度大幅下降，水上娱乐功能下降
6	厌氧	产生氨氮、硫化氢、甲烷气体，栖息地受损
7	酸化	pH 值下降，水质恶化，栖息地遭到破坏
8	生物种群破坏	捕食关系失衡，生物入侵严重，土著鱼类栖息地受损，渔业资源破坏
9	淤积加速	湖泊容积减少，底泥变质，底栖生物遭受破坏
10	动物泛滥	蚊虫孳生，水禽粪便污染，游泳者瘙痒
11	水功能下降	因水质恶化和富营养化，水体功能下降甚至丧失

2. 湖泊调查

湖泊调查是开展湖泊生态修复的基础工作，应包括以下方面：①湖泊流域自然环境
（地理位置、地质地貌、气象气候、土地利用状况和自然资源）；②湖泊水环境特征（水文
特征、水功能区划、水动力特征、大型水利工程）；③流域社会经济影响；④流域污染源
状况调查（点源污染、面源污染、污染负荷量统计、入湖河流水质参数、入湖河流水文参
数）。详见 3.1.2 节、3.1.3 节。

3. 富营养化评价

所谓富营养化是指含有超量植物营养素特别是含磷、氮的水体富集，促进藻类、固着
生物和大型植物快速繁殖，导致生物的结构和功能失衡。简单判断富营养化的方法为如果
下列一种或多种现象出现时，就有可能发生了严重的富营养化：①水生植物妨碍水体利
用；②有毒藻类大规模繁殖扩散；③散发有害气味；④水体高度浑浊；⑤溶解氧耗尽导致
鱼类死亡。

发达国家对湖泊富营养化的防治始于 20 世纪 70 年代。主要方法是废水污水处理去除
磷、氮；确定水功能区划；按照水功能定位，制定排放标准，降低排放负荷等，这些方法

一直延续至今。评价准则采用的指标以水体物理化学指标为主，简称为物理化学指标法。经济合作与发展组织（OECD）富营养化合作计划发布了水体营养状态标准。

水体营养状态标准把营养状况分级，分别为寡营养、贫营养、中营养、富营养和超富营养等 5 级。对应的物理化学指标包括水体总磷、年均叶绿素 a 浓度、最大叶绿素 a 浓度、平均塞氏盘深度、最小塞氏盘深度，见表5.2。

表 5.2　　　　　　　　　　水体营养状态评价标准（OECD）

营养状态	平均总磷浓度 $TP/(\mu g/L)$	平均叶绿素浓度 $Chl-a/(\mu g/L)$	最大叶绿素浓度 $Chl-a/(\mu g/L)$	平均透明度 SD/m	最小透明度 SD/m
寡营养	<4	<1	<2.5	>12	>6
贫营养	4～10	1～2.5	2.5～8	12～6	6～3
中营养	10～35	2.5～8	8～25	6～3	3～1.5
富营养	35～100	8～25	25～75	3～1.5	1.5～0.7
超富营养	>100	>25	>75	<1.5	<0.7

湖泊富营养化也可按照《地表水资源质量评价技术规程》（SL 395—2007）的有关规定进行评价。在该规程中用营养状态指数（EI）评价湖库营养状态（贫营养、中营养、富营养），其计算公式如下：

$$EI = \sum_{n=1}^{N} En/N \qquad (5-1)$$

式中：EI 为营养状态指数；En 为评价项目赋分值；N 为评价项目个数。富营养化状况评价项目应包括：叶绿素 a（Chla）、总磷（TP）、总氮（TN）、透明度（SD）、高锰酸盐指数（COD_{Mn}），其中叶绿素 a 为必评项目。

4. 水文地貌评价

在人类活动影响下，水文地貌变化主要表现在以下 4 个方面：①水文水动力特征变化，包括湖泊水量、表面积和水深变化，水文情势变化，水力停留时间变化；②连通性变化和渠道化，包括江湖连通性、地表水与地下水连通性的破坏；③对湖滨带侵占和干扰，包括建筑、道路、农田、养殖业、旅游设施对湖滨带及滩区的侵占和破坏；④泥沙冲淤，引起湖底淤积，岸线侵蚀。有关水文地貌变化压力和评价指标见表5.3。

表 5.3　　　　　　　　　　水文地貌变化压力和评价指标

压力	评价指标	备注
水资源开发	以下参数与参照系统值的变化率：表面积 A、容积 V、平均水深 $\bar{z}$、相对水深比 $Z_{max}/\bar{z}$、岸线发育系数 D_L、水下坡度 S、水力停留时间 T_s。	参数定义参见 3.1.2 节的表 3.7
渠道化	湖滨带硬质护坡长度百分数、无植被覆盖湖滨带面积百分数	
闸坝	闸坝数量/km、位置、鱼类洄游通道损失百分数	
江湖阻隔	历史与现状连通特征变化，包括连通方向、延时、换水周期	
采砂	采砂面积/湖滨面积、栖息地损失百分数	

续表

压力	评价指标	备注
建筑、道路、旅游设施	建筑物侵占湖滨带和滩区面积百分数、建筑数量/km、湖滨带道路切割面积、鱼类产卵场与育肥场损失百分数、湖滨带大型植物面积损失百分数	
农田和养殖业	农田侵占湖滨带和滩区面积百分数、养殖业侵占湖滨带和滩区面积百分数	
泥沙	湖底泥沙淤积体积变化百分数、底栖动物栖息地损失百分数、湖岸侵蚀长度变化	

5. 外来入侵物种评价

外来入侵物种（Invasive Alien Species，IAS）是湖泊物种濒危和灭绝的主要原因之一。外来物种的传播途径分为有意引进和无意引进两种。有意引进包括：湖泊水产养殖；放养外来物种用于公园和旅游景点观赏；湖滨带种植外来物种。无意引进包括：从水族馆、关养容器或运输箱柜逃逸；通过船舶和其他运输工具引进；旅游携带外来动植物；通过引水渠道和调水运河传播。

与河流不同，湖泊生态系统通常具有很强的地域性，湖泊内生存着独特的本土生物群落。由于湖泊环境相对封闭，一旦外来物种入侵，这些本地物种无法迁徙到湖泊流域以外的区域躲避。

对外来物种威胁进行评价是湖泊生态修复的重要任务，它有助于确定不同外来物种的相对影响，以确定控制管理策略。实用的外来入侵物种评价准则是对外来入侵物种的威胁程度进行评价。评价内容分为以下 4 类：①评价外来入侵物种多年空间扩散范围。空间范围越大，物种丰度和密度越高，遭受入侵的生境种类就越多，外来入侵物种造成危害就越大。应优先考虑阻止新来的外来物种建群，及早消除小范围但是正在扩展的物种。②评价外来入侵物种对于本地种群、群落和生态系统带来的影响，特别是评估特有、珍稀、濒危物种损失或受到威胁程度。评估外来入侵物种影响，要与特定保护区的管理目标一致。③评估外来入侵物种进一步向外扩散的可能性以及可能遭受入侵的新区域的重要性。④评价控制外来入侵物种的难度。外来入侵物种的扩散越难控制，它所造成的危害可能越大。所以早发现、早预防、早根除是有效的策略。

在水质评价、富营养化评价、水文地貌评价、生物多样性评价及外来入侵物种评价的基础上，构建湖泊生态状况分级系统（见 3.3.3 节）。在这个系统中，定义未被大规模开发改造或没有被污染的自然湖泊生态状况作为最佳理想状况，以湖泊生态系统严重退化状况作为最坏状况，中间分成若干等级，构造分级系统表。分级系统表分为要素层、指标层和等级层 3 个层次。生态要素包括水质、富营养化、水文地貌、生物 4 类。生态要素层下设若干生态指标，生态指标的数量，根据具体项目规模和数据可达性确定。生态指标下设 5 个等级，即优、良、中、差、劣。要素层水质一项，可依据水功能区划的水体功能定位选择指标。要素层富营养化项可以直接按照营养状态分级选择指标。要素层水文地貌项，按照水动力特征、水文情势变化、连通性变化及湖滨带侵占、泥沙冲淤等设置 4 项指标。要素层生物项，基于当地生物状况选择指标。

利用湖泊生态状况分级系统，可以实现湖泊生态修复目标定量化。计算规划生态指标的步骤是：①把现状调查、监测获得的数据，填入生态状况分级系统表格中，"对号入座"，明确生态现状分项等级位置。②在分析修复工程项目的可行性和制约因素基础上，论证生态指标升级的可能性和幅度。工程项目制约因素包括投入资金、技术可行性、自然条件约束（降雨、气温、水资源禀赋等）及社会因素约束（移民搬迁、居民意愿等）。③根据论证结论，将现状生态指标适度升级，成为规划生态指标。

6. 湖泊生态修复目标

湖泊生态修复目标的制定建立在湖泊生态要素调查分析的基础之上。通过调查分析，识别造成湖泊生态系统退化的主要原因，有针对性地制定湖泊生态修复目标。

湖泊生态修复目标主要包括：①湖泊富营养化治理；②水体污染控制；③水文地貌条件的修复；④生物多样性维持。

7. 湖泊生态修复规划内容

湖泊生态修复工程规划内容包括7个部分：①生态系统现状调查与综合评价；②规划目标、任务和定量考核指标；③重点工程项目、重点工程设计；④管理措施；⑤成本效益分析和风险分析；⑥监测与评估；⑦实施效果分析及保障措施。

5.1.2 湖泊富营养化控制技术

对于大多数湖泊来说，生态修复的首要任务是降低来自流域的外部营养负荷，只有当营养负荷削减到预定的目标值，才能创造出控制富营养化的前提条件。在此基础上，再针对湖泊富营养化症状，在湖泊内采取物理、化学、生物等技术措施，同时，修复湖滨带，实现生态重建，通过这一系列综合治理措施，促使湖泊转变到长期良好的生态状态。简言之，湖泊生态修复需要先控源截污，然后再进行生态修复。

湖泊富营养化控制技术包括底泥污染治理、除藻技术、水体水质维护技术、湖泊生态系统构建技术等。

1. 底泥污染治理

（1）底泥环保疏浚技术。湖泊疏浚是削减湖泊内污染负荷的重要技术措施。湖泊疏浚包括干式挖掘、湿式挖掘和水力绞吸等方法。干式挖掘是将水抽干，使用推土机和刮泥机等疏浚设备疏挖，大多用于小型湖泊。湿式挖掘应用较为广泛，采用抓斗式清淤、泵吸式清淤、普通绞吸式清淤、斗轮式清淤等。近年来，底泥环保疏浚技术已经得到广泛应用。所谓底泥环保疏浚是指采取工程措施对水体中的污染底泥进行疏挖，以减少底泥中污染物向水体释放，为水生态系统的恢复创造条件，是一种重污染底泥的异位修复技术。底泥环保疏浚是利用专用疏浚设备，清除湖泊水库的污染底泥，并且通过管道将底泥输送到堆料场进行安全处置。与传统意义上以增加水体容积为目的的工程疏浚不同，环保疏浚技术是以污染底泥有效去除和水质改善，为目标。在技术上要求精确清除严重污染的底泥层，施工过程中采取严格措施尽量避免颗粒物再悬浮和扩散，底泥输送到堆料场后根据底泥特征采取环保措施进行处置。

1）调查与测试。作为疏浚工程的基础工作，需开展湖泊底泥疏浚工程勘察。一般可采用高精度回声探测仪测量水深，采用高精度水下地形测量仪器（如多波束测深系统）测量水下地形地貌，包括水深、淤泥深度和平面坐标，查清底泥分布范围和厚度，确定底泥蓄积量。在此基础上，确定疏浚范围，划分疏浚作业区并计算疏浚工程量。此外，还要开展堆料场勘察和调查，为底泥存放堆场选址。开展输送路线调查和勘察，确定疏浚施工工艺流程。

根据污染程度，按垂直方向底泥一般分为污染底泥层、污染过渡层和正常湖泥层。用人工或机械方式对污染底泥进行采样，以测定底泥的化学成分和物理力学性质。需按照底泥厚度与污染程度进行分层取样。对底泥样品进行污染物化学指标测定。主要分析内容包括有机质（OM）、总磷（TP）、总氮（TN）等营养盐和汞（Hg）、砷（As）、铅（Pb）、铜（Cu）、铬（Cr）、镉（Cd）等指标。根据流域污染特征，还需要增加特征性有毒有害有机物（如多环芳烃、多氯联苯、有机氯、有机磷等）。表层样品加测 pH 值、氧化还原电位（Eh）以及锰（Mn）、亚铁（Fe^{2+}）、氨氮（$NH_3 - N$）等还原性物质含量。通过现场及室内土工试验测定疏浚底泥物理力学特性指标。根据底泥中污染物类型和含量情况，大致可以将污染底泥分为：高氮、磷污染底泥；重金属污染底泥；有毒有害有机污染底泥 3 类。

2）技术要求。针对以上 3 类底泥，需制定不同的技术要求：

a. 高氮、磷污染底泥，环保疏浚前需制定必要的环境监测方案，对全湖底泥污染状况进行鉴别和勘测，确定该类底泥的疏浚区域、面积、深度。考虑到因扰动产生的污染底泥再悬浮、泥浆输送过程中各种泄漏问题，应采取相应的防污染扩散的保护措施。底泥堆场应采取隔离措施防止污染物质渗透而产生二次污染。采用绞吸挖泥船等泵类设备清淤时，堆场余水需进行收集处理，处理后余水需达到《污水综合排放标准》（GB 8978—1996）中规定的二级排放标准。

b. 重金属及有毒有害有机污染底泥，环保疏浚前应当采取严格的环境监测措施。除高氮、磷污染底泥所必须注意的问题外，还应综合考虑以下问题：堆场污泥余水下渗污染地下水问题；污泥中有害物质扩散及污染问题；底泥和堆场再利用中潜在的生态风险防范等。疏浚时应采用先进的低扰动高效底泥疏浚技术。在运输过程中应采取严格的防泄漏措施，以避免重金属及有毒有害有机污染细颗粒物的扩散。在底泥输送过程中，对于含有易挥发性污染物的底泥应采取必要的防护措施，全程密闭输送。堆场应建在远离人类活动、不易发生地质灾害、远离水体的区域，同时要避免在地下水丰富的区域选址，以免对周围环境产生危害。堆场应采取严格的防渗措施及建造必要的防冲刷设施；对于有毒有害有机污染底泥，还要建造必要的防臭设施。同时，应设置明显的安全警示标志。余水经集中收集处理后水质应达到《污水综合排放标准》（GB 8978—1996）中规定的二级排放标准。脱水后底泥应迅速进行安全填埋或无害化处置，处理后底泥的毒性浸出值低于《危险废物鉴别标准 浸出毒性鉴别》（GB 5085.3—2007）中的相应规定。在可能的情况下，无害化处理技术应与底泥综合利用相结合，但是不得用于农作物种植。疏浚后应采取必要的土壤修复对堆场进行快速恢复。

3）控制指标的选取。

a. 底泥营养盐含量。工程区水体达到相应地表水质标准或水体功能区划所要求水质的氮、磷含量。

b. 底泥重金属生态风险工程区重金属污染底泥的疏浚控制值为重金属潜在生态风险

指数不小于 300。

  c. 底泥厚度。根据工程区底泥分布特征和疏浚工程的施工技术条件确定。

  4）环保疏浚范围的确定。疏浚范围确定的步骤：运用疏浚控制指标对工程区进行评判，同时结合水质功能区划确定。具体步骤如下：对工程区底泥中 TN、TP 含量进行空间插值分析，确定 TN 含量大于等于高氮、磷污染底泥疏浚氮、磷控制值的区域；对工程区底泥中重金属生态风险指数进行分析，确定重金属生态风险指数不小于 300 的区域。对使用 TN 含量、TP 含量、重金属生态风险指数所控制区域进行叠加，控制指标为 TN 含量、TP 含量和重金属生态风险指数的所控制区域的并集。

  5）疏浚深度确定。高氮、磷污染底泥环保疏浚深度确定。采用分层释放速率法，具体步骤为：①对各分层底泥中 TN、TP 含量进行测定，了解 TN、TP 含量随底泥深度的垂直变化特征，重点考虑 TN、TP 含量较高的底泥层；②进行氮、磷吸附—解吸实验，了解各分层底泥氮、磷释放风险大小，找出氮、磷吸附—解吸平衡浓度大于上覆水中相应氮、磷浓度的底泥层；③确定 TN、TP 含量高，并且释放氮、磷风险大的底泥层作为疏浚层，相应的底泥厚度作为疏浚深度。

  重金属污染底泥环保疏浚深度确定。采用分层-生态风险指数法，分两步进行：①对污染底泥进行分层；②根据重金属潜在生态风险指数，确定不同层次的底泥释放风险，确定重金属污染底泥所处层次，从而确定重金属污染底泥疏浚深度。

  复合污染底泥环保疏浚深度确定。疏浚深度应综合考虑，取二者中深度较深者作为复合污染区的疏浚深度。

  环保疏浚要求疏浚设备有较高的施工精度。我国目前环保疏浚工程要求定位精度控制在 20cm，挖泥深度精度控制在 15cm 以内。

  6）疏浚设备选择。对于高氮、磷污染底泥，一般选用环保绞吸挖泥船，也可选用气力泵船等环保疏浚设备，气力泵船的特点是可获得高浓度泥浆，并可采取管路输送方式。对于含重金属污染底泥，一般选用环保绞吸挖泥船，也可选用气力泵船和环保抓斗挖泥船等疏浚设备；对于含有毒有害有机物的污染底泥，宜选用环保抓斗挖泥船。

  （2）原位覆盖技术。原位覆盖技术是利用一些具有阻隔作用的材料覆盖在污染底泥上，把底泥污染物与上面水体分隔开，降低污染物向水体释放的能力。覆盖物还能够稳固污染底泥，防止其再悬浮或迁移；覆盖层中的有机颗粒还具有吸附作用，可以削减底泥污染物进入上层水体。覆盖物质的选择十分关键。对于覆盖物质的要求，首先是安全性，不产生二次污染，同时廉价经济，施工便利，能够实现对污染底泥的有效覆盖。覆盖厚度与覆盖材料性质、污染物类型及环境因子有关，一般为 0.3～1.5m。

  （3）原位钝化技术。污染底泥原位钝化技术是采用对污染物具有钝化作用的人工或天然物质，使底泥中的污染物惰性化相对稳定在底泥中，减少污染物向水体释放，达到截断内源污染的目的。其工作原理为：①加入的钝化剂在沉降过程中络合并沉淀水体中的磷；②络合底泥表面的磷，阻止磷从底泥释放；③钝化层形成后，能够压实浮泥层，控制底泥颗粒悬浮；④改变底泥-水界面的氧化还原电位。钝化剂的选择是该技术的关键。要求其具有安全性，不会产生二次污染，能够有效钝化污染物，经济合理，施工便捷。目前国际上常用的钝化剂为液体或粉状铝盐、铁盐和钙盐。原位钝化技术的风险是大量使用铝盐、铁盐和钙盐，可能产生其他生态问题；底泥上形成的覆盖层容易遭到破坏；在湖底施工技术难度较大，成本较高。

2. 除藻技术

（1）机械除藻。通过机械或人工打捞直接去除水华蓝藻，对控制蓝藻污染作用明显。近年来，我国科研人员又研发了若干除藻设备以提高除藻效率。实践经验表明，在水华暴发前期加大机械除藻量，对控制后期水华暴发作用更为明显（金相灿，2013）。

（2）生物控藻技术。

1）鱼类控藻技术。鱼类控藻技术属于非经典生物操纵技术，它是应用滤食性鱼类（如鲢、鳙）对于蓝藻的直接摄食来控制蓝藻，大幅降低水体中的藻毒素含量，达到降低叶绿素浓度和提高透明度的目的。

2）贝类控藻技术。大型双壳贝类是自然水体中重要的底栖动物。利用贝类强大的滤水滤食功能，可以改善水质和防止赤潮和水华发生。贝类控藻技术是利用当地的贝、蚬等底栖动物，在湖区进行规模化养殖，配合其他除藻措施，能够有效去除蓝藻，使悬浮物浓度和叶绿素 a 浓度都有所下降，达到提高透明度、保护水生高等植物的目的（秦伯强，2011）。

（3）絮凝除藻技术。絮凝除藻技术是指向湖泊水体中投放黏土，通过絮凝作用沉降水华。这种技术一般在水华大面积暴发湖泊区域作为应急措施应用。黏土由多种矿物质及杂质组成，具有来源充足，安全性高，施工方便等优点。但是，在实际应用上，存在的主要问题是黏土投放量过大，国外报道一般投放量为 400mg/L 左右。由于黏土容易在水中泛起，造成细颗粒悬浮，使实际应用受到限制。

3. 湖泊生态系统构建

一个以水生高等植物为主，多种植物并存，具有高度生物多样性的健康湖泊生态系统，具备净化水体提高水质的生态功能。通过恢复湖泊水生高等植物群落，优化生态系统结构，构建健康的湖泊生态系统，是湖泊富营养化控制的重要措施。

沉水植物如苦草、狐尾藻、金鱼藻、菹草等是湖泊生态系统结构的重要组成部分，是控制营养物质循环，维持湖泊生物多样性的重要因素之一。沉水植物可以稳定和改善基质，增加溶解氧，吸附悬浮物，抑制藻类生长，提高水体透明度。我国长江中下游冲积平原湖泊和云贵高原湖泊，沉水植物的消失是导致严重的藻型富营养化的主要原因之一。因此，在湖泊生态修复工程中提高沉水植物的覆盖度是一项重要任务。图 5.1 显示荷兰 84 个浅水湖泊藻类生物量（用叶绿素 a 浓度表示）、TP 与沉水植物覆盖度的相互关系。可以看出沉水植物覆盖度较高时（20%～30%或 30%以上），即使 TP 浓度很高，藻类也难有过度生长的空间。许多监测资料显示，当沉水植物覆盖度超过 20%时，湖泊的透明度开始有所改善。恢复沉水植物群落，需要考虑制约沉水植物生长的生境因子，诸如水温、光照、pH 值、营养盐、溶解氧和基质。沉水植物适宜生长温度为 15°～30°，对低温有较好的适应性。光照条件直接影响沉水植物的光合作用，当湖底光照强度不足入射光的 1%时，沉水植物不能生长（见 1.3.3 节）。多数沉水植物对 pH 值的耐受范围为 4～12，适应范围为 6～10。基质是沉水植物根系的固定点，又是所需矿物质元素的主要来源，选择沉水植物需要充分考虑基质特征。

浮叶植物如菱、荇菜、睡莲、王莲等是水生高等植物恢复的先锋型植物，去除氮、磷的作用显著，浮叶植物还能遏制沉积物再悬浮，具有改善水质的综合功能。挺水植物如芦苇、蒲草、莕荠、水芹、荷花、香蒲、慈姑等是湖滨带主要植物，具有去除氮、磷，改善水质的功能。在生态修复工程中，促进挺水植物群落恢复，有利于湖滨带至敞水区植物的连续性布局，形成完整的生态结构。以挺水植物为主体的湖滨带植物群落，构成了湖泊的缓冲带，阻止和吸附污染物直接进入敞水区。

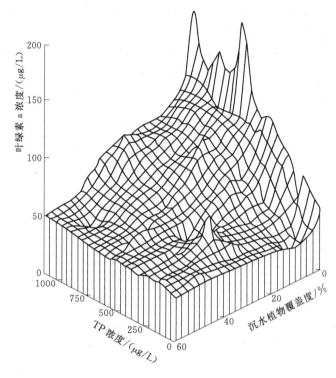

图 5.1　荷兰 84 个浅水湖泊藻类生物量、TP 与沉水植物
覆盖度的相互关系（李小平，2013）

5.1.3　湖滨带生态修复

湖滨带是湖泊水—陆交错带，是陆生生态系统与水生生态系统间的过渡带，其范围是历史最高水位线和最低水位线之间的水位变幅区。在湖泊管理中，其范围可适当扩大，即分别向陆域方向和水域方向延伸一定距离。

湖滨带处于水陆交错带，具有多样的栖息地条件，加之水深较浅，阳光透射强，能够支持茂密的生物群落，导致湖滨带生物物种数量相对较多（见 2.2.5 节）。湖滨带又是湖泊的缓冲带，其水-土壤（沉积物）-植物系统的过滤、渗透、吸收、滞留、沉积等物理、化学和生物作用，具有控制、减少来自流域地表径流中的污染物的功能，成为保护湖泊水体的天然生态屏障。

在自然界与人类活动的双重作用下，湖滨带受到了不同程度的破坏。湖滨带生态修复的主要任务，一是清除非法侵占湖滨带的建筑、设施、道路、农田、鱼塘，取缔非法挖沙生产，恢复湖滨带地貌特征；二是控源截污，截断流域污染物入湖通道，重建缓冲带结构；三是湖滨带植被恢复和重建。

本节主要讨论湖滨带调查与评价方法；湖滨带生态修复总体设计原则；湖滨带生态修复技术。

1. 调查与评价

湖滨带调查与评价包括自然状况调查和人类活动干扰调查。有关水文地貌调查和污染源调查见 3.1.2 节；生物调查见 3.1.3 节。

人类活动干扰包括侵占湖滨带（围垦、耕种、房屋设施、道路以及采砂生产等）、污水汇入（农业、水产养殖、禽畜养殖、生活污水、垃圾、旅游等）以及生物入侵和船舶等。自然力干扰包括泥沙淤积、特大洪水、风浪、自然径流减少。这两类干扰导致水文、地貌、水质、基质、生物多样性、景观、河湖连通性以及岸坡稳定性的变化，人为与自然干扰对湖滨带的影响见表 5.4。

表 5.4　　　　　　　　　　　　人为与自然干扰对湖滨带的影响

序号	干 扰		影　　响							
			地貌形态	水位	水面面积	水质/基质	生物多样性	植被/景观	河湖连通性	岸坡稳定性
1	人类活动干扰	围垦	★	★	★		★	★	★	
2		耕种				★	★	★	★	
3		房屋设施				★	★	★		
4		道路				★	★	★		★
5		采砂	★	★	★		★	★		★
6		禽畜养殖				★	★			
7		生活污水				★	★			
8		生物资源				★	★			
9		旅游				★				★
10		船舶				★				★
11		生物入侵					★			
12	自然力干扰	泥沙淤积		★	★	★				
13		大洪水	★	★	★					★
14		风浪								★
15		自然径流减少		★	★		★			

注　★代表存在影响。

开展湖滨带生态评价，需要建立湖滨带参照系统。参照系统是指大规模人类活动前的湖滨带生态状况。通过历史资料分析、现场调研，掌握大规模人类活动前湖滨带的水文、地貌、水质、生物多样性等状况。对比现状与历史状况，计算出包括生境因子和生物因子在内的重要生态因子的变化率。根据各生态因子的不同变化率，可以分析变化率较高的关键生态因子。根据表 5.4 所列出的外界干扰因子与响应关系，分析不同干扰因子对关键生态因子的贡献大小，识别湖滨带退化的主要外因，从而确定湖滨带生态修复的主要目标

（见 3.3.3 节）。

2. 湖滨带生态修复总体设计原则

（1）生态功能定位与分区。生态功能定位与分区是湖滨带生态修复设计的基础。总体上，湖滨带主要生态功能包括：生物多样性保护；缓冲带功能；岸坡稳定功能；景观美学功能；经济供给功能。对于具体的大中型湖泊而言，湖滨带不同区域的主体生态功能各有侧重。在湖泊生态修复工程设计中，为突出湖滨带不同区域的修复重点，需要进行生态功能定位和分区。根据规划湖泊的历史与现状特征分析，明确湖滨带不同区域预期恢复的主体生态功能，据此划分主体生态功能分区。每个区域除一种主体功能外，还可划分多种非主体功能。在进行生态修复设计中，以主体生态功能修复为重点，同时也应兼顾其他类型的生态功能修复。

1）生物多样性保护区。具备下列条件的区域，可以划为生物多样性保护功能区：①湖滨坡度较缓、变幅带较宽的区域；②湖滨地形变化丰富、湖湾发育度高的区域；③水鸟、鱼类、两栖和爬行动物类比较丰富的区域。根据保护的对象，生物多样性保护区可进一步细化为湖泊鱼类栖息地、湖泊底栖动物栖息地、水鸟栖息地、两栖和爬行动物栖息地、小型哺乳动物栖息地等保护区域；湖滨生境复杂的区域也可以单独划定。

2）缓冲带功能区。湖滨带通过过滤、渗透、吸收、滞留、沉积等物理、化学和生物作用改善水质，控制、降低流域污染物进入湖泊敞水区。同时，湖滨带也可通过营养竞争、化感作用等抑制湖泊水华藻类，改善水质。富营养化严重的湖泊以及水华暴发风险较高的区域，可划定为缓冲带功能区。

3）岸坡稳定功能区。湖滨带植被具有降低风浪冲刷，固岸、消浪的功能，能够降低风浪对湖岸的侵蚀，提高岸坡稳定性。凡湖滨带坡度较陡、风浪、地质、船舶等综合因素导致岸坡侵蚀潜在风险较高的区域；由于岸坡地貌、风浪、地质等原因，局部岸坡有滑坡、崩岸发生的区域，划为护岸功能区。

4）景观美学功能区。湖泊特有优美的自然景观和时空变化性，使其具有高度的美学价值，体现了湖泊的文化、科学、教育、休闲的重要生态服务功能。依据历史和现状分析，可适当划分景观美学功能区。应严格控制景观美学功能区的范围，其面积一般不超过湖滨区域的 10%。可适当布置少量亲水构筑物和观鸟平台，但是要尽量减少其他建筑物和娱乐休闲设施，以维持湖滨带的自然景观。

5）植物资源利用区。湖滨带内植物资源利用价值高、且生长旺盛的区域，可划定为植物资源利用区。应严格控制植物资源利用区的面积，以维持湖泊的自然功能。

（2）生态修复目标和任务。湖滨带修复是湖泊生态修复工程的组成部分，湖滨带生态修复设计原则服从湖泊修复的总原则，见 5.1.1 节。湖滨带生态修复设计应从湖泊整体修复出发，按照自然化原则，以人类大规模活动干扰前的状态为参照系，恢复湖滨带的生态功能。

针对湖滨带退化现状，生态修复的主要任务如下：

1）加强岸线管理。湖泊岸线是一种生态保护红线。依法划定岸线，确权划界，制定管理办法，建立管理机构，严格执法，清除湖滨带内各类非法建筑物和道路、退田还湖、退渔还湖，取缔非法采砂活动。

2）湖滨带地貌形态恢复。针对湖滨带被侵占的现状，对照参照系统的湖滨带地形地貌，制定湖滨带地貌设计方案。湖泊地形地貌参数见 3.1.2 节表 3.4。就湖滨带而言，要特别关注岸线发育系数 D_L、水下坡度 S、吹程 L_w 以及湖滨带宽度。岸线发育系数 D_L 定义为岸线长度与相同面积的圆形周长之比，D_L 值越高则表示岸线不规则程度越高，意味着湖湾多，湖滨带开阔，能减轻风扰动，适于水禽和鱼类的湿地数量多。水下坡度 S 是指湖泊横断面边坡比，用度数或百分数表示。水下坡度 S 影响湖滨带宽度、沉积物稳定性、大型植物生长条件以及水禽、鱼类和底栖动物的适宜性条件。吹程 L_w，定义为风力能够扰动的距离。取湖泊最大长度 L'；或等于（$L'+W$）/2，式中 L' 为湖泊最大长度，W 为湖泊最大宽度。

3）缓冲带加强措施。采取物理方法，用截污沟、截污管道或箱涵等措施截污，截断流域污染物入湖通道，成为缓冲带的外缘防线。

4）湖滨带植被重建。根据历史与现状分析，重建湖滨带植被。优先选用土著种，乔灌草相结合，提高植物物种多样性，形成完善的缓冲带结构。

5）水土保持，固岸护坡，维持岸坡稳定性。对于陡边坡和已经发生滑坡、崩岸的地段进行岸坡稳定性计算和复核，布置护坡和挡土墙结构。同时，采用生态型护坡结构，以创造栖息地条件。

6）自然景观营造。在景观美学功能区营造自然景观，创造人们亲水环境，使湖泊成为休闲、运动、科学、教育的公共空间，充分发挥湖泊的美学和文化功能。

（3）湖滨带生态修复指标。湖滨带生态修复目标定量化，需建立湖滨带生态修复的指标体系。建议的指标体系见表 5.5，具体指标可以根据项目特点制定。表 5.5 共分 6 类修复目标，下分 24 项具体指标，指标按照现状值和规划目标值两栏填写。目标值的确定原则是从现状出发，参考参照系统的历史状况，根据湖滨带主体功能定位和相关技术规范确定。

表 5.5　　　　　　　　　　　湖滨带生态修复指标表

修复目标	岸线管理					湖滨带地形地貌修复				湖滨带植被重建					缓冲带加强			岸坡稳定			自然景观营造		
修复指标	农田	鱼塘	建筑物	采砂	道路	修复面积	平均宽度	岸线发育系数	水下坡度	景观连通性指数	植被盖度	植被物种数	植被平均生物量	生物多样性指数	特有物种保护	截污沟	截污管道	截污箱涵	生态型护岸结构	生态型挡墙	其他护岸结构	绿道和休闲设施	亲水设施	文化教育设施
现状值																								
规划目标值																								

注　景观连通性指数的定义为：为防止景观破碎化，每 10km 湖滨带被人工构筑物中断（＞100m）不应超过 2 处，中断处应尽量通过宽度大于 30m 的绿色廊道连接。

3. 湖滨带生态修复技术

（1）湖滨带植被修复。湖滨带植被修复技术与河滨带有许多相似之处，可参照 4.5.5 节。以下仅讨论湖滨带若干特有问题。

根据湖滨带坡度,可以把湖滨带分为缓坡型和陡坡型湖滨带两类。一般认为,缓坡型湖滨带平均坡度小于20°,陡坡型湖滨带平均坡度大于20°。陡坡型湖滨带地势较陡,山体直接进入湖区,湖滨带宽度较窄,主要修复任务是水土保持。植被修复重点是陆生植被,应选择固土功能强的植物,以控制水流侵蚀。缓坡型湖滨带较为宽阔,可以按照不同水位分区选择植物种类,也可以依据主体功能区划分选择具有相应功能的植物。

依据不同水位选择植物种类。按照水位将湖滨带分为3个区段:Ⅰ区段,从岸坡顶部(堤顶)向下到高水位;Ⅱ区段,从高水位到常水位;Ⅲ区段,常水位以下。Ⅲ区段再划分3个高程区间,各区间植物类型根据水深依次为中生植物、湿生植物、水生植物,其中水生植物依次为挺水植物、浮叶植物和沉水植物。一般来说,挺水植物设计在常水位1m水深以内的区域,浮叶植物设计在常水位0~2m水深的区域,沉水植物设计在常水位0.5~3m水深的区域。

(2)湖滨带动植物群落配置。

1)生态恢复阶段分期。恢复初期,首先筛选耐污性强,去除N、P能力强,生态位较宽的先锋植物物种,以适应初期的环境,补充缺失植物带,初步构建水生植物序列;恢复中期,植物配置以填补空白生态位为主,对群落结构进行优化,使原有群落逐渐稳定;恢复后期,应充分考虑湖滨带动物—植物整体生态系统的完整性,全面恢复鱼类、底栖动物、水鸟、昆虫、两栖和爬行动物和大型水生植物等生物群落,保育和维护湖滨带生物多样性。

2)动植物群落优化配置。通过生境控制、人工捕捞收割、谨慎引入竞争种等,调整各种群组成的比例和数量以及种群的平面布局,以优化种群稳定性。通过调整水位、食物补充、人工招引和野化放归、恢复自然边坡以及布置生态型护坡、鱼巢砖等栖息地营造技术,促进湖滨带动值物群落优化配置。

3)湖滨带特有物种恢复。收集、分析历史资料和动植物保护名录,识别湖滨带珍稀、濒危、特有物种。查明影响该物种变化的主导生境因子,通过物种筛选、生境营造、人工培育、野外放归等措施,恢复湖滨带的特有物种。

(3)湖滨带地貌修复与改造。针对湖滨带被侵占与破坏的现状,恢复与改造湖滨带地貌,以满足生物需求。地貌修复与改造以湖滨带原有状态及其发育特征为参考,尽量减少工程措施。地貌修复与改造的主要任务包括:拆除侵占物、地形平整及基底重建、底泥疏浚及覆盖。侵占物拆除是指拆除侵占湖滨带的鱼塘、房屋等构筑物,退渔还湖,退房还湖。地形平整是指根据水生生物生存需求对地形进行整理,包括不合理的沟谷、凸脊、坑塘等的平整和改造;植被重建区地表植物清理。上述底泥疏浚及覆盖技术已经在5.1.2节讨论。以下列举两项典型基底改造技术。

1)鱼塘基底改造。鱼塘型湖滨带是指在湖滨带建有大面积鱼塘,导致水质严重恶化、生态系统受损。鱼塘型湖滨带的修复方法,一般是改造成多塘湿地。将鱼塘的塘埂拆除至水面以下而仅保留塘基,上部石料与塘埂内的土料混合后,就地抛填在塘埂两侧形成斜坡,以恢复原来缓坡地形。水面以下部分应每间隔一定距离将塘基清除,使塘内外土层沟通,塘基呈散落状分布,同时覆土覆盖鱼塘污染底泥。针对基质污染较重、底泥较厚的鱼塘,应对污染底泥先进行清淤,再拆除塘基,防止退塘时淤泥再悬浮,污染湖泊水质。植物修复方面，可根据鱼塘水深、水位波动条件，种植挺水、浮叶、沉水植物。

2）村落基底改造。

a. 清除民房人工填筑的直立砌石基础，就近抛填在湖滨区，使湖滨带滩地恢复成原有平缓渐变的自然岸坡。

b. 将宅基按自然坡比拆除至水面以下，上部石料与宅基内的土料混合后，就地抛填在宅基外侧，形成斜坡（图 5.2）。

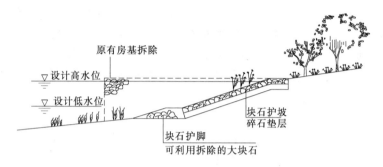

图 5.2　房基拆除型湖滨带护岸示意图

（4）自然型护岸结构。湖泊岸坡防护的目的是防止风浪对岸坡冲刷和侵蚀，保证岸坡的稳定性。自然型护岸技术是在传统护岸技术的基础上，混合使用人工材料和自然材料，特别是利用活体植物材料，开发出一系列既能满足护岸要求，又能提供良好栖息地条件，还能改善自然景观的护岸结构。本书 4.3 节为自然型岸坡防护技术，介绍了多种河道岸坡自然型防护技术，这些技术完全适用于湖滨带岸坡防护。

针对湖滨带外侧土地已被使用的情况，护岸布置可分为路堤型和与农田连接型两种。

1）路堤型湖滨带护岸。为满足路基的稳定要求，一般需构建直立式挡墙或路堤斜坡护面结构；在坡脚抛置块石、石笼或人工预制块体；采用多孔结构和天然植物、植物纤维垫等生态型护岸形式，护坡结构与土壤接触面设置反滤层，如图 5.3 所示。

2）与农田连接型湖滨带护岸。与农田连接的缓坡型湖滨带，根据水位变幅区的冲刷情况，布置生态型护坡，并设置植物绿篱带以降低人类活动的干扰。对于陡坡型湖滨带，宜在水位变幅区及其附近区域设置砌石、石笼等具有植物生长条件的多空隙护坡结构，并在坡脚位置抛石护脚。护坡结构与土壤接触面设置反滤层，如图 5.4 所示。

（5）景观设计。湖泊是大自然赐给人类的宝贵遗产，具有高度的美学价值。湖泊景观设计应遵循自然化原则。自然化就是恢复湖泊的自然地形地貌和水文条件，维持湖泊生物多样性。同时，尽量减轻人类开发活动干扰，避免湖泊人工化、园林化、商业化倾向，保持湖泊的自然风貌。

明确湖泊在河流—湖泊—湿地流域总体格局中的空间景观定位，保持湖泊景观与河流廊道和湿地景观的有机融合，形成既联系又各具特色的自然景观格局。

保持或恢复湖泊的地貌特征，主要是恢复湖湾地貌和湖滨带宽度。岸线发育系数反映湖泊地貌的空间异质性，岸线发育系数越高，表示湖湾越发育、数量越多。湖湾区风力较缓，地貌相对复杂，边滩湿地发育，成为鱼类和水禽的适宜栖息地。正因为如此，湖湾成为湖泊景观中最优美的精华区域，应重点保护和恢复。恢复湖滨带宽度是另一个重点任务。宽阔的湖滨带不但缓冲作用明显，而且为乔灌草植物错落有致布置提供了空间。

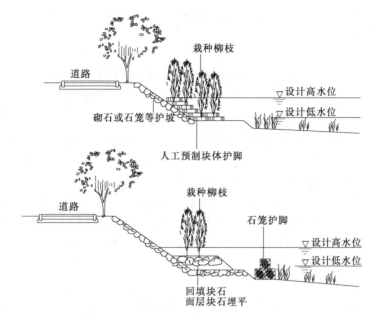

图 5.3　路堤型湖滨带护岸示意图

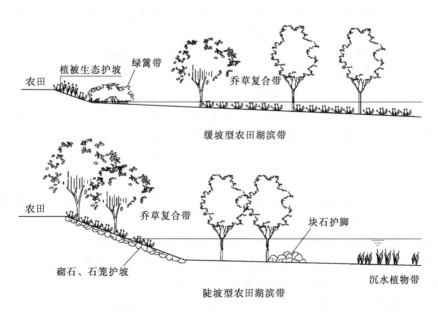

图 5.4　与农田连接型湖滨带护岸示意图

植被恢复以土著植物为主，注重植物的功能性，经论证适量引进观赏植物。按照不同水位，确定乔灌草各类植物搭配分区。植物搭配需主次分明，富于四季变化，营造充满活力的自然气息。采用自然型护岸结构，增添岸坡绿色，避免采用单调的传统混凝土或浆砌块石护岸结构。

尽量减少商业设施和建筑物，避免破坏自然景观及造成环境污染。创造人们亲近自然、休闲运动的条件，通盘考虑道路、交通、停车场布置。特别要重视环湖绿色步道和自行车道的沿湖布置。在景观美学功能区，适当布置亲水平台、栈道以及观鸟台和小型自然博物馆等文化教育设施。

5.2 湿地修复与重建工程

湿地具有保持水源、净化水质、调洪蓄水、储碳固碳、调节气候、保护生物多样性等多种不可替代的生态服务功能，被誉为地球之肾。湿地是水域与陆地之间的过渡带，正处于二者边缘区，生境异质性强，适于多种类型生物生长，优于陆地或水域。在生物地球化学循环过程中，湿地扮演生物源、生物库和运转者三重角色。

由于人类活动对湿地的侵占和污染，湿地面临萎缩和生态退化的威胁，湿地修复与重建是人类对自然界的一种补偿。湿地修复与重建工程规划设计的基本原则是充分发挥生态系统自设计、自修复功能，实施最低人工干预，达到生态修复目标。

5.2.1 概述

1. 湿地定义

湿地定义分为广义湿地和狭义湿地两种。为国际所公认的广义湿地定义，当属1971年签署的《关于特别是作为水禽栖息地的国际重要湿地公约》给出的定义："天然或人工、永久或暂时的沼泽地、泥炭地和水域地带、静止或流动的水域，淡水、半咸水和咸水水体，包括低潮时水深不超过6米的海域"。

狭义湿地定义有多种，其中1979年美国鱼类与野生动物保护协会的湿地定义为："陆地与水域交汇处，水位接近或处于地表面，或有浅层积水，至少具备以下一至几个特征：①至少周期性地以水生植物为植物优势种；②底层土主要是湿土；③在每年的生长季节，底层有时被水淹没。"狭义湿地的各种定义具有以下共同点，即定义中都涉及水文、土壤和湿生植物三要素，具体是：一般认为水深2m是湖泊与湿地水深的界限；湿生或水生植物占优势；土壤为水生土。本节讨论的湿地是指狭义上的湿地。

2. 全国规划

21世纪初，国务院批准了《全国湿地保护工程规划（2002—2030年）》。规划要求加强对水资源的合理调配和管理，对退化湿地全面恢复和治理，使丧失的湿地面积得到较大恢复，湿地生态系统进入良性状态。规划到2030年使90%以上天然湿地得到有效保护。开展湿地恢复和综合治理工程，包括退耕还湖、滩涂区修复与重建、退牧休牧、育林还草、恢复天然植被及水禽栖息地以及沿海退化红树林恢复。

《全国湿地保护工程规划（2002—2030年）》是开展湿地生态保护、修复和重建的指导性文件，提出了湿地保护的任务，包括恢复丧失的湿地面积；综合治理，遏制湿地生态系统退化；恢复湿地植被，完善湿地生态系统等。在规划的指导下，具体项目规划设计的内容是湿地调查与评估；确定修复目标和任务；选择适宜的保护与修复技术。

截至2013年，我国共建立550多个湿地类型自然保护区和400多个湿地公园，其中41块湿地被指定为国际重要湿地。

5.2.2 湿地调查

湿地调查内容与技术方法与河流、湖泊调查类似，可参阅 3.1 节，本节侧重讨论湿地特有的调查内容。

（1）湿地概况。湿地概况调查包括湿地类型（河滨湿地、湖泊湿地、沼泽湿地、滨海湿地和库塘湿地），海拔、经纬度，集水面积（地表水集水面积），周边土地利用情况（村庄、城镇、开发区、农田、养殖业、森林、牧场），对外交通等（表 5.6）。

表 5.6　　　　　　　　　　　　　　湿 地 概 况 表

类　型					地理		面积		周边土地利用									对外交通		其他
河滨湿地	湖泊湿地	沼泽湿地	滨海湿地	库塘湿地	海拔	经纬度	湿地	集水区	农田	森林	牧场	村庄	城镇	开发区	家禽家畜	淡水养殖		公路	铁路	

（2）水文地貌调查。水文调查包括降水、蒸散发、高水位、常水位、洪水淹没频率。地表水和地下水交互作用，包括以下几种情况（图 5.5）：①湿地地表水位高于陆地地下水位，湿地靠地表水补水；②湿地地表水位低于陆地地下水位，地下水入流湿地；③湿地地表水位与周围地下水位齐平，或湿地周边地下水位不等，既有入流也有出流；④地下水穿过湿地，而不到达地表直接流入湿地。

地形地貌调查包括与河湖连通性（常年性连通/间歇性连通；贯穿式连通/注入式单向连通/排水式单向连通；自流式/水泵抽排）。

（3）土壤调查。湿地土壤调查中，特别要重视水生土调查。湿地土壤一般称为水生土（hydric soil），它是湿地生态系统的重要组成部分。美国农业自然资源保护机构（NRCS）将水生土定义为："在水分饱和

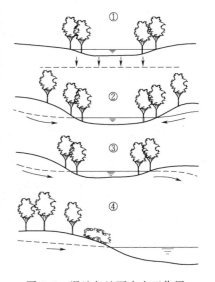

图 5.5　湿地与地下水交互作用

状态下形成的，在生长季有足够的水淹时间使其上部能够形成厌氧条件的土壤"。水生土长期经历了洪水过程，并且处于厌氧环境中，其颜色多呈黑色。湿地土壤可以分为矿质土壤和有机土壤两种（表 5.7）。水生土具有适宜的化学成分，足以支持湿地的生态过程。例如，矿物水生土比非水生土含有较高的有机碳（organic carbon）。这种土壤能够促进诸如反硝化、沼气生产等湿地过程。另外，水生土在长期形成过程中，建立了自己的"种子库"，成为修复或重建湿地宝贵的本地物种资源。所以，在湿地修复或重建工程中，充分利用当地的水生土，达到生态系统自设计的目的。

（4）水质调查。水质调查包括水质评价、污染源调查、水功能区达标率。污染源调查包括：①点源污染调查。主要包括城镇工业废水、城镇生活污水以及规模化养殖等。②面源污染调查。主要包括农村生活垃圾和生活污水状况调查、种植业污染状况调查、畜禽散

养调查、水产养殖及污染状况调查、水土流失污染调查、干湿沉降污染负荷调查及旅游污染、城镇径流等其他面源污染负荷调查。③内源污染调查。内源污染调查需明确湿地内源污染的主要来源，例如水产养殖、底泥释放、生物残体（蓝藻及水生植物残体等）等，分析内源污染负荷情况。④变化趋势及原因分析。通过对历年点源污染、面源污染调查结果分析；历年污染负荷量统计；历年入湖河流水质参数统计；历年水污染控制和治污成效统计，分析湿地水环境变化趋势，找出水环境恶化的主要原因。

表 5.7　　　　　　　　　　　　　　湿地水文和土壤调查

要素	说　明	单位	要素	说　明	单位
降水	多年平均	mm	与河湖连通性	排水式单向连通	m^3/s
蒸散发	多年平均	mm		自流/水泵抽排	m^3/s
水位	常水位	m	与地下水交互作用	湿地为地下水补水	m^3/s
	高水位	m		地下水入流湿地	m^3/s
蓄水量	常水位	m^3		入流/出流	m^3/s
	高水位	m^3		地下水直接补水	m^3/s
洪水淹没	洪水位	m	与地表水交互作用	河流季节性补水	m^3/s
	频率			水泵补水	m^3/s
年干枯时间	季节性干枯	天	土壤	水生土　矿质	
	常年性/间歇性	天		水生土　有机	
与河湖连通性	贯穿式连通	m^3/s		非水生土	
	注入式单向连通	m^3/s			

（5）生物调查。湿地的生物调查重点是植物调查。湿地特殊的水文和土壤条件，支持了丰富多样的生物群落。湿地植物群落的格局是对水文条件变化的响应，依据植物与水位关系可以分为以下 5 种类型：

1）湿生植物。其生长环境为大部分时间地表无积水，土壤处于饱和或过饱和状态，如垂柳、枫杨等。

2）挺水植物。植物根部没在水中，茎叶大部分挺于水面以上，如芦苇、菖蒲、荻等。

3）浮水植物。植物体漂浮在水面以上，其中一些植物的根部着生在水底沉积物中，如睡莲、萍蓬草等。

4）沉水植物。植物体完全没于水中，有些仅在花期将花伸出水面，如金鱼藻、黑藻等。

5）漂浮植物。植物体漂浮在水面，根部悬浮在水中，群居而生，随风浪漂移，如浮萍等。

生物调查内容和指标包括植物类型、分布范围、对应水位高程范围、多度、盖度、频度等。除了水生植物之外，还应调查湿地外围的陆生植物包括乔木、灌木和草本植物。

湿地动物包括鸟类、鱼类、两栖类、昆虫等，其中种类繁多的鸟类是湿地的一大特色。湿地的鸟类分为候鸟和留鸟，通常留鸟在鸟类中占多数。要注意调查项目湿地是否在候鸟的迁徙路线上，是否是候鸟的停歇地和中转站，以便在更大的景观尺度上对项目湿地功能进行定位。湿地开阔的水面上集中的鸟类一般是游禽（如天鹅、野鸭等）和涉禽（如白鹭、灰鹤等），主要分布在周期性过水滩地。湿地周边树木生长着攀禽（如杜鹃、啄木鸟等）以及鸣禽如画眉等。

5.2.3 湿地修复目标和原则

1. 湿地修复的 3 种策略

湿地生态修复是针对湿地被侵占导致萎缩以及因各类胁迫作用导致生态功能退化这两类问题。为补偿湿地萎缩和功能受损，提出了 3 种类型的修复策略，即湿地修复、湿地重建和湿地扩大。

1）湿地修复（wetland restoration）。著名生态学家 Mitsch（2004）给出的定义是："湿地修复是指将湿地由人类活动干扰或改变的状态，恢复到原有曾经存在的状态。"他还指出："湿地可能已经退化或水文条件已经发生变化，因此，湿地修复会涉及重建水文条件和重建原有植物群落。"

2）湿地重建（wetland creation）。湿地重建是指人工将原来的河滨高地（upland）或浅水区改造成湿地。湿地重建既是对历史上湿地损失的补偿，也是对工程项目不可避免导致湿地损失的补偿，如高速公路、铁路建设等基础设施建设、沿海滩涂排水充填造地以及其他经批准的商业用途。相关法律规章规定了因工程项目导致湿地损失的补偿办法，以实现所谓"占补平衡"。补偿政策的关键是新建湿地与原有湿地的面积比，即所谓替换率，替换率是湿地补偿的定量控制。为补偿目的而重建的湿地，也称"替代湿地"（replacement wetland）。还有一类新建湿地以净化水体为目的，属于污染控制生物技术，这类人工湿地（constructed wetland）不属于这里讨论的重建湿地。

3）湿地扩大（wetland enhancement）。湿地扩大是指靠人工扩大现存湿地面积或增加现存湿地一项或多项功能。这种策略较为稳妥，成本可能较低。因为现存湿地的生态状况可观测、可评估，在现存湿地基础上，只要有适宜的水文条件支持，扩大的湿地就有可能实现预定生态目标。

2. 湿地修复设计原则

（1）遵循生态系统自设计、自组织原则。湿地自设计、自组织功能是指湿地系统以环境为依据，以自己的方式挑选物种和群落，通过持续的自然演替存活下来并趋于完善，最终形成健康的湿地生态系统。无论是湿地恢复、重建，还是扩大，都应遵循自设计、自组织原则，实施最低人工干预，充分发挥系统自修复功能，实现修复目标。具体措施包括尽可能利用自然力（降水、气温）修复植被；利用土著种和当地种子库建立植物群落；利用当地水生土建立适宜生境；利用河流天然落差实现湿地与河湖之间自流补水。这里所说的自然演替是指在相对短的时间尺度内，靠生态系统本身的功能，使得生物群落多样性增加，物种均匀性提高，不存在某一物种占优势的情况出现，生态系统结构得到持续改善。

（2）设计自然化，避免人工化。尽量减少水闸、橡胶坝、扬水站等工程措施。引水渠采用自然边坡，如需护岸，则采用生态型护岸结构。引水渠采用多样化断面，避免采用矩形、梯形、弓形等几何规则断面。维持与湿地连通河流的蜿蜒形态，避免人工裁弯取直。提高湿地岸线发育系数 D_L。

（3）重点恢复湿地生态功能。湿地修复的重点是恢复湿地生态功能，而不是湿地景观修复。湿地的主要生态功能包括：①生物多样性维持；②为鱼类、鸟类和两栖动物提供多样化的栖息地；③蓄水保水、调蓄洪水、调节局地气候；④水体净化功能；⑤美学价值和文化功能，包括休闲、运动、旅游、教育、科学等。具体项目湿地的生态功能可能有多种，但必须明确修复一种主要功能，兼顾其他功能。明确了主要功能，就确定了主要修复任务，进而选择适宜的修复技术。

（4）最低工程成本和最低维护成本。利用生态系统自修复规律修复湿地，本身就是降低工程成本的重要途径。减少工程设施以及利用土著物种和当地水生土等方法，都可以节省工程成本。如果人工设施过多，工程建成后的维护费用将是一项沉重的负担。工程设计内容应包括项目完成后的管理养护计划。应充分发挥湿地生态系统自组织功能，主要依靠湿地系统自身运行、演替，保持生态健康状态。人工管护作为辅助手段只在项目开展初期实施，诸如间歇性锄草等。

（5）多尺度景观背景下的规划设计。设计工作应在多景观尺度背景下进行，如果仅在项目湿地尺度上进行设计，将会产生一定局限性。这里所说的景观尺度是指湿地尺度、湿地集水区尺度、河段和湖泊尺度、流域尺度。在项目湿地尺度上，进行植物配置和栖息地改善工程设计；在湿地集水区尺度上评估污染水体汇入影响以及当地水生土利用可行性；在河段和湖泊尺度上，进行湿地与河湖连通设计，以及湿地与地表水、地下水交互作用论证；在流域尺度上，通过水资源配置论证，进行湿地补水设计。

5.2.4　河滨湿地生态修复技术

1. 湿地布置模式

重建一块湿地，首先需要研究湿地空间布置，其核心问题是解决湿地与地表水和地下水的交互作用，也就是湿地的补水和排水问题。

自然形成的河滨湿地，其运行方式是依据年度水文情势变化，季节性为湿地补水。图5.6（a）显示了一种地下水位较高的自然河滨湿地补水过程。在非汛期，湿地靠陆地地下水补给，湿地水位高于河流常水位，湿地通过土壤渗透向河流补水。在汛期河水水位上涨，当水位超过漫滩水位后，水流漫溢越过自然堤向湿地补水。湿地开始蓄水并逐步达到高水位。在汛后，洪水消退，水流归槽，湿地内泥沙、化学物质和腐殖质在河漫滩淤积和保存。这种自然湿地运行的主要特点是湿地补水的季节性。如果图5.6（a）案例换一种情景，地下水位较低，非汛期没有补水水源，湿地主要靠汛期洪水补水，这时就会出现旱季湿地水位逐渐下降，甚至出现干涸的情况。特别是遇有枯水年份或当年降水较少，湿地干涸的风险会更大。

根据湿地补水方式，湿地布置可有以下几种模式：

（1）自流补水湿地模式。仿照自然湿地的补水模式布置自流补水湿地，如图5.6（b）所示。图中显示按照季节性补水设计的重建湿地。开挖的湿地位于河流一侧，用引水渠和退水渠与河道连接。引水渠和退水渠与湿地分别在入口和出口衔接。根据湿地容积、河流年水位变化过程线计算湿地入口和出口的底板高程。当河道水位高于湿地入口底板高程，水体自流进入湿地补水。当湿地蓄水完成，水位超过出口底板高程，则水流从出口底板漫溢进入退水渠。退水渠的出口可以设在河道，也可以设在河漫滩。出口设置在河道内方案，能够使水体在河道一侧形成闭路循环，可节约水资源，这对缺水地区是很合适的。但

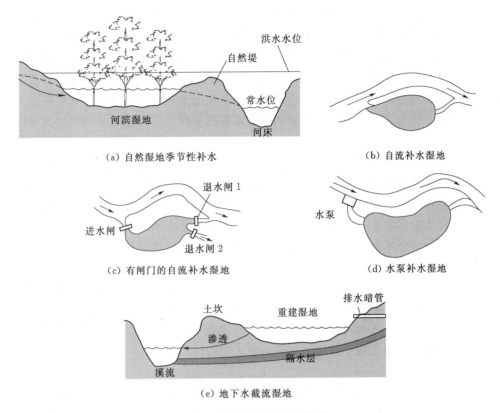

（a）自然湿地季节性补水

（b）自流补水湿地

（c）有闸门的自流补水湿地

（d）水泵补水湿地

（e）地下水截流湿地

图 5.6 河滨湿地的空间布置

是，如果当地洪水流量较大，遇有洪水时，退水渠水位受河道高水位顶托排水不畅，导致湿地水位上涨，可能对湿地产生破坏或产生大量的泥沙淤积。为避免这种情况发生，可将退水渠的出口布置在河漫滩，可以保护湿地免受破坏和淤积。引水渠和退水渠断面根据湿地蓄水量、补水时间和地形，通过水力学计算确定。自流补水湿地模式的优点是靠自然落差实现补水，注水和排水靠进出口底板高程控制。由于不设水泵等设备，工程造价和运行成本较低。缺点是补水保证率较低，湿地存在间歇式干涸的风险。如果项目现场的地下水水位较高，能够在非汛期为湿地补水，那么自流补水湿地也是一种不错的选项。

　　（2）有闸门的自流补水湿地模式。为有效控制湿地水位，防止湿地被洪水破坏，可选择闸门控制的自流补水模式［图 5.6（c）］。这种模式是在自流补水模式基础上，在河道引水渠进口以及退水渠出口分别增设闸门。湿地退水渠出口为双孔，其中一孔与河道衔接，另一孔直接连接河漫滩，用于汛期向河漫滩排水。渠道出口处，均应做好底板护坦，以防止水流冲刷。闸门运行方式依河道水位变化确定。在非汛期，引水闸和退水闸均开启，在河道一侧形成水流循环。在汛期，河道水位上涨，当湿地水位已经达到预定蓄水水位，关闭引水渠闸门，防止洪水涌入湿地造成破坏。同时，关闭退水闸与河道衔接的闸门，防止水流倒灌进入湿地。开启与河漫滩衔接的闸门，将水流排到河漫滩。闸门控制的自流补水湿地模式的优点是能够有效防止洪水破坏，但是与自流补水湿地模式比较，工程造价有所增加。

（3）水泵补水湿地模式。为维持湿地必要的水文条件，可以选择水泵抽水模式。水泵抽水模式可以弥补自流补水模式的不足，特别是在旱季河道水位较低，无法向湿地自流补水，通过水泵从河道抽水，经进水渠向湿地补水［图 5.6（d）］。与自流补水模式相比，水泵补水模式提高了湿地水文保证率，降低湿地干涸风险。如果水泵补水模式与闸门控制模式结合，还能降低汛期洪水破坏湿地风险。当然，水泵补水模式的缺点是提高了工程造价和运行成本。一般来说，水泵补水模式适合水资源相对匮乏，河流多年平均流量较小的地区。

（4）地下水截流湿地模式。在地下水位相对较高地区，采用地下水截流湿地模式，有利于湿地维持期望的水位条件。图 5.6（e）显示一块重建的河滨湿地，湿地高程高于河道高程，在非汛期湿地通过渗透向河道补水。除此之外，河道还有支流汇入和地表径流的汇流方式。湿地高程位于不透水层以上，湿地接收的地下水属于表层水。为保证湿地有足够的水量，在湿地集水区范围内埋设透水的排水管网，收集浅层地下水注入湿地。这种模式不但有效地汇集浅层地下水，而且对于位于农业区的河流，还具有水质净化功能。这是因为排水暗管收集来自农田含高富集化学物质排水，注入湿地后，湿地生长的芦苇、菖蒲等水生植物，具有吸收氮、磷等营养物质的功能。湿地作为河道的前置池，形成了面源污染控制屏障。地下水截流湿地模式属于自流型补水，只需一次性工程投资建设暗管系统，其维护运行费用低，适宜地下水位相对较高地区应用。

2. 维持适宜的水文条件

修复或重建一块湿地的关键是创造和维持一个适宜的水文条件，具体体现为创造和维持一定的水位条件，为此需要寻找稳定可靠的水源。地下水与地表水比较，选择地下水更为适宜。一般来说，地下水具有可预测性，受季节影响较小，可以在干旱季节为湿地补水，能防止湿地水位过低，也能降低湿地干涸风险。而靠河流给湿地补水，往往受季节性影响，在干旱季节补水保证率下降。一些水位变幅较大的河流，干旱季节水位大幅下降，湿地自流补水难以为继。在水资源匮乏地区，在干旱年份为保证生活供水，即使抽水补水也会受到限制。值得注意的是，靠地表径流或小型河流单一水源补水的孤立湿地，因为补水保证率低，水体流动性差，容易变成蚊虫孳生的积水池塘，反而给人居环境带来负面影响，因此，要尽量避免规划这类湿地。

为维持湿地的基本生态功能，需要进行湿地生态需水计算。湿地生态需水是指为实现特定生态保护目标并维持湿地基本生态功能的需水。计算湿地生态需水量，首先要建立河流-湿地水文情势关系，然后建立湿地水文变化-生物响应关系模型，最后根据保护目标确定湿地生态需水。简单方法是按湿地水量平衡公式计算，详见 3.4.2 节。需要指出，与任何供水工程一样，在湿地设计中，也应确定湿地项目的补水保证率。这就意味着在干旱季节的一定时段内允许湿地出现低水位，达不到湿地生态需水要求。注意到本地土著种湿生植物和水生植物对干旱等恶劣环境具有一定抗逆性，能够靠自身力量度过困难期并能自我恢复。而且有些湿地适应了湿润与干旱环境的交替转换，相应有水生植物、湿生植物以及陆生植物交替生长。如果盲目提高补水保证率而增加诸如抽水、蓄水、闸坝等工程设施，导致工程造价和运行成本全部上涨，那将是不经济的设计方案。

在河道外侧河滨带开挖形成的湿地，无论是河道原有堤防还是湿地挖方填筑的堤岸，都需要布置引水渠穿过堤岸结构并且设置控制装置（图 5.7）。对于中小规模的湿地来说，控制装置应尽可能小型灵活，结构简单，可手动操作，这样的装置不但工程造价低，而且运行维护成本低。控制装置形式多样，有竖管式、叠梁插板式、组合式以及翻板式。图 5.7（a）为竖管式结构，由简单的圆形竖管和水平补水管组成。竖管顶端高程即取水高程，需经论证确定。图 5.7（b）为叠梁插板竖管结构，手动的叠梁插板可以调节进水水位，以适应河道水位变化。图 5.7（c）为叠梁插板竖管的改良结构，即在竖管顶上加盖，防止人为损坏。图 5.8 为小型翻板式取水结构，翻板固定在两侧轮盘上，通过齿轮传动调节翻板角度以控制水位。

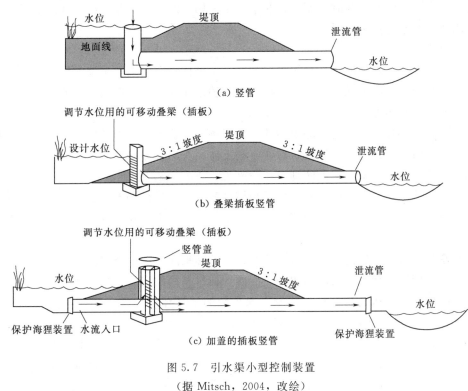

图 5.7 引水渠小型控制装置

（据 Mitsch, 2004, 改绘）

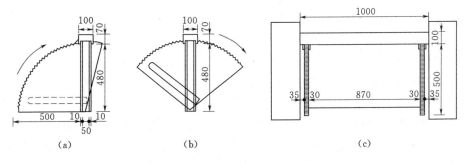

图 5.8 小型翻板式取水结构（单位：mm）

（据成玉宁，2012）

3. 土壤选择

自然湿地土壤为水生土。如前述，水生土处于生物、水体和气体的界面，在水分、营养物质、沉淀物、污染物、温室气体的运移过程中具有独特作用。水生土长期处于过湿状态，生物残体难以充分分解，使得土壤中积累了大量养分，尤其是泥炭土，其有机质养分含量很高。水生土长期处于水下或周期性洪水泛滥过程中，水体中的营养物质沉淀在土壤表层，增加了土壤肥力。所以说水生土是储存和提供营养物质的"营养库"。多年形成的水生土，足以支持湿地植被和整个生态系统。一般来说，水生土中已经建立了湿地植物的种子库，成为湿地的重要生物资源。因此，恢复、重建或扩大湿地，都要充分利用当地的水生土。在为新建湿地选址时，要选择在水生土上构筑湿地；在原有湿地基础上扩大湿地时，宜用挖方的水生土构筑堤岸。

4. 植被修复

利用当地土著物种是植物修复的最佳策略。土著植物适应当地土壤气候条件，成活率高，病虫害少，维护成本低，有利于维持生物物种多样性和生态平衡。如前述，水生土包含的种子库，为利用土著种提供了生物资源。种子库（seed bank）是指埋藏在土壤中休眠状态长达一个生长季以上的全部植物种子。观测资料显示，由种子库中的种子萌发形成的植被比人工植被更接近原有植被状态，有利于向原有植被方向恢复。需要指出，不同类型湿地植被形成的种子库有很大区别。一般来说，丰水-枯水周期变化较为明显的湿地土壤中包含大量的一年生植物种子库，可以利用这些种子库进行湿地修复或重建。但是那些持续保持高水位的湿地中，种子库相对匮乏。水位较为稳定的湿地土壤中种子库一般发展不好。

植被修复有两种方法。一种方法是自然方法，即按照自然过程包括种子库的种子萌发生长，湿地系统以自己的方式挑选物种和群落，通过持续的演替，最终成活下来并逐步形成完整的湿地生态系统。用这种方法修复或重建的湿地称为"自设计湿地"（self-design wetlands），意指靠生态系统自设计、自组织功能形成的湿地。选择这种方法重建或修复的湿地，仅在项目开始时提供一些人工帮助，例如选择性锄草。另外一种方法靠人工引进若干植物物种，引进物种可能成活也可能失败，这些物种就成为这块湿地的成功或失败的指示物种。用这种方法修复或重建的湿地称为"设计湿地"（designer wetland），意指由人为设计的湿地。"设计湿地"方法认为，通过适当的工程措施和植物重建，可以加快湿地的恢复或重建过程。这种理论认为植物的生活史（种子的传播、生长、定居过程）是重要因子，可以通过强化物种的生活史来加快湿地的恢复。强化的措施主要指采用人工播种、种植幼苗、种植成树等。比较两种方法，显然自设计湿地的工程成本和维护费用比设计湿地要低，对于湿地的演替方向也有一定的预测性。但是，在有些情况下，设计湿地方法也有其优势。具体表现为，为了实现湿地的某些预期的主要功能，如景观功能，就需要引进一些观赏植物；而强化污染控制功能，就要引进一些具有水体净化功能的植物。

Reinatz（1993）的研究发现，重建湿地初期引进多种物种，可以保证湿地长期的多样性和丰度。如果靠自然建群，可能会出现单一物种（如香蒲、芦苇）覆盖度高的局面。著名生态学家 Mitsch（2005）认为，在一块重建的湿地上种植或不种植植物都无关紧要，最终环境将决定植物的存活和分布。他比较了外界环境基本相同的两块湿地，一块人工种植植物，另一块没有种植植物，用对比方法来观察两块湿地的重建过程。在开始几年这两块湿地差别不大，随后出现差异，但是最终两块湿地发育的几乎一样。说明湿地具有自设计功能和自恢复功能，至于是否种植植物仅仅在发育过程中产生影响，对于最终结果不起主要作用。需要指出的是，湿地重建或修复大约需要 15～20 年的时间。

在植物配置方面，根据水深划分植物类型，依次为中生植物、湿生植物、水生植物，其中水生植物依次为挺水植物、浮叶植物和沉水植物。一般来说，挺水植物设计在常水位 1m 水深以内的区域，浮叶植物设计在常水位 0～2m 水深的区域，沉水植物设计在常水位 0.5～3m 水深的区域。

依据湿地主体功能，选择具有相应功能的植物。对于以改善水质为主体功能的湿地，宜选择具有良好净化功能的挺水植物，如芦苇、蒲草、荸荠、水芹、荷花、香蒲、慈姑等。浮叶植物有睡莲、王莲、菱、荇菜等。以营造自然景观为主体功能的湿地，可以选择如樟树、栾树、木槿、乌桕、蓝果树、白杜、美人蕉等植物。

5.3　水库生态修复工程

5.3.1　库区消落带植被重建

1. 消落带特点

消落带是水、陆生态系统交错区域，具有水域和陆地双重属性。消落带是长期或者阶段性的水位涨落导致其反复淹没和出露的带状区域，是一种长期被水分梯度所控制的季节性湿地生态系统。由于湖泊的自然消落带的形成历史悠久，消落带的生态环境及自然湿地生态系统的变化基本上处在相对稳定状态。水库库区消落带则不同，库区消落带是因水库调度引起库区水位变化所形成，具有明显的环境因子、生态过程和植物群落梯度，其生态环境十分脆弱。

消落带作为水生生态系统和陆生生态系统物质、能量交换的通道，对于维持相邻的水陆生态系统动态平衡具有重要作用。消落带的植被具有重要的生态功能，如保护水质、稳定堤岸、保持陆地-水生生态系统的连通性、维持物种多样性等。

2. 消落带植物及其演替

消落带生态系统受周期性反季节的水淹影响，植物主要受水淹、土壤水分变化和干旱胁迫，很多植被因不能适应这种环境的变化而消亡，导致植被群落结构发生剧烈的变化。以三峡库区为例，三峡工程建成后，消落带植被群落组成发生了变化，逐渐由原来的乔灌群落转变为草本群落，并且草本群落所占的比例不断提高。反季节性水淹对于乔灌木和多年生草本植物的冲击十分剧烈，长期水淹环境对于三峡地区原有的很多多年生草本和灌木有着致命的影响。2009 年水库消落区植被数量与三峡工程建成前相比，维管植物的科减少 26.51%，属减少 29.58%，种减少 42.96%。总的来说，多年生植物难以适应长时间的水淹条件，而一年生植物可能具备退水后完成生活史周期的能力，在短时间内起到裸露滩涂植被化以及固土作用。另外，消落带不同高程地段的淹水时长和水深不同，导致不同高程的植被组成也有所差异。在时间上，蓄水初期消落带植被处于演替阶段，生态系统不够稳定，其优势物种年际间存在变化。环境的改变可能导致本地物种相对于入侵物种的竞争能力下降。入侵物种对盐分胁迫、干旱胁迫、水淹胁迫具有较强耐受能力。环境改变将导致本地种被引进种所替代，并逐渐发展为当地优势种。土著物种不能正常更新是导致其衰减的主要原因。

3. 植物配置技术

首先对消落带现有植被群落进行调查，优先选用消落带原有植物品种进行消落带植物配置，新增物种原则上以乡土耐涝植物为主；优先选择耐污、净化力强和养护管理简易的品种；陆域植物系统应包括乔、灌、草的组合配置；水生植物选择上以种植水深 0.2～2.0 m 的挺水、浮叶、沉水植物为主。

植物配置应满足 4 个方面的要求：一是能适应消落带的环境，形成稳定的群落，为生物提供良好的生境；二是能净化水中污染物，提高水环境的质量；三是能增强景观效果；四是要考虑植物的经济性。在适应性方面，可考虑植物的抗寒性、耐淹性、耐旱性；在净化功能方面，可考虑植物的去氮能力、去磷能力、固土能力；在景观性方面，可考虑植物的色彩、景观协调性；在经济性方面，可考虑植物的购买种植成本和管护费用。其中，植物的抗寒性表现在植物是否可以安全过冬，次年是否可以顺利发芽。特别是北方冬季天气气温低，因此在植物优选中应考虑。植物耐淹性是消落带植物生存的重要影响因素。植物的固土能力主要靠有效侧根或须根的数量来表征。直径小于 1mm 的根的密度及根量是植物提高土壤结构稳定性和抗冲性的有效根系参数。国内外研究资料表明，植物主根难以抵御较大水流冲刷，直径小于 1mm 的有效根密度与植物根系土抗冲刷性能关系密切。

通过水库历年水位特征分析及周边环境调查评价，进行消落带水位变动分区，分为永久性淹没区、经常性淹没区、短期淹没区 3 个区域，永久性淹没区主要配置水生植物，包括挺水植物、浮叶植物、沉水植物；经常性淹没区重点是固土护岸，根据立地条件可采用乔灌草结合或灌草结合方式；短期淹没区配置的植物主要是中生植物，兼具景观效果和耐寒能力。

5.3.2　水库分层取水

由于深水水库存在水体垂向温度分层现象，大坝泄水时下泄水流温度与建坝前相比发生了不同程度的变化。大坝下游河道水温的变化对鱼类的发育繁殖活动都会产生影响。鱼类在繁殖和孵化期间往往对温度十分敏感，这就使得每种鱼类都有其适宜的繁殖水温。深水水库的取水口位置往往偏低，取水偏于底层水，下泄水体水温偏低，导致高温季节坝下河流水温低于原自然河流水温，部分高坝大库常年下泄水水温在 15℃ 以下，有的甚至维持在 10℃ 左右，对鱼类繁殖和生长造成不利影响。同时，由于水体的蓄热作用，即使是非分层型水库，水温也较原河道自然水温出现滞后现象。春夏升温阶段，水库下泄水温回升晚于河道原自然水温；秋冬降温阶段，下泄水的水温下降也晚于原河道自然水温。我国鱼类组成以温水性鱼类为主，大多数鱼类繁殖水温在 16℃ 以上，适宜生长水温为 22～28℃。低温水下泄不仅会减缓鱼类新陈代谢，降低生长发育速度，缩短生长期，而且会推迟繁殖季节。本节介绍了为减轻水温变化影响而采取的水库分层取水技术，包括分层取水设施结构及其设计原则、水库分层取水调度运行管理原则。

1. 水库分层取水设施

水库分层取水进水口型式主要包括多层式进水口、叠梁门式进水口、翻板门式进水口、套筒式进水口和斜卧式进水口等，大中型水电站分层取水宜采用机械控制的叠梁门式进水口或多层式进水口。

1）多层式取水设施。在取水范围内设置高程不同的多个孔口，取水口中心高程根据取水水温的要求设定，不同高程的孔口通过竖井或斜井连通，每个孔口分别由闸门控制。运行时可根据需要，启闭不同高程的闸门，达到分层取水的目的。其结构简单，运行管理方便，工程造价较低，其缺点是由于孔口分层的限制而不能连续取得表层水（图5.9）。

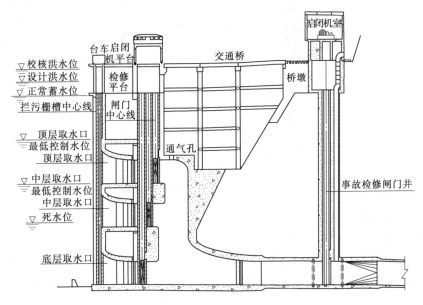

图5.9 多层进水口建筑物剖面图

2）叠梁门式分层取水设施。在常规进水口拦污栅与检修闸门之间设置钢筋混凝土隔墩，隔墩与进水口两侧边墙形成从进水口底板至顶部的取水口，各个取水口均设置叠梁门。叠梁门门顶高程根据满足下泄水温和进水口水力学要求确定，用叠梁门和钢筋混凝土隔墩挡住水库中下层低温水，水库表层水通过取水口叠梁门顶部进入取水道（图5.10）。其优点是适用于不同取水规模的工程，可以根据不同水库水位及水温要求来调节取水高度，运行灵活。

2. 分层取水结构设计

分层取水设施布置和结构设计应遵循《水利水电工程进水口设计规范》（SL 285—2003）《水电站进水口设计规范》（DL/T 5398—2007）和《水电站分层取水进水口设计规范》（NB/T 35053—2015），参考《水工设计手册》（第2版）第3卷。

采用叠梁门和多层取水口形式设计时，应考虑以下要点：

（1）分层取水进水口应与枢纽其他建筑物的布置相协调。整体布置的进水口顶部高程宜与坝顶同高程。进水口闸门井的顶部高程，可按闸门井出现的最高涌浪水位控制。

（2）进水口分层取水设施应在各种运行工况下，均能灵活控制取水。

（3）在各级运行水位下，进水口应水流顺畅、流态平稳、进流匀称，尽量减少水头损失，并按照运行需要引进所需流量或截断水流。

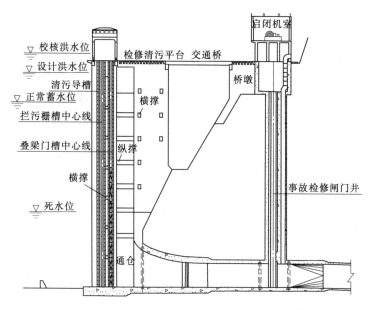

图 5.10　叠梁门进水口建筑物剖面图

（4）叠梁门控制分层取水时，门顶过流水深应通过取水流量与流态、取水水温计算以及单节门高度等综合分析后选定。

（5）叠梁门单节高度应结合水库库容及水温计算成果进行设置，确保下泄水温，同时也应避免频繁启闭，一般单节叠梁门高度为 5～10m，就近设置叠梁门库，便于操作管理。

（6）叠梁门分层取水进水口的门顶过流为堰流形式，除应根据门顶过水深度计算过流能力外，还应计算叠梁门上下游水位差，确保叠梁门及门槽结构安全。

（7）多层取水口形式的分层取水建筑物，不同高程的取水口可根据实际情况上下重叠布置或水平错开布置，且应确保每层取水口的取水深度和最小淹没水深。

（8）多层取水口之间一般通过汇流竖井连通，竖井底部连接引水隧洞。为确保竖井内水流平顺，竖井断面不宜小于取水口过流面积。

（9）多层取水口分层取水各高程进水口及叠梁门后进水口，应计算最小淹没深度，防止产生贯通漩涡以及出现负压。

3. 水库分层取水调度运行管理

（1）一般性原则。制定分层取水进水口调度运行规则，应根据水温观测数据、目标鱼类对水温的生物需求、大坝下游栖息地温度适宜性评估、下游河道水温沿程分布、分层取水设施的结构型式等综合因素制定。分层取水进水口调度运行规则，应纳入兼顾生态保护水库多目标优化调度总方案之中。

分层取水进水口运行规则，应根据其取水方式以及水电站运行调度原则，提出下列运行管理要求：①分层取水设施最高、最低运行水位；②分层取水设施使用条件；③拦污栅的运行要求；④分层取水设施运行方式、操作要求；⑤对水库运行方式的要求；⑥分层取水闸门的存放要求；⑦分层取水设施开启或关闭操作时，引水管道内的流量可能发生变化，从而对发电机组的运转产生一定影响，为保证机组运行安全，还应综合考虑机组运行要求。

分层取水进水口实际调度运行过程中，应根据水库水位、水温监测数据及敏感生物的水温需求等因素，及时调整分层取水设施的取水深度和调度方式，以达到改善下泄水流水温的目的。

（2）建立栖息地温度适宜性曲线。3.4.3节曾讨论了栖息地适宜性分析方法。栖息地适宜性分析是栖息地评价的一种重要方法。它是基于河段的水力学计算成果，即已经掌握了河段的物理变量（流速、水深、水温等）分布，依据栖息地适宜性曲线，把河段划分为不同适宜度级别的区域，获得河段内栖息地质量分区图。栖息地适宜性曲线（habitat suitability curve，HSC）需通过现场调查获得，即在现场监测不同的流速、水深、水温条件下，调查特定鱼类的多度，建立物理变量与生物变量（多度）的关系曲线，也可以建立物理变量-鱼类多度频率分布曲线。二者都可以反映特定鱼类物种生活史阶段对流速、水深、水温等生境因子的需求。

通过栖息地适宜性曲线（HSC），用水温数据计算河流网格上每个节点栖息地水温适宜性指标（temperature habitat suitability index，THSI），THSI是无量纲数值，取值范围为0～1.0。基于计算结果，可以分别绘制水温栖息地质量分区图，也可以计算综合考虑水温、水深和流速的栖息地适宜性综合指标（global habitat suitability index，GHSI）。长丝裂腹鱼栖息地水温适宜性曲线 HSC 如图5.11所示。

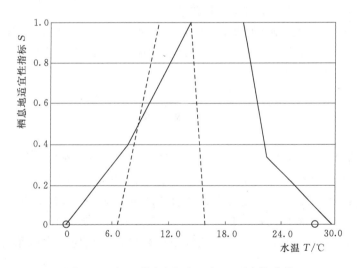

图 5.11　长丝裂腹鱼栖息地水温-适宜性曲线
（ ---- 鱼卵，　—— 成鱼）

5.3.3　过饱和气体控制

大坝在泄水过程中，过坝水流在高速掺气以及与下游水体的强烈碰撞作用下，大量空气通过急剧增加的水气交界面被卷吸入水体，引起大坝下游水体总溶解气体（Total Dissolved Gas，TDG）过饱和。气体过饱和主要会对在中、上层生活的鱼类造成影响，气泡的形成可引起血液流动阻塞、鱼鳔过度膨胀或破裂，导致水中呼吸阻塞和窒息死亡。

水中的总溶解气体 TDG 主要包括氮气、氧气、氩气、二氧化碳、水蒸气等。目前多用来计算水中 TDG 的饱和度的公式为

$$L_{TDG} = \frac{P_{TDG}}{P_B} \times 100\% \tag{5-2}$$

其中

$$P_{TDG} = P_{N_2}^{(l)} + P_{O_2}^{(l)} + P_{Ar}^{(l)} + P_{CO_2}^{(l)} + P_{H_2O}^{(l)} \tag{5-3}$$

$$P_B = P_{N_2}^{(g)} + P_{O_2}^{(g)} + P_{Ar}^{(g)} + P_{CO_2}^{(g)} + P_{H_2O}^{(g)} \tag{5-4}$$

式中：L_{TDG} 为水中 TDG 的饱和度；P_{TDG} 为 TDG 的压强，在实际情况中应为液体中各单项气体分压之和扣除静水压强补偿之后的剩余压强；P_B 为大气压强；$P_i^{(g)}$ 为第 i 种气体在气相中的分压；$P_i^{(l)}$ 为第 i 种气体在液相中的分压。

为减少气体过饱和现象的产生，需结合水电工程设计、建设和运行管理等环节综合解决，准确预测水文气象情势，做好优化调度减少泄洪，并且要尽可能地采取底流消能方式，减少挑流消能方式。采用挑流消能的工程，应根据泄洪方式与频率，明确泄洪对坝下河段水体总溶解气体过饱和的影响程度及范围。水库泄洪宜采用泄洪深孔或表孔泄洪，减少泄洪洞泄洪。

水库优化调度是减缓过坝水流气体过饱和的较为有效的措施。当水工程泄水导致气体过饱和时，应在确保防洪安全的前提下，延长泄洪时间，降低最大下泄流量，优化水库运行方式。以三峡工程为例，实行动态汛限库水位的调度方式，充分发挥三峡水库的库容调节能力，减少出库大流量的产生，特别是减少超过 $40000\text{m}^3/\text{s}$ 的出库流量出现的次数和历时，对减缓下游水体气体溶解过饱和现象效果明显。

为了更好地控制气体过饱和现象，还需跟踪监测泄洪期坝下河段总溶解气体的组成及浓度，并抽样监测鱼类健康状况，根据大坝泄流气体过饱和情况及其在下游河道的演变趋势，持续优化水库运行方式。

思 考 题

1. 什么是湖泊富营养化？我国《地表水资源质量评价技术规程》（SL 395—2007）中富营养化状况评价项目有哪些？有哪些简易判断富营养化的方法？

2. 控制富营养化的首要任务是什么？湖泊富营养化控制技术有哪些？

3. 广义湿地和狭义湿地的定义是什么？湿地修复设计原则是什么？

4. 河滨湿地有哪几种布置模式？试论湿地植被修复如何应用生态系统自修复、自设计原理。

5. 深水水库为什么要分层取水？采取什么工程措施解决分层取水问题？

第6章 河湖水系连通工程

河湖水系连通性是指在河流纵向、侧向和垂向的物理连通性和水文连通性。物理连通性是连通的基础，反映河流地貌结构特征。水文连通是河湖生态过程的驱动力。物理连通性与水文连通性相结合，共同维系栖息地的多样性和种群多样性。河湖水系连通的功能并不仅限于输送水体。水是输送和传递物质、信息和生物的载体与介质。河湖水系连通性是输送和传递物质流、物种流和信息流的基础。在自然力和人类活动双重作用下，河湖水系连通性发生退化或破坏。在较短的时间尺度内，人类活动影响更为显著（见2.5.2节）。

恢复河湖水系连通性是生态水利工程的重要内容。以生态保护为主要功能的连通性修复任务表述为：修复河流纵向、侧向和垂向三维空间维度以及时间维度上的物理连通性和水文连通性，改善水动力条件，促进物质流、物种流和信息流的畅通流动，简称为3流4维连通性修复。本章主要介绍纵向连通性恢复、侧向连通性恢复、垂向连通性恢复。

6.1 纵向连通性恢复

在河流上建造大坝和水闸，不但使物质流（水体、泥沙、营养物质等）和物种流（洄游鱼类、漂浮性鱼卵、树种等）运动受阻，而且因水库径流调节造成自然水文过程变化导致信息流改变，影响鱼类产卵和生存。恢复和改善纵向连通性的措施，包括引水式电站闸坝生态改建、拆除闸坝以及建设过鱼设施等。

6.1.1 引水式电站闸坝生态改建

我国中小型河流的水电资源十分丰富，全国技术可开发量约1.28亿kW，主要集中在长江上游、珠江上游以及黄河中上游边远山区。截至2010年年底，我国已开发小水电总装机5512.1万kW，占我国水电总装机的22.3%。我国小型水电站主要分布在丘陵山区，多为引水式电站。引水式电站造成闸坝与厂房之间的河段常年或季节性断流，对厂坝间河段的生态系统造成了严重破坏。

1. 引水式电站的生态胁迫效应

引水式电站靠拦河闸坝抬高水位形成前池，通过进水口将水引入河谷一侧的压力钢管或隧洞，其下游出口连接水轮机室，水流推动水轮机组发电。引水式电站对于河流生态系统产生严重的干扰和破坏。电站除了汛期短期弃水闸坝溢洪以外，在非汛期，电站运行会造成闸坝与厂房间河段断流、干涸，其长度往往达到几千米至十几千米。其后果直接影响沿河居民饮水和生活用水，使水生植物失去水源供给，加之拦河闸坝阻碍了鱼类和底栖动物运动，给滨河带植被和水生生物群落带来摧毁性的打击，造成河流生态系统严重退化。

2. 推进绿色小水电发展

2016年，水利部印发了《水利部关于推进绿色小水电发展的指导意见》，从小水电规划、新建小水电站环境影响评价要求、最低生态流量保障、已建小水电站改造、监控系统建立以及管理等诸多方面提出了政策要求。2017 年，水利部批准发布了《绿色小水电评价标准》（SL 752—2017）。该标准规定了绿色小水电评价的基本条件、评价内容和评价方法。评价内容包括生态环境、社会、管理和经济 4 个方面。其中，生态环境部分评价内容包括水文情势、河流形态、水质、水生和陆生生态、景观、减排。社会部分包括移民、利益共享、综合利用。

3. 生态改建技术要点

应在全流域范围内对引水式水电站进行评估，根据生态影响程度进行分类，确定改建或拆除项目清单。

改建项目的技术要点如下：

（1）引水式电站闸坝生态改建的目标是：①保障厂坝间河段居民用水和河道生态流量；②保障鱼类和底栖动物能够溯河或降河运动；③增设下泄流量监测设施，实现下泄流量自动监管。

（2）核算生态流量。简易方法可采用 Tennant 法，详见 3.4 节。

（3）引水式电站改建工程，需保留拦河闸坝大部分，以继续发挥挡水和泄洪功能。只需改造部分坝段，用于下泄水流以保证生态流量。改建坝段坝顶高程根据水位-流量关系曲线和生态流量确定。改建的溢流坝段可以设置控制闸门，小型堰坝也可以不设控制闸门，允许自然溢流。

（4）健全监测网络，保障生态需水。已建小水电站要增设生态用水泄放设施与监测设施。加强对小水电站生态用水泄放情况监管，建立生态用水监测技术标准，明确设备设施技术规格，建立小水电站下泄生态用水监测网络。

（5）改建的溢流坝段按鱼坡设计，以满足鱼类溯河洄游需要。

（6）改建后的闸坝溢流坝段需常年泄水，满足生态流量要求。同时，鱼类和底栖动物可以通过鱼坡上溯或降河运动。在汛期，洪水通过保留坝段泄洪，同时调节鱼坡闸门控制下泄流量以防止冲毁鱼坡。

（7）对于新建引水式电站，生态用水泄放设施、过鱼设施及监测设施，要作为主体工程的一部分进行设计。

4. 鱼坡式溢流坝段

鱼坡是为鱼类洄游专门设计的一种鱼道形式，是具有粗糙表面的缓坡。鱼坡能满足鱼类溯河或降河洄游需求，也适合底栖动物通过。将鱼坡结构整体嵌入堰坝中，构成组合式结构称为"鱼坡式溢流坝段"。鱼坡式溢流坝段具有双重功能，既可以满足下泄环境水流的要求，也可以解决鱼类洄游问题。

鱼坡布置在流量较大的河岸一侧，占据原有堰坝的部分位置（图 6.1）。在鱼坡与原有堰坝之间，布置起隔离作用的导墙。鱼坡上游端可以设置调节闸门，主要用于汛期控制洪水下泄，防止冲毁鱼坡，也防止流量过大导致流速超过洄游极限流速，如图 6.1（a）所示。可在鱼坡与原有堰坝衔接处，布置横向砾石缓坡起高差过渡作用，也可防止出现死角产生漩涡，如图 6.1（b）所示。鱼坡下游段尽可能向河道下游延长，使鱼类尽早探测到感应流速。

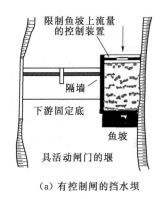
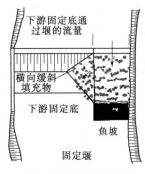

（a）有控制闸的挡水坝　　　　　（b）无控制闸的挡水坝

图6.1　鱼坡坡面布置

6.1.2　大坝拆除

1. 大坝拆除原因

我国是世界上的筑坝大国。截至2011年，我国已经建成各种规模的水库98002座，总库容约9323亿m³（《第一次全国水利普查公报》数据）。这些水库中90％以上兴建于20世纪50—70年代，由于当时工程质量控制不严，加之水文地质资料欠缺以及财力不足等经济技术条件限制，导致很多工程质量较差，加之后期管护不到位，大量已建水库经多年运行后仍然存在各种安全隐患。经多年实施病险水库除险加固工程，目前仍存在大批中小型病险水库。病险水库不但不能正常发挥效益，而且有很高的溃坝风险，严重威胁下游群众生命财产安全。有大批水库经多年运行库区淤积严重，有效库容已经或基本淤满，水库已丧失原设计功能。另外，有些水库大坝阻断了水生生物洄游通道，威胁濒危、珍稀、特有生物物种生存。对于这些有重大安全隐患、功能丧失或严重影响生物保护的水库，经论证评估应对水库降等或报废。2003年5月，水利部发布了《水库降等与报废管理办法（试行）》（水利部第18号令）。2013年10月，水利部发布了《水库降等与报废标准》（SL 605—2013）。从行政规章和技术标准两个方面，规范了水库降等与报废工作。

2. 大坝拆除环境影响评价

要对大坝拆除项目进行现状生态环境调查，调查内容包括水量、水质、淤积物特性及输移、鱼类及其他水生群落、野生动物、植被、珍稀物种、历史文化遗产、景观资源和土地使用等项目。大坝拆除改变了现有筑坝河段地貌和水文条件，势必会影响河段甚至流域的生态系统结构与功能。大坝拆除环境影响评价就是预测大坝拆除带来潜在的生态环境后果，并且提出缓解措施。环境影响可能是正面的，也可能是负面的。举例来说，对于鱼类和其他水生生物来说，大坝拆除可能使原有的水库渔场受损，而河流渔业却得以复苏，特别是溯河洄游鱼类可能得到恢复。大坝拆除使现存库区水禽栖息地损失，而河道及河漫滩水禽新栖息地得到恢复，陆生动物栖息地也会有所恢复。大坝拆除可能导致原库区湿地退化，但是会在新河道产生新湿地。应控制拆坝施工的进度，降低水位下降速率，减少短期影响。从长期管理角度，也应尽可能放缓水位下降和淤积物输移速率，使之不超过下游的承受能力，有利于提高下游生态系统稳定性。对于珍稀濒危物种来说，依据我国相关动植物保护名录，咨询生物保护管理机构，获得有关敏感物种及其栖息地信息。为维持现有栖息地和物种，需要制定管理计划。大坝拆除施工期，应避开珍稀物种的筑巢期、排卵期和迁徙期。施工期的噪音控制尤为重要。应对景观资源的变化进行评估。景观资源是指人类所感知的自然景观特征。大坝拆除可能对景观带来重大变化，库水位下降、水面缩小、岸线变化及边坡裸露，对于这些变化公众群体的评论不同，这取决于人们不同的审美观点。所以需要广泛征求公众意见，有利于正确决策。当然，还可以采取一些缓解措施，如适当种植植被和环境美化等。在娱乐休闲方面，重新恢复一条自由流淌的河流，为安排漂流、筏运、垂钓等娱乐项目提供了可能，这些新项目取代了原有划船、滑水等活动。另外，还可以利用腾空的工程用地开发娱乐项目。

3. 淤积物处理

水库淤积物处理是大坝拆除善后工作的重点。大坝拆除后，沉积物受水流冲蚀作用，如果不加控制地输送到下游，就有可能对基础设施、航道、水质、水生动物等造成严重的影响。因此，制定大坝拆除方案时，需要对于淤积物的物理化学性质进行调查分析，还要调查下游河道沿线的基础设施，预测淤积物可能造成的影响。

淤积物处理方案有如下 3 种选项：

（1）通过河流自然冲蚀作用清除。为配合水流自然冲蚀，可采取阶段性拆坝方法。拆坝速度根据对下游造成的环境影响、大坝结构特性以及公共安全影响确定。较低的拆坝速度会在特定的时段内向下游输移较少的淤积物，对于下游的冲击要小。

（2）机械清除。通过传统开挖、水力吹填及机械疏浚方法清除淤积物。传统开挖方法用于干燥的淤积物，用推土机或前卸式装载机清除，用传送带或卡车输送到处置区。水中作业可使用绞吸式挖泥船或链斗式挖泥船挖沙。淤积物可以通过泥浆管道、卡车和输送带运输。长距离运输可采用泥浆管道，特别是如果能够借助重力流动条件，可节省泵吸成本。至于机械清除的淤积物永久堆放场地，可以选择距离坝址较近的旧采石场、填埋区等场地。

（3）稳定化处理。有两种可选方案：一种是开挖新河道，其余淤积物保留；一种是将淤积物运输到水库上游地势较高地方，避免以后洪水冲刷。

以上三种方案各有优缺点。河流自然冲蚀方案优点是能够达到自然平衡，缺点是淤积物清除时间长，投资分散，环境影响风险较大。机械清除方案优点是施工后风险低，长期影响小且维护成本低；缺点是前期施工成本高，施工期环境影响大。稳定化处理方案的优点是不需要处置场，缺点是河道和河漫滩长期维护费用较高，其施工期环境影响程度介于以上二者之间。

4. 大坝拆除前后河道生态演变

大坝拆除以后的数月到数年，原库区水位下降；自然流量过程和水温逐渐得到恢复；与拆坝前比较，水流停留时间减少；营养物质和污染物入库和出库的数量发生变化；泥沙输移加大。在原库区，激流生物逐步取代静水生物，生物区系更换加快，非乡土物种建群。不少案例显示，拆坝后一些水生附着生物和大型无脊椎动物群落在原库区建群。建群一般是指生物物种在新迁移地生长、发育并成功繁殖，至少完成了一个世代。能够在新出现的空地上建群的先锋物种，都是对生活环境适应范围广、繁殖和移动能力较强的物种。

因为某种生物建群改变了生境条件，故能引起其他植物相继不断侵入，出现演替，达到顶级时，入侵才基本停止。在下游，输沙状态不稳定，生物区系更换，植物建群过程加快（图6.2）。

大坝拆除对于地貌、生物的影响要延续很长时间。大坝拆除以后的数十年，水文情势已经完全恢复到筑坝之前的状态。在库区和下游也恢复了筑坝前的泥沙输移格局；河道恢复到筑坝之前的自然形态。在库区植物群落继承性提高，在下游，生物物种和生物量的入库/出库数量发生变化（表6.1）。

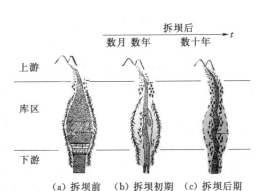

图 6.2 大坝拆除前后河道及生态演变

表 6.1 大坝拆除前后河道及生态演变

时间	对象	上 游	库 区	下 游
一个月至数年	水文		恢复自然流量和水温，水位下降，水流停留时间减少，营养物和污染物入库/出库数量变化	营养物和污染物入库/出库数量变化
	河道		泥沙输移加大	输沙状态不稳定
	生物	生物区系改变	激流生物逐步取代静水生物，生物区系更换加快，非乡土物种繁衍、建群	生物区系更换加快，植物建群
数十年	水文	恢复自然流量	恢复自然水文情势	恢复自然水文情势
	河道		自然河道形态恢复，泥沙输移格局恢复	泥沙输移格局恢复
	生物	洄游、迁徙动物部分恢复	植物群落继承性提高	生物入库/出库数量变化

【工程案例6.1】 基独河水电站拆除的生态效应

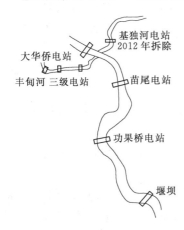

图 6.3 基独河水电站拆除生态影响监测布置图

基独河是澜沧江一级支流。2010年规划建设四级水电站，已建成第四级水电站，其他三级电站未开工建设（图6.3）。为开展洄游鱼类支流代干流研究，观测水电站拆除前后对于洄游鱼类物种多样性的影响，选择基独河水电站作为原位观测对象。同时，选择基独河对岸另一条支流丰甸河作为参照系统，并布置了监测系统，建立了长期监测站。丰甸河上已建成3座梯级电站，由于河流纵向阻隔，鱼类物种多样性大幅下降。

基独河第4级水电站于2012年9月实施爆破拆除，以恢复基独河与澜沧江干流的连通。观测数据表明，拆除后洄游鱼类种类恢复十分明显。2013年4月，基独河下游新发现6种鱼类，即短尾高原鳅、鲫、麦穗鱼、鰕虎鱼、泥鳅和鲤。截至2013年7月，观测的鱼类种类达到 15 种，其中土著种和特有种占多数，基本囊括澜沧江该江段特有鱼类，包括短尾高原鳅、鲫、麦穗鱼、鰕虎鱼、泥鳅、鲤、光唇裂腹鱼、裂腹鱼幼鱼、长胸异鳅、穗缘异齿鰋、张氏间吸鳅、后背鲈鲤、扎那纹胸鳅、长腹华沙鳅、奇额墨头鱼。对比一江之隔的丰甸河，2013 年 4—7 月监测到的鱼类仅有 2 种，为短尾高原鳅和泥鳅（何大明、顾洪宾，2015）。

6.1.3 过鱼设施

水利水电工程对鱼类洄游产生了阻隔影响。为恢复鱼类洄游通道，需在流域尺度上制定规划，通盘考虑不同洄游鱼类的生活史内在需求，河湖水系的空间格局以及障碍物的空间分布，谋求全局性解决方案。在单项水利水电工程项目上，需要根据工程项目的具体条件，包括上下游水头差、场地空间、目标鱼类物种习性、流量需求等因素，通过经济技术论证，因地制宜确定过鱼设施方案。

1. 鱼类洄游与障碍物

（1）鱼类洄游。鱼类洄游（migration of fish）是鱼类为了繁殖、索饵或越冬的需要而进行的定期、有规律的迁徙。根据洄游行为，鱼类可分为海河洄游类和河川洄游类。海河洄游鱼类在其生命周期内洄游于咸水与淡水栖息地，分为溯河洄游性鱼类和降河洄游性鱼类。我国典型海河洄游鱼类有：①中华鲟，国家一级保护野生动物，典型溯河洄游性鱼类，分布于我国长江和珠江流域；②鲑鱼，又称大马哈鱼，属典型溯河洄游性鱼类，产卵场主要分布在黑龙江流域，包括乌苏里江、松花江、呼玛尔河；③刀鲚，属典型溯河洄游性鱼类，分布在我国黄河、长江、钱塘江流域；④鲥鱼，属典型溯河洄游性鱼类，主要分布在长江和珠江流域；⑤鳗鲡，属典型降河洄游性鱼类，分布在黄河、长江、闽江和珠江等流域；⑥花鳗鲡，属典型降河洄游性鱼类，分布在长江、钱塘江和九龙江流域。

河川洄游鱼类，也称半洄游鱼类，属淡水鱼类，生活在淡水环境。河川洄游鱼类为了产卵、索饵和越冬，从静水水体（如湖泊）洄游到流水水体（如江河），或从流水水体洄游到静水水体。这种鱼类往返于不同栖息地间进行"季节性迁徙"，这些栖息地包括越冬场、产卵场和索饵场。我国四大家鱼（草、青、鲢、鳙）就属半洄游鱼类。这些鱼类平时在与江河干流连通的湖泊或支流中摄食育肥，每年春季繁殖季节，集群逆水洄游到干流的上游产卵场繁殖，产后的亲鱼又洄游到食料丰盛的干流下游、支流和通江湖泊中索饵。幼鱼常沿河逆流进行索饵洄游，进入支流和湖泊中育肥。

（2）人工障碍物对鱼类洄游的影响。溯河洄游障碍物主要是大坝、水闸。降河洄游障碍物包括：

1）水电站。即使通过筛网保护并结合导向系统，鱼类在水电站受到的伤害仍然巨大。据统计，鱼类通过水轮机所造成的损失为 5%～40%。

2）泵站。无论是用于取水还是排水的泵站，其高速水流给鱼类造成的伤害比例与水电站相近。

3）水库取水口。为了从水库取水用于工业、农业或生活供水，水库设置取水口结构。取水口附近的高速水流对降河洄游性鱼类能起吸引作用。鱼类被卷吸进入取水口，遭受严重伤亡威胁。

4）机械障碍物。水轮机机房或水泵泵房一般都设有拦污栅（格栅、网栅），目的是防止树枝、垃圾等进入水轮机室或水泵机室。鱼类在高速水流冲击下与拦污栅发生撞击而受到伤害。

5）溢洪道。鱼类在通过溢洪道和跌入消力池时发生伤害。资料表明，在撞击速度超过 15～16m/s 时，鱼的鳃、眼和体内器官可能受到严重伤害。体长 15～16cm 的鱼自由滑落 30～40m，或体长 60cm 的鱼自由滑落 13m 即可达到这一临界速度（Larrinier 等，2002）。

2. 恢复鱼类洄游通道规划要点

（1）规划范围。制定恢复洄游鱼类通道规划应在流域范围内进行。这是因为鱼类洄游是一种大尺度的生物迁徙活动，各种鱼类的洄游距离差异很大，从河流湖泊之间或干支流之间的局部洄游直到从河口至上游河源长距离洄游，但是所有这些洄游现象都是在流域范围内发生的；另外，降河洄游通道存在河流障碍物的累积效应，即使在某河段降河洄游性鱼类的通过率和成活率都较高，但是一连串这样的河段的累积效应会对鱼类造成严重的危害。所以应在流域尺度上，通盘考虑不同洄游鱼类的生活史内在需求，流域内干支流、湖泊、湿地的空间格局，现存障碍物的空间分布，水文情势等外部条件，综合技术经济制约因素，才有可能谋求优化的解决方案。反之，如果仅在河段或单项水利工程的尺度上制订恢复洄游鱼类通道规划，显然忽略了诸多因素以及各因素之间的关联性，难以获得全流域的优化方案。

近 20 余年，欧洲和北美的洄游鱼类保护大多是在流域范围内通盘考虑上下游的保护和恢复措施，然后分阶段对单项已建水利工程实施技术改造。我国当前正处于水利水电建设高潮期，在单项新建大中型工程中，按照环境影响评价要求采取洄游鱼类保护措施。但是迄今为止尚缺乏在流域尺度上的全盘规划经验，与发达国家存在不小差距。

（2）量化流域恢复洄游通道目标。

1）恢复鱼类洄游目标。对于流域内的每条河流，都应确定鱼类洄游目标。目标有高低之分，理想目标是实现鱼类自由地从河口溯河洄游到上游河源，并保证流域内所有现存鱼种的洄游条件。但是，基于现实情况，水利水电工程布局已经形成，拆除河流障碍物受制于多种经济技术因素，只限于拆除少数超龄服役的低坝，难以全面展开。增设鱼道设施同样受经济技术条件和现场地形地貌限制，不可能全面铺开。基于这种认识，务实的目标可能是保证鱼类物种多样性不至于因洄游通道受阻或栖息地破碎化而进一步退化。

2）选择目标鱼类物种。选择目标物种的标准包括：应是土著物种（aborigine）；恢复其种群数量具有可行性；对栖息地质量和连通性有较高要求；能够覆盖较多鱼类的栖息地需求；濒危、珍稀、特有鱼类优先；社会关注程度较高或经济价值较高。降河洄游目标鱼类物种应包括海河洄游鱼种和若干河川洄游鱼种。

3）量化生态目标。包括生物、水文、栖息地在内的生态目标都需要量化。对于溯河洄游性鱼类而言，需要确定目标鱼类物种；量化溯河洄游性鱼类物种数。对于降河洄游性鱼类，需要确定目标鱼类物种；量化洄游入海鱼类物种的存活量和通过河口的百分率。另外，还应确定河道最大和最小流量；明确河段间适宜栖息地的数量。

（3）流域内水域优先排序。水系是由干流、支流构成的脉络相通的河流系统。经过上百年的建设，干支流上布置着大量水利水电建筑物，有的已经全部阻隔了洄游通道，有的只是部分阻隔。如果为改善鱼类的洄游条件，在流域内干支流上全部实现畅通无阻，这样做既不现实，也不经济。这就需要通过监测、调查和评价，识别主要洄游通道，特别要识别溯河/降河性洄游鱼类通道。同时对于干流、支流、湖泊、水库实行优先排序，选择重点河段和重点水利工程，以解决洄游通道关键问题。识别重点河段应以有重要的溯河洄游和降河洄游鱼类种群通过为原则。利用 GIS 工具，可以充分显示流域内河川湖泊的空间格局，水坝等障碍物的空间分布，目标物种的洄游路线，重点河段和重点水利水电工程的位置。优先排序的意义还在于，改善鱼类洄游条件项目可以分期进行。在前一期工程完成后通过监测评估，确定下一期工程的必要性和生态目标。

（4）与相关规划的协调。恢复鱼类洄游通道规划应在流域综合规划的框架内，与水生态修复规划、流域防洪规划、水资源保护规划、河湖水系连通规划等衔接，以保证规划目标的一致性和投资效益的最大化。

3. 鱼类保护方案及过鱼设施技术选择

保护洄游鱼类措施可以归纳为两大类：一类是生物措施，包括增殖放流、异地保护以及捕捞管理等；另一类是恢复鱼类洄游通道，包括拆除河道障碍物、栖息地恢复和兴建过鱼设施等。其中过鱼设施包括工程型过鱼设施和仿自然型鱼道，这两种设施又分别开发有多种技术和结构可供选择（图 6.4）。

（1）洄游鱼类保护方案优化。洄游鱼类保护措施有多种，应因地制宜确定。目前我国常见的洄游鱼类保护措施有两大类，一类是采取生物保护措施，另一类是恢复洄游通道。

生物保护措施包括增殖放流和迁地保护。增殖放流是对处于濒危状况或受到严重胁迫、具有生态或经济价值的特有鱼类进行驯化、养殖和人工放流，使其得到有效的保护；迁地保护是为洄游鱼类提供新的产卵场、索饵场和越冬场，以弥补严重受损的鱼类栖息地。恢复洄游通道措施包括拆除障碍物、栖息地修复和建设过鱼设施。

1）拆除河道障碍物。根据《水库降等与报废标准》（SL 605—2013），水库予以报废的条件包括："水库大坝阻断了水生生物洄游通道，为保护珍稀生物物种，需拆除大坝。"除了出于保护水生生物目的拆除水坝以外，出于安全和运行经济性的考虑拆除水坝，同样有利于洄游通道的恢复。除了拆除水坝以外，拆除改建跨河各类阻水管道、涵管，也有助于改善洄游条件。洄游鱼类保护与水库报废等河流综合整治工作结合起来，更能发挥综合效益。

2）栖息地恢复。拆除水坝应与河道整治结合起来，包括恢复河流蜿蜒性；保持深潭-浅滩序列，为鱼类和其他水生生物提供多样的栖息地。另外，为迁徙于河湖湿地间的半洄游鱼类提供洄游通道，创造新的鱼类栖息地，连通河流干流与河漫滩上现有的水塘、湿地、牛轭湖和故道等工程措施，也是一些经济可行的选项，见 5.2 节。

3）过鱼设施。过鱼设施（fish passage facility）是指在大坝、水闸和堰坝等河流障碍物所在位置建造的辅助鱼类通行的通道和设施。过鱼设施包括仿自然型鱼道和工程型过鱼设施。工程项目究竟采取何种保护方案更为有效，需要根据连通性受损和栖息地退化程度，工程特征、自然、地貌条件以及物种特征等因素进行综合分析论证。

（2）过鱼设施技术选择。

1）仿自然型鱼道与工程型过鱼设施比较。过鱼设施包括仿自然型鱼道与工程型过鱼

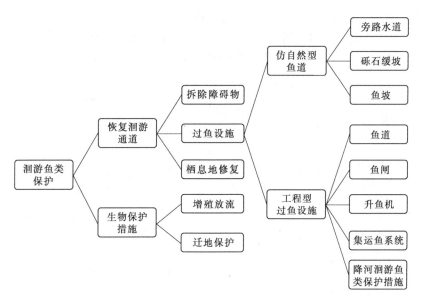

图 6.4　洄游鱼类保护措施和技术

设施。仿自然型鱼道（nature-like
fishway）仿照自然溪流的形态、坡度、河
床底质以及水流条件等特征，形成连接障
碍物上下游的水道，为鱼类提供洄游通道。
仿自然型鱼道有旁路水道（图 6.5）、砾石
缓坡、鱼坡等多种形式，适合于低水头水
坝或溢流堰。仿自然型鱼道按照天然河道
水流特性进行设计，适合鱼类的自然洄游
习惯，能有效地吸引鱼类，集鱼效果好。
又因水流条件多样，所以过鱼种类多。大
部分仿自然型鱼道允许水生生物溯河和降
河双向通过。这种鱼道具有蜿蜒的河道和
岸边植被，能够融入周围的景色，美学价
值较高，而维护成本较低。仿自然型鱼道

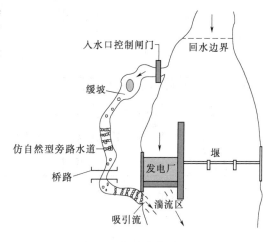

图 6.5　旁路水道平面图
（据 FAO 和 DVWK，改绘）

的缺点是占地面积大，通道距离长，对上游水位波动敏感，运行所需流量较大。

工程型过鱼设施（engineering-type fish passage facility）包括鱼道（fish ladder）、鱼
闸（fish lock）、升鱼机（fish lift）和集运鱼系统（fish collection and transportation
facility）等。鱼道是目前应用最为广泛的过鱼设施，它是连续阶梯状的水槽式构筑物。一
般来说，鱼道过鱼能力强，且能连续过鱼，运行保证率高。其缺点是水流形态相对较为单
一，过鱼种类较少；经济上一次性投资较高。鱼闸的工作原理与船闸相同，即上下游分别
设置闸门，通过闸门控制水位帮助鱼类溯河运动。鱼闸适合于上下游水位差小于 40m 的
水电站，对于大型鱼类洄游作用明显。但鱼闸造价高，日常运行和维护费用高。升鱼机是
通过配置有运送水槽的升降机，将鱼类吊送到上游。通过旁路水道注水创造吸引流。升鱼

机适合高水头水坝，但是造价和运行维护费用高。

2）仿自然型鱼道尺寸和适用范围。仿自然型鱼道有多种类型，表 6.2 汇集了部分仿自然型鱼道的构造、尺寸、流量、适用条件、优缺点以及运行效果，可供选型时参考。

表 6.2　　　　　　　　　仿自然型鱼道尺寸、流量和适用范围

类型	构造描述	尺寸/m	流量 Q/(m³/s)	适用条件	优缺点	运行效果
旁路水道	堰坝旁侧，模仿自然形态坡度、河床底质以及水流条件	$B>1.2$，$h>0.3\sim0.4$，$i<1:20$	>0.1	现存堰坝不能改建，河流一侧有足够空间，水位差大于20m	造价低，与周围自然景观融合。但占地面积大，可能涉及与道路、管道交叉问题	所有水生生物物种能够通过，为激流型生物提供栖息地
砾石缓坡	横跨河流，底质具有粗糙表面的构筑物，砾石呈阶梯状布置	B与河床等宽，$h>0.3\sim0.4$，$i<1:15$，	>0.1	用于改造已经失去功能的堰坝，水位差小于20m	造价较低，维护费用低，容易融入周围景观	所有水生生物物种能够溯河或降河双向通过
鱼坡	坡度平缓，具有粗糙表面。用砾石嵌入堰坝，用大蛮石槛降低流速	$B<20$，$h=0.3\sim0.4$，$i<1:20$	>0.1	将水电站拦河坝、防洪或灌溉闸的一个区段改造成鱼坡，闸坝高度低于3m	维护成本低，能够形成吸引水流，洪水期自净能力强。构造相对复杂	大多数水生生物物种能够溯河或降河双向通过

注　B 为宽度，h 为水深，Q 为流量，i 为坡度。

3）工程型过鱼设施尺寸和适用范围。表 6.3 汇集了主要的工程型过鱼设施的构造、尺寸、流量、适用条件、优缺点以及运行效果，可供选型时参考。

表 6.3　　　　　　　　　主要的工程型过鱼设施尺寸、流量和适用范围

类型		构造描述	尺寸/m	流量 Q/(m³/s)	适用条件	优缺点
池式	竖缝式鱼道	具有隔板的混凝土通道，且具有一、两个与隔板及侧墙高度相同的狭槽	$L_b>1.9$，$B>1.2$，$h>0.5$，狭缝宽度 $s>0.17$	>0.14	适用于蓄水位变化较大的中小水头水坝，尾水平均深度大于0.5m	消能效果好。可通过流量较大，能够形成吸引水流，不易被碎屑阻塞。鱼道下泄流量较小时，诱鱼能力不强
	溢流堰式鱼道	布置若干隔板，将阶梯式水池分隔开，在隔板开凹槽溢流	$B>1.0$，$h>0.6$	>0.04	上游水位变幅小	所需流量低。可适合小型鱼类（<20mm）。池室易淤积
	堰孔结合式鱼道	混凝土通道中的隔板具有顶部凹槽和潜水孔，凹槽与潜水孔交错布置	$L_b>1.4$，$B>1.0$，$h>0.6$，潜水孔宽25cm，高25cm	$0.08\sim0.5$	适用于中小水头	所需流量较低，但易被碎屑阻塞。低流量时无法形成足够的吸引流

续表

类型		构造描述	尺寸/m	流量 Q/(m³/s)	适用条件	优缺点
槽式	丹尼尔鱼道	混凝土通道，其间有若干 U 形隔板逆水流方向呈 45°布置	通道：长度 6～8 $B=0.6～0.9$，$h>0.5$，$i<1:5$	>0.25	适用于低水头堰坝改建	结构简单，安装建造方便。适于游泳能力强的大中型鱼类（＞30m）。砾石易在隔板中淤积
鱼闸		由闸室和上下游闸门组成，通过操纵闸门控制水位，辅助鱼类溯河运动	根据工程项目具体条件确定		适合于中高水头的水坝，并有足够空间布置建筑物	日常运行和维护要求高，运行费用高。适用于大型洄游鱼类
升鱼机		通过配置有运送水槽的升降机，将鱼类吊送到上游	水槽体积约 2～4m³		适合于高水头水坝，上下游水位差大于 6～10m	造价和运行维护费用高，操作复杂
集运鱼系统		包括集鱼设施、运鱼设施及道路、码头等配套设施			上下游水位差超过 60m 的高水头水电站	对难以采用鱼道等过鱼设施的水电站是一种补救措施。但造价和运行费用高，操作复杂

注 B 为宽度；h 为水深；Q 为流量；i 为坡度；L_b 为水池长度。

4）降河洄游鱼类保护措施。降河洄游鱼类保护措施包括：①机械屏蔽。通过机械栅栏阻止鱼类进入进水口。②行为屏蔽。利用声光刺激引导鱼类游向下游。③旁路通道。提供另一条通往下游的水道。④其他管理措施。

4. 鱼道的一般技术规定

鱼道是目前应用最为广泛的过鱼设施。迄今为止，我国发布了两种鱼道设计行业技术标准，分别是 2013 年中华人民共和国水利部发布的《水利水电工程鱼道设计导则》（SL 609—2013）和 2015 年国家能源局发布的《水电工程过鱼设施设计规范》（NB/T 35054—2015）。另外，联合国粮农组织（FAO）和德国水资源与陆地改良学会（DVWK）于 1996 年编写了《鱼道——设计、尺寸及监测》，其后于 2002 年和 2009 年先后出版了英文版和中文版，它是一本较为完整的设计技术指南。由"共同体河流项目"完成的《从海洋到河源——欧洲河流鱼类洄游通道恢复指南》是欧洲第一本关于保护鱼类洄游的技术指导手册，汇集了欧洲各国有关鱼类洄游障碍以及解决方案的技术经验和典型案例，可供参考。

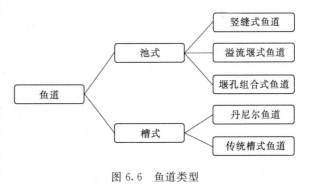

图 6.6 鱼道类型

鱼道主要类型有池式鱼道（包括竖缝式鱼道、溢流堰式鱼道、堰孔组合式鱼道）；槽式鱼道（包括丹尼尔鱼道、传统槽式鱼道）以及组合式鱼道，适用于中低水头电站（图 6.6）。

鱼道设计原理是通过水力学计算和实验进行结构设计，力求满足溯河洄游鱼类需要的流速、流量、流态及水深等水力学条件。图 6.7 为竖缝式鱼道结构和布置示意图。

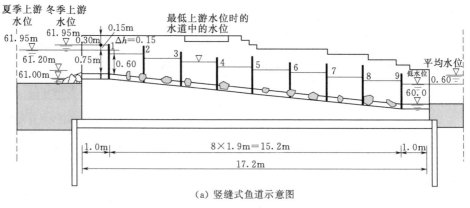

（a）竖缝式鱼道示意图

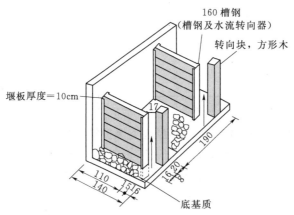

（b）竖缝式鱼道隔板结构示意图

图 6.7　竖缝式鱼道结构和布置示意图

（据 FAO 和 DVWK 改绘）

鱼道设计基本资料主要包括河段形态、水文、地质、工程布置、工程特征水位及调度运行方式。过鱼对象资料包括种类、体长、体宽、游泳能力、生活史、行为习性、主要过鱼季节、洄游路线以及枢纽下游聚集区域状况。鱼道设计应进行水力学计算和工程结构计算，必要时开展水工模型试验。

6.2　侧向连通性修复

在河流侧向有两类连通性受到人类活动干扰：一类是河流与湖泊之间连通性因围垦和闸坝工程影响受到阻隔；另一类是河流与河漫滩之间连通性因堤防约束而受到损害。恢复侧向连通性可以采取的工程措施包括恢复河湖连通性，堤防后靠和重建。

6.2.1　恢复河湖连通

历史上，由于围湖造田和防洪等目的，建设闸坝等工程设施，破坏了河湖之间自然连通格局，造成江湖阻隔，使一些通江湖泊变成孤立湖泊，失去与河流的水力联系。历史上，长江中下游地区的大多数湖泊均与长江相通，能够自由与长江保持水体交换，称为"通江湖泊"，江湖连通，形成长江中下游独特的江湖复合生态系统。由于自然演变，湖泊退化，特别是 20 世纪 50 年代后的围湖造田，80 年代后的围网养殖，通过建闸、筑堤等措施，原有 100 多个通江湖泊目前只剩下洞庭湖、鄱阳湖和石臼湖等个别湖泊。江湖阻隔后，水生动物迁徙受阻，产卵场、育肥场和索饵场消失，河湖洄游型鱼类物种多样性明显降低，湖泊定居型鱼类所占比例增加。但两种类型的鱼类总产量都呈下降趋势。江湖阻隔使湖泊成为封闭水体，水体置换缓慢，导致大量湿地萎缩。加之上游污水排放和湖区大规模围网养殖污染，湖泊水质恶化，呈现富营养化趋势。河湖阻隔的综合影响是特有的河湖复合生态系统退化，生态服务功能下降。

自然状态的河湖水系连通格局有其天然合理性。河湖连通工程规划，应以历史上的河湖连通状况为理想状况，确定恢复连通性目标。具体可取大规模水资源开发和河湖改造前的河湖关系状况，如以 20 世纪 50—60 年代的河湖水系连通状况作为依据，通过调查获得的河湖水系水文-地貌历史数据，重建河湖水系连通的历史景观格局模型。在此基础上再根据水文、地貌现状条件和生态、社会、经济条件，确定改善河湖连通性目标。为此，需要建立河湖水系连通状况分级系统。在分级系统中，生态要素包括水文、地貌、水质、生物。以历史自然连通状况作为优级赋值，根据与理想状况的不同偏差率，再划分良、中、差、劣等级。依据连通性分级表，就可以获得恢复河湖水系连通工程的定量目标。

6.2.2 堤防后靠和重建

在防洪工程建设中，一些地方将堤防间距缩窄，目的是腾出滩地用于房地产开发和农业耕地，其后果是：一方面切断了河漫滩与河流的水文连通性，造成河漫滩萎缩，丧失了许多湿地和沼泽，导致生态系统退化；另一方面，削弱了河漫滩滞洪功能，增大了洪水风险。生态修复的任务是将堤防后靠、重建，恢复原有的堤防间距，即将图 6.8（c）恢复到历史上的图 6.8（a）状态。这样既满足防洪要求，也保护了河漫滩栖息地。堤防后靠工程除堤防重建以外，还应包括清除侵占河滩地的建筑设施、农田和鱼塘等。

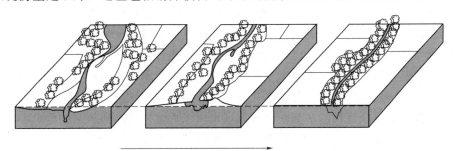

(a) 自然状态   (b) 演变过程   (c) 堤距缩窄后

图 6.8　堤防间距缩窄导致河漫滩萎缩示意图

河流与河漫滩的水文连通在年内是间歇性的，主要受河道水位控制，而水位变化则反映不同的洪水频率。作为举例，图 6.9（b）显示河流的漫滩流量为 2 年一遇洪水，当汛期发生 2 年一遇洪水时，水流从主槽漫溢到河漫滩台地 T_1，水体挟带泥沙、营养物质进

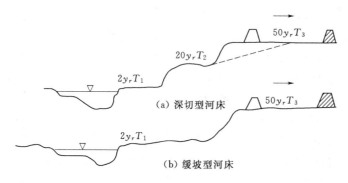

图 6.9 洪水频率与河流 - 河漫滩水文连通的关系

入河漫滩，局部洄游鱼类顺势向河漫滩运动，植物种子向河漫滩扩散，洪水脉冲效应开始出现。随着洪水流量不断加大，当发生 50 年一遇洪水时，河漫滩水位与台地 T_2 高程齐平。图 6.9 显示，在 T_2 平台构筑有设计标准为 50 年一遇的防洪堤，洪水受到阻隔，不能继续向河漫滩漫溢。深切型河床边坡较陡如图 6.9（a）所示，河漫滩包括 3 级台地 T_1、T_2 和 T_3，每级台地相对较窄。在深切型河床实施堤防后靠，可配合高台削坡。如图 6.9（a）所示，在 T_3 台地削坡，能够增加河漫滩的淹没范围，使得发生 20 年一遇至 50 年一遇洪水的各级别洪水，都能够连续地漫溢，不断扩大淹没面积，而不是等 50 年一遇洪水发生时淹没面积突变。另外，台地削坡也能增加滩区蓄滞洪容积。为降低工程成本，削坡土方可用于新堤防填土。

6.3 垂向连通性恢复

河流垂向连通性反映地表水与地下水之间的连通性。人类活动导致河流垂向物理连通性受损，主要缘于地表水与地下水交界面材料性质发生改变，诸如城市地区用不透水地面铺设代替原来的土壤地面，改变了水文下垫面特征，阻碍雨水入渗；不透水的河湖护坡护岸和堤防衬砌结构，阻碍了河湖地表水与地下水交换通道。恢复垂向连通性的目的在于尽可能恢复原有的水文循环特征，缓解垂向物理连通性受损引起的生态问题。另外，地下水严重超采地区地下水回灌，同样是恢复垂向连通性的一项任务。

6.3.1 垂向连通性的损害和恢复

近 30 多年来，我国城市化进程加快，伴随而来的生态环境问题日益严重，其中，不透水地面铺设的生态影响尤为突出。不透水地面铺设造成城市水体垂向连通性受阻。城市地区建筑物屋顶、道路、停车场、广场均被不透水的沥青或混凝土材料所覆盖，改变了水文循环的下垫面性质，造成城市地区水文情势变化。暴雨期间，雨水入渗量和填洼量明显减少，并且迅速形成地表径流。与城市化前相比，降雨后形成流量峰值的滞后时间缩短，流量峰值提高。地表径流量的增加，会形成城市内涝灾害，同时地下水补给减少，进一步加剧了城市地区地下水位因超采下降的趋势（见 2.5.1 节）。在近 60 多年的水利建设中，为维持堤防和岸坡的稳定性，防止冲刷侵蚀，大量采用不透水的混凝土、浆砌块石衬砌和护岸结构，限制了河流垂向连通性，阻隔了地表水与地下水的交换通道，同时也使土壤动物和底栖动物丰度降低（见 2.5.2 节）。为恢复河湖的垂向连通性，可采用透水的自然型河道护岸技术（见 4.3 节）。

还有一种情况是河床基质特性变化，引起鱼类产卵场退化。由于泥沙在库区淤积，大坝下泄水流挟沙能力提高，对下游河床的冲刷侵蚀加剧，导致床沙粗化（coarsening）。

而鲑鱼、鳟鱼等鱼类利用砂砾石河床进行繁殖，这种河段成为鱼类的适宜产卵场。为恢复原有河床基质，可在床沙粗化河段，采取人工铺设砂砾石方法恢复产卵场。这种技术的关键是选择合适的砂砾石粒径和级配，一方面满足鱼类产卵条件需要；另一方面，能够防止砂砾石被冲走。在纵坡较陡的小型河流上，还可以用原木或大卵石构筑小型堰，拦截砂砾石。但需注意堰高不得超过30cm，避免形成鱼类洄游的障碍（见4.4.4节）。

为解决地下水严重超采引起的环境问题，管理部门可采取限采、封井等措施。另外，建设渗漏型路面，改造路面排水系统，使雨水就近排入沟谷中，在沟谷内层层拦蓄，增加降水入渗。选择适宜地点，利用坑塘、洼地，修建塘坝拦截雨季洪水，增加对地下水的渗透补给。在重要的地下水补给区，严格控制建筑施工中夯实、碾压场地，防止降低原有地面渗透特性。

6.3.2 低影响开发技术（LID）

1. 概述

在城市化进程中，不透水的地面铺设导致水文下垫面性质变化，造成垂直方向连通性破坏，雨水入渗大幅度减少，地表径流增加，引发城市内涝以及一系列生态问题（见2.5.1节）。为应对雨洪管理的新挑战，发达国家以创新思维研发了一系列新方法和新技术。

低影响开发（Low Impact Development，LID）技术在20世纪90年代初由美国马里兰州乔治王子城县率先提出并在州内几个项目中实施。LID是一种创新的可持续综合雨洪管理战略。低影响开发设计的目标是通过透水地面铺设、小型存储结构、生物滞留设施、渗滤设施以及其他技术措施，缓解土地开发利用特别是不透水地面铺设对环境的负面影响，尽可能恢复城市开发前的水文功能。低影响开发方法以缓解城市内涝风险为主要目标，同时兼顾雨水资源化和水污染控制。通过多种技术组合应用，实现渗透、储存、调节、转输和截污净化等多种功能。

除美国以外，德国、澳大利亚和日本等国相继开发新的雨洪管理技术并且得到推广。我国引进LID技术较晚，近年来，开展了海绵城市建设工作。

有关LID技术指南的文献，有由乔治王子城县和马里兰环境资源规划部门编制的《低影响开发：一种综合设计方法》（*Low Impact Development：An Integrated Design Approach*），该书提出了基本设计理念、场地规划步骤以及各个单项技术设计方法。另外，美国环境保护署水办公室编写的《低影响开发文献综述》[*Low Impact Development（LID）：A Literature Review*]，美国环境保护署湿地、海洋和流域非点源控制部门编写的《低影响开发和绿色基础设施项目的经济效益，2013》（*Case Studies Analyzing the Economic Benefits of Low Impact Development and Green Infrastructure Programs* 2013），都较为系统完整。我国住房城乡建设部于2014年发布了《海绵城市建设技术指南》。

LID场地设计要点包括：把排水功能作为设计要素进行场地空间布局，减少和限制场地不透水总面积，减少直接连通的不透水区域，增加雨洪水流路径，减少对场地土壤渗透性的扰动。

在LID场地设计中，需进行场地开发前后的水文状况评估。图6.10显示场地的雨洪流量过程线，表示场地不同开发方式的水文响应。曲线①表示场地未开发前具有自然地表

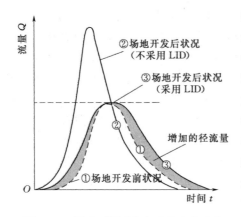

图 6.10　场地不同开发方式的水文响应

的流量过程。可以发现，由于地表具有一定的渗透性以及植被覆盖等因素，其径流尖峰流量较低，汇流时间较长。曲线②表示在不采用 LID 技术条件下，场地开发后的流量过程。由于存在大量不透水区域以及地表覆盖性质发生变化，导致汇流时间缩短，短时间内出现陡峭的尖峰流量。曲线③表示采用 LID 技术进行场地开发，由于各种技术产生的综合效果，使径流尖峰流量与场地未开发的曲线①持平，汇流时间比曲线①要长，而且总径流量有所增加。

在场地规划工作完成后，应对场地开发前后的水文状况进行评估。定量水文评估是模拟土地开发前后产汇流过程，分析开发前后水文过程变化，包括雨水径流流量过程、径流峰值流量、径流峰值流量产生时间。通过水文分析，评估 LID 方法能够在多大程度上保持场地开发前的水文特征，从而定量评价场地规划对雨洪的控制水平。

2. 小型雨洪管理技术

LID 总结和开发了一系列小型雨洪管理技术，通过多种技术组合应用，实现渗透、储存、调节、输移和截污净化等多种功能。在选择各种技术时，要注意技术的应用条件以及各种单项技术的整合集成。

（1）生物滞留设施。生物滞留设施（bioretention facility）指仿自然型具有洼地蓄水、渗滤、水体净化功能的设施。生物滞留设施包括浅水沼泽、雨水花园、休憩空地等。若场地土壤、地下水位条件适合，采用这种方案具有造价低廉的优点（图 6.11）。

生物滞留设施设计要点如下：

1）生物滞留设施宜分散布置且规模不宜过大，其面积与汇水面面积的百分比一般为 5%～10%。

2）如果水中有大量悬浮物或污染物，如停车场和商业区附近，可用植被缓冲带或沉淀池做预处理设施，去除大颗粒污染物并减缓流速。为防止融雪剂或石油类高浓度污染物侵害植物，可采取弃流、排盐等措施。

3）屋面雨水可由雨落管接入生物滞留设施，道路径流雨水可通过路缘石豁口进入。

4）生物滞留设施用于道路绿化带时，若道路纵坡大于 1%，应设置挡水堰/台坎，以减缓流速并增加雨水渗透量；设施靠近路基部分应进行防渗处理，防止影响路基稳定性。

5）生物滞留设施内应设置溢流装置，可采用溢流竖管、盖篦溢流井或雨水口等，溢流设施顶部一般应低于汇水面 10cm。

6）为防止种植土流失，种植土层底部一般设置透水土工布隔离层，也可采用厚度不小于 10cm 的砂层（细砂和粗砂）。

（2）透水铺装。透水铺装按照面层材料不同可分为透水砖铺装、透水水泥混凝土铺装和透水沥青混凝土铺装，另外，嵌草砖、园林铺装中的鹅卵石、碎石铺装等也属于渗透铺装。透水砖铺装和透水水泥混凝土铺装主要适用于广场、停车场、人行道以及车流量和

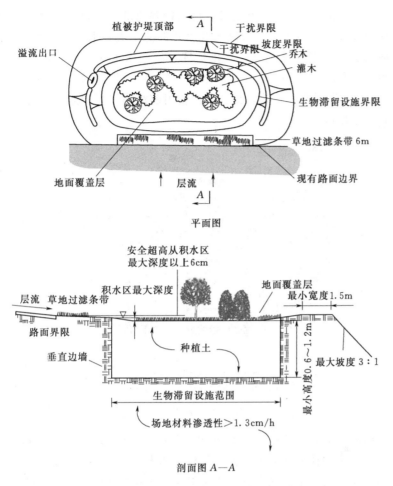

图 6.11 典型生物滞留设施

荷载较小的道路，如建筑与小区道路、市政道路的非机动车道等，透水沥青混凝土路面还可用于机动车道。透水铺装适用区域广、施工方便，具有补充地下水、削减雨洪峰值流量以及雨水净化等功能。缺点是易堵塞，寒冷地区有被冻融破坏的风险。透水铺装结构应符合《透水砖路面技术规程》（CJJ/T 188—2012）、《透水沥青路面技术规程》（CJJ/T 190—2012）和《透水水泥混凝土路面技术规程》（CJJ/T 135—2009）的规定。透水砖铺装典型构造如图 6.12 所示。设计中需要注意以下问题：当透水铺装对道路路基强度和稳定性的潜在风险较大时，可采用半透水铺装结构；当土地透水能力有限时，应在透水铺装的透水基层内设置排水管；当透水铺装设置在地下室顶板上时，顶板覆土厚度不应小于 60cm，并应设置排水层。

（3）渗井。渗井（dry well）的构造是在一个小型开挖坑内，填充小卵石和砾石

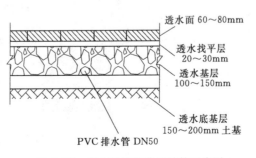

图 6.12 透水砖铺装典型结构示意图

199

混合骨料（图 6.13）。渗井的功能是通过渗透作用控制建筑物屋顶雨水形成的径流，防止立即形成地表径流而加大内涝风险。水流通过渗井渗滤，实际上是一个包括吸附、截流、过滤和细菌降解的过程，对水体进行自然化处理。渗井深 1.0～3.5m，内填充被土工布包裹的清洁骨料，粒径小于 7.5cm。屋顶雨水管设置水位超高岔管，在渗井溢流时排水。设置 φ10cm PVC 管作为观察井。管理要求为：使用前清除屋顶油脂和有机材料，并将滤网放置在入口；每季度进行 1 次监测。

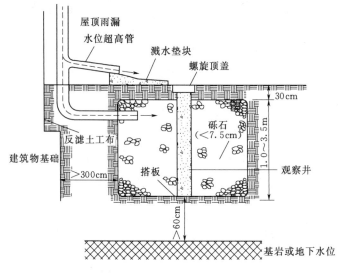

图 6.13　渗井

（4）水平扩散碎石沟。水流扩散砾石沟（rock-filled trench level spreader）是一种水体出口结构，用来将集中径流转换为层流，并且在地表均匀扩散，以避免土壤侵蚀。水流扩散砾石沟常作为系统的一个组成部分，用于将层流从长草坡面传输到生物滞留设施，它也经常用于将停车场或其他不透水场地的水体传送到具有均匀坡度的透水场地。典型的水平扩散装置是一种用碎石充填的浅沟，横剖面尺寸为 10cm×10cm。为使碎石沟发挥功能，碎石沟下游边缘地面必须整平且土壤未经干扰，以避免出现小冲沟（图 6.14）。雨水径流在地表形成层流，薄层水厚度不超过 2.5cm。为防止冲蚀，碎石沟边缘应设置土工布。形成的层流能够遍布生物滞留设施场地，通过茂密草地时被滞留，从而延长水体汇集时间。

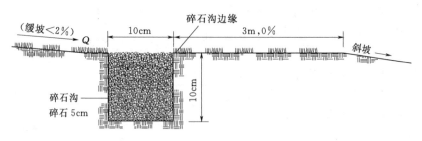

图 6.14　水平扩散砾石沟

（5）渗滤条带。渗滤条带是由密集生长的草所构成的植被带，布置在污染源附近（如停车场），其功能为渗滤和水体净化。渗滤条带的汇流宽度，对渗透性地表限制在 45m 以内，对不透水地表限制在 23m 以内。纵坡 2%～6%。渗滤条带最小宽度 8.0m。实际上，渗滤条带是低影响开发技术雨水管理系统的一个组件。渗滤条带也可用做其他雨水处理设施的预处理装置（图 6.15）。

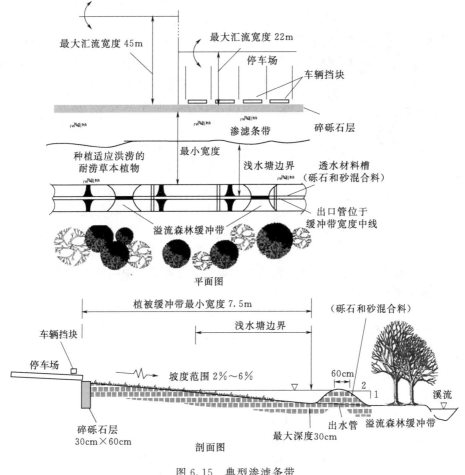

图 6.15 典型渗滤条带

（6）下沉式绿地。下沉式绿地（sunken green space）指低于周边铺砌地面或道路在 20cm 以内的绿地，如图 6.16 所示。下沉式绿地可广泛应用于城市建筑与小区、道路、绿地和广场内。下沉式绿地适用区域广，其建设费用和维护费用均较低，但大面积应用时，

图 6.16 典型下沉式绿地

易受地形等条件限制。另外，其实际调蓄容积较小。设计下沉式绿地应满足以下要求：

图 6.17 住宅小图区 LID

1）下沉式绿地的下凹深度应根据植物耐淹性能和土壤渗透性能确定，一般为 10～20cm。

2）下沉式绿地内一般应设置溢流口（如雨水口），保证暴雨时径流的溢流排放，溢流口顶部标高一般应高于绿地 5～10cm。

3）对于径流污染严重、设施底部渗透面距离最高地下水位或岩石层小于 1 m，或距离建筑物基础水平距离小于 3 m 的区域，应采取必要的措施防止次生灾害的发生。

（7）技术整合实例——住宅小区 LID 布置方案。图 6.17 显示住宅小区的技术整合布置实例。道路布置采取环状/棒棒糖形式，环绕小区布置。限制住宅车道宽度为 2.7m，采用透水铺装或卵石铺路，步行道采用透水铺装。布置有 3 处生物滞留设施，其中 1 处邻近住宅建筑物，直接与屋顶雨水管连接处理屋顶雨水。小区有良好的乔木、灌木和草地，可发挥滞留和净化作用。

思 考 题

1. 引水式电站生态改建技术要点是什么？
2. 洄游鱼类生物保护措施有哪几种？过鱼设施有哪几种？
3. 鱼道有哪两种类型？请列举几种鱼道。
4. 简述大坝拆除环境影响评价和拆除设计技术要点。
5. 低影响开发（LID）设计的目标是什么？请列举几种技术。

参 考 文 献

曹文宣，2017. 长江上游水电梯级开发的水域生态保护问题 [J]. 长江技术经济，1 (1)：25 - 30.

陈进，李清清，2015. 三峡水库试验性运行期生态调度效果评价 [J]. 长江科学院院报，4：1 - 6.

陈伟，朱党生，2013. 水工设计手册：第 3 卷　征地移民环境保护与水土保持 [M]. 2 版. 北京：中国水利水电出版社.

丁宝瑛，胡平，黄淑萍，1987. 水库水温的近似分析 [J]. 水力发电学报，(4)：17 - 33.

董哲仁，2003c. 河流形态多样性与生物群落多样性 [J]. 水利学报，(11)：1 - 6.

董哲仁，2006a. 河流生态修复的尺度格局和模型 [J]. 水利学报，(12)：1476 - 1481.

董哲仁，2007b. 探索生态水利工程学 [J]. 中国工程科学，(1)：1 - 7.

董哲仁，2009a. 在中国寻找健康的河流 [J]. 环球科学，(1)：78 - 81.

董哲仁，1998. 堤防除险加固实用手册 [M]. 北京：中国水利水电出版社.

董哲仁，2003a. 生态水工学的理论框架 [J]. 水利学报，(1)：1 - 6.

董哲仁，2003b. 水利工程对生态系统的胁迫 [J]. 水利水电技术，(7)：1 - 5.

董哲仁，2006b. 怒江水电开发的生态影响 [J]. 生态学报，(5)：1591 - 1596.

董哲仁，2009b. 河流生态系统研究的理论框架 [J]. 水利学报，40 (2)：129 - 137.

董哲仁，2015. 论水生态系统五大生态要素特征 [J]. 水利水电技术，46 (6)：42 - 47.

董哲仁，2019. 生态水利工程学 [M]. 北京：中国水利水电出版社.

董哲仁，等，2013. 河流生态修复 [M]. 北京：中国水利水电出版社.

董哲仁，孙东亚，等，2007. 生态水利工程原理与技术 [M]. 北京：中国水利水电出版社.

董哲仁，孙东亚，赵进勇，2007a. 水库多目标生态调度 [J]. 水利水电技术，(1)：28 - 32.

董哲仁，孙东亚，赵进勇，等，2010. 河流生态系统结构功能整体性概念模型 [J]. 水科学进展，21 (04)：550 - 559.

董哲仁，孙东亚，赵进勇，等，2014. 生态水工学进展与展望 [J]. 水利学报，45 (12)：1419 - 1426.

董哲仁，张爱静，张晶，2013. 河流生态状况分级系统及其应用 [J]. 水利学报，44 (10)：1233 - 1238.

董哲仁，张晶，2009. 洪水脉冲的生态效应 [J]. 水利学报，40 (3)：281 - 288.

董哲仁，张晶，赵进勇，2017. 环境流理论进展述评 [J]. 水利学报，48 (6)：670 - 677.

董哲仁，赵进勇，张晶，2017. 环境流计算新方法：水文变化的生态限度法 [J]. 水利水电技术，48 (1)：11 - 17.

董哲仁，2022. 河湖生态模型与生态修复 [M]. 北京：中国水利水电出版社.

郭文献，王鸿翔，夏自强，等，2009. 三峡——葛洲坝梯级水库水温影响研究 [J]. 水力发电学报，28 (6)：182 - 187.

国家环境保护总局，2002. 地表水环境质量标准：GB 3838—2002 [S]. 北京：中国环境科学出版社.

国家能源局，2015. 水电工程过鱼设施设计规范：NB/T 35054—2015 [S]. 北京：中国电力出版社.

国家能源局，2015. 水电站分层取水进水口设计规范：NB/T 35053—2015 [S]. 北京：中国电力出版社.

国土资源部，2017. 土地利用现状分类：GB/T 21010—2017 [S]. 北京：中国标准出版社.

韩玉玲，岳春雷，叶碎高，等，2009. 河道生态建设——植物措施应用技术 [M]. 北京：中国水利水电出版社.

何大明，顾洪宾，2015. 水电能源基地建设对西南生态安全影响评估技术与示范 [R]. 昆明：云南大学.

蒋固政，张先锋，常剑波，2001. 长江防洪工程对珍稀水生动物和鱼类的影响［J］. 人民长江，(7)：39
　－41＋49.

蒋亮，李然，李嘉，等，2008. 高坝下游水体中溶解气体过饱和问题研究［J］. 四川大学学报（工程科
　学版），(5)：69－73.

金相灿，等，2013. 湖泊富营养化控制理论、方法与实践［M］. 北京：科学出版社 . 李大美，王祥三，
　赖永根，2001. 钉螺流场实验模拟及其应用［J］. 水科学进展，12 (3)：343－349.

卡尔夫，2011. 湖沼学：内陆水生态系统［M］. 古滨河，刘正文，李宽意，等，译 . 北京：高等教育出
　版社 .

李小平，等，2013. 湖泊学［M］. 北京：科学出版社 .

联合国粮农组织（FAO）和德国水资源与陆地改良学会（DVWK），2009. 鱼道——设计、尺寸及监测
　（中文版）［M］. 李志华，王珂，刘绍平，等，译 . 北京：中国农业出版社 .

吕明权，吴胜军，陈春娣，等，2015. 三峡消落带生态系统研究文献计量分析［J］. 生态学报，35 (11)：
　3504－3518.

Martin Griffiths, Reinder Torenbeek, Simon Spooner，等，2012. 欧洲生态和生物监测方法及黄河实践
　［M］. 郑州：黄河水利出版社

美国土木工程协会能源分会，2010. 大坝及水电设施退役指南［M］. 马福恒，向衍，刘成栋，等，译 .
　北京：中国水利水电出版社 .

秦伯强，等，2011. 富营养化湖泊治理的理论与实践［M］. 北京：科学出版社 .

曲璐，李然，李嘉，等，2011. 高坝工程总溶解气体过饱和影响的原型观测［J］. 北京：中国科学杂志
　社，41 (2)：177－183.

邵学军，王兴奎，2013. 河流动力学概论［M］. 2 版 . 北京：清华大学出版社 .

生态环境部，国家市场监督管理总局，2018. 土壤环境质量 农用地土壤污染风险管控标准（试行）：GB
　15618—2018［S］. 北京：中国标准出版社 .

水利部国际经济技术合作交流中心，水利部中国科学院水工程生态研究所，2019. 生态流量技术指南：
　《欧盟水框架指令》共同实施战略第 31 号指导文件［M］. 武汉：长江出版社 .

思科，斯如娜，2010. 淡水生物多样性保护工作实践指南［M］. 朱琳，刘林军，译 . 北京：中国环境科
　学出版社 .

孙儒泳，2001. 动物生态学原理［M］. 北京：北京师范大学出版社 .

陶江平，乔晔，杨志，等，2009. 葛洲坝产卵场中华鲟繁殖群体数量与繁殖规模估算及其变动趋势分析
　［J］. 水生态学杂志，30 (2)：37－43.

瓦宁根 H，斯科勒玛 PP，高夫 P，等，2011. 从海洋到河源——欧洲河流鱼类洄游通道恢复指南［A］.
　长江流域水资源保护局，译 . 武汉：长江出版社 .

万娟，刘佳瑞，肖衡林，等，2019. 三峡库区消落带植物群落分布及生长影响因素分析［J］. 湖北工业大
　学学报，34 (5)：83－87.

王皓冉，周卓灵，行亚楠，等，2010. 水利工程总溶解气体过饱和问题探讨［J］. 水利水电科技进展，
　30 (5)：12－15.

William E. Hammitt, Davld N. Cole，2011. 游憩生态学［M］. 吴承照，张娜，译 . 北京：科学出版社 .

王俊娜，董哲仁，廖文根，等，2011. 美国的水库生态调度实践［J］. 水利水电技术，42 (1)：15－20.

王俊娜，董哲仁，廖文根，等，2013. 基于水文—生态响应关系的环境水流评估方法——以三峡水库及
　其坝下河段为例［J］. 中国科学：技术科学，43 (6)：715－726.

王俊娜，李翀，廖文根，2011. 三峡——葛洲坝梯级水库调度对坝下河流的生态水文影响［J］. 水力发
　电学报，30 (2)：84－90＋95.

邬建国，2004. 景观生态学——格局、过程、尺度与等级［M］. 北京：高等教育出版社 .

夏军，赵长森，刘敏，等，2008. 淮河闸坝对河流生态影响评价研究——以蚌埠闸为例［J］. 自然资源

学报，(1)：48-60.

杨海军，李永祥，2005. 河流生态修复的理论与技术［M］. 长春：吉林科学技术出版社.

玉光弘明，中岛秀雄，等，1991. 堤防的设计与施工［M］. 京都：技报堂出版.

詹道江，徐向阳，陈元芳，2010. 工程水文学［M］. 4版. 北京：中国水利水电出版社.

张楚汉，王光谦，2017. 水利科学与工程前沿（下）［M］. 北京：科学出版社.

张晶，董哲仁，孙东亚，王俊娜，2010. 基于主导生态功能分区的河流健康评价全指标体系［J］. 水利
　　学报，41（8）：883-892.

赵安平，刘跃文，陈俊卿，2008. 黄河调水调沙对河口形态影响的研究［J］. 人民黄河，30（8）：28-29.

赵进勇，董哲仁，杨晓敏，等，2017. 基于图论边连通度的平原水网区水系连通性定量评价［J］. 水生
　　态学杂志，38（5）：1-6.

赵进勇，董哲仁，翟正丽，等，2011. 基于图论的河道-滩区系统连通性评价方法［J］. 水利学报，42
　　（5）：537-543.

赵振荣，何建京，2010. 水力学［M］. 2版. 北京：清华大学出版社.

中国水利水电科学研究院，2020. 河湖生态系统保护与修复工程技术导则：SL/T 800—2020［S］. 北
　　京：中国水利水电出版社.

中华人民共和国国土资源部，中华人民共和国水利部，2017. 地下水质量标准：GB/T 14848—2017［S］.
　　北京：中国标准出版社.

中华人民共和国水利部，2008. 土壤侵蚀分类分级标：SL 190—2007［S］. 北京：中国水利水电出版社.

中华人民共和国水利部，2013. 水库降等与报废标准：SL 605—2013［S］. 北京：中国水利水电出版社.

中华人民共和国水利部，2013. 水利水电工程鱼道设计导则：SL 609—2013［S］. 北京：中国水利水电
　　出版社.

中华人民共和国水利部，2015. 河湖生态保护与修复规划导：SL 709—2015［S］. 北京：中国水利水电
　　出版社.

中华人民共和国水利部，2015. 河湖生态环境需水计算规范：SL/Z 712—2014［S］. 北京：中国水利水
　　电出版社.

中华人民共和国水利部，2017. 绿色小水电评价标准：SL 752—2017［S］. 北京：中国水利水电出版社.

中华人民共和国水利部，2007. 地表水资源质量评价技术规程：SL 395—2007［S］. 北京：中国水利水
　　电出版社.

中华人民共和国住房和城乡建设部，2013. 堤防工程设计规范：GB 50286—2013［S］. 北京：中国计划
　　出版社.

周刚，王虹，邵学军，等，2010. 河型转化机理及其数值模拟——Ⅱ. 模型应用［J］. 水科学进展，21
　　（2）：145-152.

朱党生，张建永，瘳文根，等，2010. 水工程规划设计关键生态指标体系［J］. 水科学进展，(4)：560-566.

Acreman M C，Ferguson J D，2010. Environmental flows and the European Water Framework Directive
　　［J］. Freshwater biology，55（1）：32-48.

Allan J D，Castillo M M，2007. Stream Ecology and Function of running waters 2nd edn［M］. New York：
　　Springer.

Amoros C，Bornette G，2002. Connectivity and biocomplexity in waterbodies of riverine floodplains［J］.
　　Freshwater Biology，47：761-776.

Andrew Brookes ，F. Douglas Shields Jr，1996. River Channel Restoration - Guiding Principles for
　　Sustainable Projects［M］. England：John Wiley & Sons，Ltd.

Arthington A H，2012. Environmental Flows - Saving Rivers in Third Millennium［J］. US Berkeley：
　　University of California Press，181-197.

Banks E W，Simmons C T，Love A J，et al.，2011. Assessing spatial and temporal connectivity between surface water and groundwater in a regional catchment: Implications for regional scale water quantity and quality [J]. Journal of Hydrology, 404: 30 – 49.

Bencala K E, 2011. Stream – groundwater interactions [M] // Treatise on water science. P. Wilderer, editor. Oxford: Academic Press, 537 – 546.

Benda L, Poff N L, Miller D, et al. , 2004. The network dynamics hypothesis: How channel networks structure riverine habitats [J]. BioScience , 54: 413 – 427.

Benke A C, Chaubey I, Ward G M, et al. , 2000. Flood Pulse Dynamics of an Unregulated River Floodplain in the Southeastern US Coastal Plain [J]. Ecology, 81 (10): 2730 – 2741.

Brierley G J, Fryirs K A, 2005. Geomorphology and River Management – Application of the River styles Framework [M]. Australia: Blackweel Science Ltd.

Christopher p Konrad, Julian d olden, 2011. Large – scale Flow Experiments for Managing River Systems [J]. BioScience, 61 (12): 948 – 959.

Cook B J, Hauer F R, 2007. Effects of hydrologic connectivity on water chemistry, soils, and vegetation structure and function in an intermontane depressional wetland landscape [J]. Wetlands, 27: 719 – 738.

Cote D, Kehler D, Bourne C, et al. , 2009. A new measure of longitudinal connectivity for stream networks [J]. Landscape Ecology, 24: 101 – 113.

Duan X, Liu S, Huang M, et al. , 2009. Changes in abundance of larvae of the four domestic Chinese carps in the middle reach of the Yangtze River, China, before and after closing of the Three Gorges Dam [J]. Environ Biol Fish, 28: 13 – 22.

Dunbar M J, Ibbotson A T, Gowing I M, et al. , 2001. Ecologically Acceptable Flows Phase Ⅲ: Further Validation of PHABSIM for the Habitat Requirements of Salmonid Fish [C] // Environment Agency, Final R&D Technical report to the Environment Agency, Bristol, UK.

DVWK, FAO, 2002. Fish passes—Design, dimensions and monitoring [M]. Rome: Publishing and Multimedia Service.

Eloise Kendy, Karl W Flessa, 2017. Leveraging environmental flows to reform water management policy: Lessons learned from the 2014 Colorado River Delta pulse flow [J]. Ecological Engineering, (106): 683 – 694.

Fullerton A H, Burnett K M, 2010. Hydrological connectivity for riverine fish: measurement challenges and research opportunities [J]. Freshwater Biology, 55, 2215 – 2237

Gary J Brierley, Kirstie A Fryirs, 2005. Geomorphology and River Management Application of the river styles framwork [M]. Australia: Blackweel Science Ltd.

Gene E Likens , 2010a. River ecosystem ecology [M]. Elsevier USA.

Gene E Likens, 2010b. River Ecosystem Ecology: Encyclopedia of Inland of Water [M]. New York: ELSEVIER.

Gene E Likens, 2010c. Lake Ecosystem Ecology: A Global Perspective [M]. New York: ELSEVIER.

Gordon N D, Thomas A, McMahon B L, et al. , 2004. Stream Hydrology – An Instruction for Ecologists (Second Edition) [M]. West Sussex: PO19 8SQ, England: John Wiley & Sons Ltd.

Gordon N D, Thomas A, McMahon B L, et al. , 2004. Stream Hydrology – An Instruction for Ecologists (Second Edition) [M]. West Sussx: John Wiley & Sons Ltd.

Gregory B P, 2011. 2D Modeling and Ecohydraulic Analysis [C]. University of California at Davis, Davis, CA 95616, US.

Hall C J, Jordaan A, Frisk M G, 2011. The historic influence of dams on diadromous fish habitat with a focus on river herring and hydrologic longitudinal connectivity [J]. Landscape Ecology, 26: 95 – 107.

Harper D, Zalewski M, Pacini N, 2008. Ecohydrology – processes, models and case studies [M].

Trowbridge: Cromwell Press.

Hauer E R, Lamberti G A, 2007. Methods in Stream Ecology [M]. Amsterdam: Elsevier.

Hermoso V, Kennard M J, Linke S, 2012. Integrating multidirectional connectivity requirements in systematic conservation planning for freshwater systems [J]. Diversity and Distributions, 18: 448 -458.

Higgins J M, Brock W G, 1999. Over review of reservoir release improvements at 20 TVA Dams [J]. Journal of energy engineering, (4): 1 - 17.

http: //thelivingmurray2. mdbc. gov. au/

http: //www. chinanews. com/gn/2017/05 - 31/8238601. shtml

http: //www. nature. org/success/dams. html

Jorgensen S E, 2009. Ecosystem ecology [M]. Academic Press.

Junk W J, Wantzen K M, 2003. The flood pulse concept: New aspects, approaches and application - an update [J]. Proceedings of the second international symposium on the management of large river for fisherie, 117 - 149.

Khan N M, Tingsanchali T, 2009. Optimization and simulation of reservoir operation with sediment evacuation: a case study of the Tarbela Dam, Pakistan [J]. Hydrological processes, 23 (5): 730 - 747.

King A J, Tonkin Z, Mahoney J, 2008. Environmental flow enhances native fish spawning and recruitment in the Murray River, Australia [J]. River research and applications, 25 (10): 1205 - 1218.

King A J, Ward K A, Connor O P, et al. , 2010. Adaptive management of an environmental watering event to enhance native fish spawning and recruitment [J]. Freshwater biology, 55 (1): 17 - 31.

King J, Cambray J A, Impson N D, 1998. Linked effects of dam - released floods and water temperature on spawning of the Clanwilliam yellowfish Barbus capensis [J]. Hydrobiologia, 384: 245 - 265.

Kondolf G M, Piegay H, 2003. Tools in fluvial geomorphology [M]. England : John Wiley & Sons Ltd.

Kondolf G M, Piegay H, 2003. Tools in fluvial geomorphology [M]. England: John Wiley & Sons Ltd.

Larsen L G, Choi J, Nungesser M K, et al. , 2012. Directional connectivity in hydrology and ecology [J]. Ecological Applications, 22: 2204 - 2220.

Lorenz C M, et al. , 1997. Concepts in river ecology: implication for indicator [J]. Regulated River: research & management, 13: 501 - 516.

Lovich J, Melis T S, 2007. The state of the Colorado River ecosystem in Grand Canyon: Lessons from 10 years of Adaptive ecosystem manangement [J]. International Journal of River Basin Manangement, 5 (3): 207 - 221.

McGarigal K, Marks B J, 1995. FRAGSTATS: Spatial pattern analysis program for quantifying landscape structure [J]. USDA Forest Service - General Technical Report PNW - GTR - 351, Corvallis, OR.

Middleton B, 2002. Flood Pulsing in Wetland - Restoring the Nature Hydrological Balance [M]. New York: John Wiley & Sons, Inc.

Mitsch W J, Jorgensen S E, 2004. Ecological Engineering and Ecosystem Restoration [M]. Hoboken, New Jersey: John Wiley & Sons.

Mitsch W J, Jorgensen S E, 2004. Ecological Engineering and Ecosystem Restoration [M]. New York: JOHN WILEY & SONS, INC.

Nainan R J, et al. , 1992. General principles of classification and the assessment of conservation potential in river [J]. in Boon, P. J. , Clown (Eds), River conservation and management. John Wiley & Sons Ltd. Chichester, 93 - 123.

Office of Research and Development U. S. Environmental Protection Agency, 2015. Connectivity streams and wetlands to downstream waters: a review synthesis of the scientific evidence [J]. US Environmental Protection Agency Washington, DC, (14): 475 – 600.

Paillex A, Doledec S, Castella E, et al. , 2009. Large river floodplain restoration: Predicting species richness and trait responses to the restoration of hydrological connectivity [J]. Journal of Applied Ecology, 46: 250 – 258.

Palmer M, Ruhi A, 2019. Linkage between flow regime biota and ecosystem processes: implication for river restoration [J]. Science, 365 (6459).

Papanicolaou A N, Elhakeem M, Krallis G, 2008. Computation, Modeling of Sediment Transport Processes [J]. Journal of Hydraulic Engineering ASCE , (1): 1 – 134.

Parasiewicz P, 2001. MesoHABSIM: a concept for application of instream flow models in river restoration planning [J]. Fisheries, 26: 6 – 13.

Peake P, Fitsimons J, 2011. A new approach to determining environmental flow requirements sustaining the nature values of the floodplains of southern Murray – Darling Basin [J]. Ecological Management and Restoration, 12: 128 – 137

Petts G E, 1994. River: dynamic component of catchment ecosystems, in Calow, P. and Petts, G. E. (Eds) . The River Handbook. Hydrological and Ecological Principles [M]. Vol. 2. Blackwell Scientific Publication, Oxford.

Philip Roni, Tim Beechie , 2013. Stream and Watershed Restoration: A Guide to Restoring Riverine Processes and Habitats [M]. England: John WILEY & Sons, Ltd.

Pilarczyk K W, 2000. Geosynthetics and Geosystems in Hydraulic and Coastal Engineering [M]. Rotterdam: A. A. Balkema.

Poff N L, Allan J D, et al. , 1997. The Natural Flow Regime: A paradigm for river conservation and restoration [J]. BioScience, (16): 769 – 784.

Poff N L, Richter B, Arthington D, et al. , 2010. The ecological limits of hydrologic alteration (ELOHA): A new framework for developing regional environmental flow standards [J]. Freshwater Biology, 55: 147 – 170.

Poff N L, Zimmerman J K, 2010. Ecological impacts of altered flow regimes: a meta – analysis to inform environmental flow management [J]. Freshwater Biology, 55: 194 – 205.

Poff N L, Zimmerman J, 2009. Ecological responses to altered flow regimes: a literature review to inform the science and management of environmental flows [J]. Freshwater Biology, 194 – 205.

Prinee George's County, Maryland Department of Environmental Resources Programs and Planning Division, 1999. Low – Impact Development: An integrated Design [J]. Approach, (301): 952 – 4131.

Pringle C M, Jackson C R, 2007. Hydrologic connectivity and the contribution of stream headwaters to ecological integrity at regional scales [J]. Journal of the American WaterResources Association, 43: 5 – 14.

Rayfield B, Fortin M J, Fall A, 2010. Connectivity for conservation: A framework to classify network measures [J]. Ecology, 92: 847 – 858.

Richter B D, Davis M, Apse C, et al. , 2011. A presumptive standard for environmental flow protection [J]. River Research and Applications, 28: 1312 – 1321.

Richter B D, Warner A T, Meyer J L, et al. , 2006. A collaborative and adaptive process for developing environmental flow recommendations [J]. River research and applications, 22 (3): 297 – 318.

Ruswick F, Allan J, Hamilton D, et al. , 2010. The Michigan Water Withdrawal Assessment process: science and collaboratin in sustainaing renewable natural resources [J]. Renewable Resources Journal, 26: 13 – 18.

Sabo J L, Ruhi A, Holtgrieve G W, et al. , 2017. Designing river flows to improve food security futures in the lower Mekong Basin [J]. Science, 358 (6368).

Schiemer F, Keckeis H, 2001. The inshore retention concept and its significance for large river [J]. Hydrobiol. Sppl, 12 (2 - 4): 509 - 516.

Schiemer F, Keckeis H, 2001. "The inshore retention concept" and its significance for large river [J]. Archiv fur Hydrobiologie, 135 (2): 509 - 516.

Schmuts S, Trautweis C, 2009. Development a methodology and carrying out an ecological prioritization of continuum restoration in the Danube River to be part of the Danube River Basin Management Plan [R]. Report prepared for the International Commission for the Protection of the Danube River (ICPDR), Vienna.

Shafroth P B, Wilcox A C, Lytle D A, et al. , 2010. Ecosystem effects of environmental flows: modelling and experimental floods in a dryland river [J]. Freshwater ecology, 55 (1): 68 - 85.

Thor J H, Thoms M C, Delong M D, 2008. The riverine ecosystem synthesis [J]. San Diego, CA: Elsevier.

Thorp J H, Delong M D, 1994. The riverine productivity model: an view of carbon sources and organic processing in large river ecosystem [J]. Oikos, 70: 305 - 308.

Townsend C R, 1996. Concepts in river ecology: pattern and process in the catchment hierarchy [J]. Algol. Stud, 113: 3 - 24.

US Environmental Protection Agency Washington DC, 2015. Connectivity streams and wetlands to downstream waters: a review synthesis of the scientific evidence [J]. (14): 475 - 600.

US Environmental Protection Agency Office of Wetlands, Oceans and Watersheds Nonpoint Source Control Branch, 2013. Studies Analyzing the Economic Benefits of Low Impact Development and Green Infrastructure Programs [M], 71 - 78.

Vannote R L, 1980. The river continuum concept [J]. Canadian Journal of Fisheries and Aquatic Sciences, 37: 130 - 137.

Wantzen K M, Machado F A, et al. , 2002. Seasonal isotopic changes in fish of the pantanal wetland [J]. Brazil. Aquatic Sciences, 64: 239 - 251.

Ward J V, Stanford J A, 1983. The serial discontinuity concept of lotic ecosystem [J]. In Fontaine T D and Bartell S M (Eds), Dynamics of Lotic Ecosystems, Ann Arbor Science, Ann Arbor, 29 - 42.

Ward J V, 1980. The Four - dimensional nature of lotic ecosystem [J]. Can. J. Fish. Aqua. Sci. , 37: 130 - 137.

Weiskel P K, Brandt S L, DeSimone L A, et al. , 2010. Indicators of streamflow alteration, habitat fragmentation, impervious cover, and water quality for Massachusetts stream basins [R]. US Geological Survey Scientific Investigations Report, 70: 2009 - 5272.

Welcomme R L, Halls A, 2001. Some consideration of the effects of differences in flood patterns on fish population [J]. Ecohydrology and Hydrobiology, 13: 313 - 321.

Wood P J, Hannah D M, Sadler J P, 2008. Hydroecology and ecohydrology: past, present and future [M]. England: John Wiley & Sons, Ltd.